## Vorwort

Die „Amtliche Liste der Seeschiffe mit Unterscheidungssignalen der Bundesrepublik Deutschland" ist ein Anhang zur amtlichen deutschen Ausgabe des am 1. Januar 1934 in Kraft getretenen „Internationalen Signalbuches 1931".

Die Unterscheidungssignale der Seeschiffe stimmen mit ihren Funkrufzeichen überein. Das erste oder die beiden ersten Zeichen bezeichnen die Nationalität der Schiffe. Die Bildung der Funkrufzeichen erfolgt nach Artikel 19, Abschnitt III, Ziffer 420 bis 445 der Vollzugsordnung für den Funkdienst (Ausgabe Atlantic City 1947). Die Unterscheidungssignale der deutschen Seeschiffe beginnen sämtlich mit dem Buchstaben D.

Auf Grund der Bestimmungen des am 1. Januar 1949 in Kraft getretenen Weltnachrichtenvertrages Atlantic City 1947 verfügt Deutschland, das bis dahin über alle Signalgruppen des Buchstabens D bestimmte, nur noch über die Signalgruppen DAAA bis DMZZ. Die übrigen Signalgruppen (DNAA bis DZZZ) sind anderen Staaten zugeteilt worden.

Auf die Gebrauchsanweisung des „Internationalen Signalbuches 1931" Band I, Nr. 30, 41 bis 43 und 135 sowie Band II Seite XVII wird hingewiesen. Im übrigen gelten die einschlägigen Bestimmungen der Gebrauchsanweisung jedes der beiden Bände. Die Buchstaben I und J kommen nebeneinander vor, ferner kann in einem Signal die gleiche Flagge (Buchstabe) mehrmals vorkommen, so daß die Hilfsstander des „Internationalen Signalbuches 1931", Fünfte Auflage, Seite XXIII (in älteren Ausgaben Band I, Seite XXVII) benutzt werden müssen (Gebrauchsanweisung „Internationales Signalbuch Band I, Nr. 79 bis 85").

Die amtliche Liste enthält zwei durch ein blaues Blatt getrennte Teile. Der erste Teil besteht aus sechs Abschnitten: a) die Kauffahrteischiffe der Bundesrepublik Deutschland, b) die Schiffe der Bundesmarine c) die Rettungsboote der Deutschen Gesellschaft zur Rettung Schiffbrüchiger, d) die Boote des Zollgrenzschutzes, e) die Bundes- und Länderfahrzeuge, f) die Feuerschiffe. Die Schiffe sind nach der Reihenfolge ihrer Unterscheidungssignale und die Feuerschiffe nach ihrer geographischen Lage von Ost nach West aufgeführt. Der zweite Teil enthält die Kauffahrteischiffe in alphabetischer Reihenfolge ihrer Namen. Der erste Teil dient also zur Feststellung eines bestimmten Schiffes nach seinem Unterscheidungssignal, der zweite zur Auffindung des Unterscheidungssignals eines Schiffes.

Das Unterscheidungssignal der mit Funk ausgerüsteten Kauffahrteischiffe (eigene Sende- oder Empfangsanlage, Sprechfunkanlage) ist in Schrägschrift *(Kursiv)* gesetzt. Neben dem Namen der mit Wasserschallanlagen oder Funk ausgerüsteten Behördenfahrzeuge sind besondere Zeichen ihrer Bedeutung entsprechend aufgeführt. Die auf ihrer Position liegenden Feuerschiffe führen die für ihre geographische Lage in der geographischen Liste des „Internationalen Signalbuches“ festgelegte Signal- und Funkgruppe. Beim Verlassen der Position führen die Feuerschiffe und die Reservefeuerschiffe ein ihnen besonders zugeteiltes Unterscheidungssignal.

Die Zuteilung der Unterscheidungssignale erfolgt durch die zuständigen Seeschiffsregisterbehörden. Jedem deutschen Kauffahrteischiff wird bei der Eintragung in das Seeschiffsregister das Unterscheidungssignal zugeteilt und in seinem Schiffszertifikat vermerkt. Solange das Schiff unter deutscher Flagge fährt, behält es das ihm einmal zugeteilte Unterscheidungssignal auch beim Wechsel seines Heimathafens, der Registerbehörde oder bei etwaiger Namensänderung.

Diese Liste wird bis auf weiteres jährlich und ein Nachtrag hierzu in der zweiten Jahreshälfte herausgegeben.

Für die Seeschiffe anderer Staaten, die das Internationale Signalbuch ebenfalls angenommen haben, sind ähnliche Listen vorhanden.

Bonn, im Januar 1957.

# TEIL I

## a) Die Kauffahrteischiffe

der

## Bundesrepublik Deutschland

**in der Reihenfolge der Unterscheidungssignale**

**(Das Unterscheidungssignal der mit Funk ausgerüsteten Schiffe ist in Schrägschrift [*Kursiv*] gesetzt. Das + hinter dem Schiffsnamen bedeutet, daß das Schiff als Voll- und Schutzdecker vermessen ist. Die Größenangaben beziehen sich auf die Vermessung als Volldecker.)**

| Unterscheidungssignale | Namen der Schiffe | Heimathafen der Schiffe | Kubikmeter Nettoraumgehalt | Registertons Nettoraumgehalt | PS |
|---|---|---|---|---|---|
| *DABA* | Adeline | Leer | 250,1 | 88,28 | 130 |
| *DABB* | Adonis | Hamburg-Finkenwerder | 52,8 | 18,65 | 120 |
| *DABC* | Aachen | Bremerhaven | 405,0 | 142,90 | 600 |
| *DABE* | Alexander von Humboldt | Bremerhaven | 693,0 | 244,60 | 1000 |
| *DABG* | Utgard | Hamburg | 2433,7 | 859,09 | 700 |
| *DABH* | Anhalt | Bremen-Vegesack | 258,0 | 91,08 | 150 |
| *DABJ* | Annelies | Hamburg-Finkenwerder | 75,9 | 26,78 | 180 |
| *DABK* | Antares | Bremerhaven | 437,3 | 154,00 | 850 |
| *DABL* | Antje | Hamburg-Finkenwerder | 66,1 | 23,32 | 180 |
| *DABP* | Balder | Glückstadt | 259,3 | 91,54 | 150 |
| *DABQ* | Bockenheim | Bremen | 4245,5 | 1498,66 | 800 |
| DABS | Beluga | Hamburg | 176,4 | 62,27 | 200 |
| *DABU* | Berlin | Bremerhaven | 405,1 | 143,00 | 600 |
| *DABV* | Andreas Gayk | Bremerhaven | 562,6 | 198,62 | 800 |
| *DACB* | Brahe | Bremerhaven | 501,3 | 176,97 | 750 |
| *DACE* | Bürgermeister Smidt | Bremerhaven | 561,5 | 198,22 | 800 |
| *DACK* | Christian Russ | Hamburg | 1550,0 | 547,16 | 650 |
| *DACM* | C. P. Andersen | Hamburg | 431,1 | 152,17 | 600 |
| *DACP* | Dalälfven | Hamburg | 2510,9 | 886,35 | 700 |
| *DACQ* | Danzig | Hamburg | 182,8 | 64,38 | 2150 |
| *DACU* | D. Dreesmann-Penning | Emden | 257,0 | 90,62 | 140 |
| *DACX* | Düsseldorf | Hamburg | 1811,1 | 639,33 | 900 |
| *DADB* | Ruhr | Hamburg | 4887,1 | 1725,13 | 1450 |
| *DADD* | Ellen | Hamburg-Finkenwerder | 60,2 | 21,24 | 120 |
| *DADE* | Emsgatt | Hamburg | 1895,1 | 668,99 | 500 |
| DADG | Ente | Hamburg | 71,3 | 25,16 | 240 |

## DADI — DAGR

| Unter-scheidungs-signale | Namen der Schiffe | Heimathafen der Schiffe | Kubikmeter (Nettoraumgehalt) | Registertons (Nettoraumgehalt) | PS |
|---|---|---|---|---|---|
| *DADI* | Peine | Cuxhaven | 545,7 | 192,63 | 800 |
| *DADJ* | Rhein | Hamburg | 4875,1 | 1720,91 | 1560 |
| *DADM* | ErnstSchweckendieck | Emden | 229,4 | 80,99 | 150 |
| *DADN* | Essen | Emden | 356,4 | 125,79 | 500 |
| *DADO* | Hans-Peter | Itzehoe | 611,9 | 215,91 | 725 |
| *DADP* | Este | Hamburg | 563,5 | 198,92 | 750 |
| *DADQ* | Fairplay VII | Hamburg | 153,3 | 53,99 | 950 |
| *DADU* | Franz Schau | Bremerhaven | 403,7 | 142,49 | 600 |
| DADW | Franziska | Schulau | 54,0 | 19,06 | 180 |
| *DADX* | Pommern | Bremerhaven | 500,4 | 176,64 | 850 |
| *DADY* | Frauke | Leer | 279,8 | 98,42 | 250 |
| *DADZ* | Geeste | Bremerhaven | 487,0 | 171,80 | 750 |
| *DAEB* | Gebrüder Kähler | Bremerhaven | 604,9 | 213,54 | 800 |
| *DAED* | Gisela Oldendorff | Lübeck | 2307,0 | 814,39 | 800 |
| *DAEE* | Glückauf | Bremen | 1753,1 | 618,86 | 1300 |
| *DAEF* | Donau | Cuxhaven | 502,0 | 177,20 | 800 |
| *DAEG* | Goliath | Hamburg | 114,2 | 40,30 | 2×300 |
| *DAEH* | Gotland | Cuxhaven | 522,5 | 184,00 | 800 |
| *DAEI* | Greif | Lübeck | 954,5 | 336,93 | 450 |
| *DAEJ* | Großer Kurfürst | Emden | 265,6 | 93,75 | 500 |
| *DAEK* | Grönorth | Strande | 63,7 | 22,47 | 120 |
| *DAEL* | Gustav Borgner | Bremerhaven | 409,2 | 144,44 | 600 |
| *DAEO* | Hanna | Leer | 250,1 | 88,28 | 130 |
| *DAEQ* | Hannover | Bremen-Vegesack | 247,0 | 87,23 | 150 |
| *DAES* | Hans Böckler | Bremerhaven | 657,0 | 231,92 | 800 |
| *DAEU* | Haparanda | Hamburg | 1509,7 | 532,93 | 700 |
| *DAEV* | H. C. Nibbe | Hamburg-Finkenwerder | 54,7 | 19,30 | 150 |
| *DAEW* | Heidelberg | Lübeck | 1080,5 | 381,40 | 470 |
| *DAFA* | Heinrich Baumgarten | Bremerhaven | 475,7 | 167,92 | 800 |
| *DAFE* | Heinrich Schulte | Emden | 291,3 | 102,56 | 500 |
| *DAFF* | Helene Russ | Hamburg | 1633,6 | 576,60 | 650 |
| *DAFJ* | Hanseat | Bremerhaven | 407,6 | 143,89 | 600 |
| *DAFK* | Heinrich Kaufmann | Bremerhaven | 660,5 | 233,14 | 800 |
| *DAFL* | Hermann Bösch | Bremerhaven | 546,5 | 192,92 | 850 |
| *DAFP* | Harvestehude | Hamburg | 423,4 | 149,40 | 600 |
| *DAFQ* | Hinrich Wesselhöft | Bremerhaven | 544,3 | 192,15 | 800 |
| *DAFR* | H. M. Behrens | Hamburg | 541,5 | 191,15 | 800 |
| *DAFU* | Hörnum | Rendsburg | 2954,7 | 1043,02 | 800 |
| *DAFW* | Imsum | Bremen | 483,4 | 171,00 | 750 |
| *DAFY* | Ferdinand Vieth | Hamburg | 414,5 | 146,32 | 600 |
| *DAGB* | Jochen Homann | Bremerhaven | 698,4 | 246,52 | 1000 |
| *DAGF* | Julius Fock | Hamburg | 453,2 | 159,98 | 600 |
| *DAGG* | Julius Rütgers | Hamburg | 1256,3 | 443,49 | 460 |
| *DAGK* | Kassel | Cuxhaven | 524,3 | 185,08 | 750 |
| *DAGL* | Kehrwieder | Büsum | 30,8 | 10,86 | 150 |
| *DAGM* | Kolberg | Lübeck | 1085,1 | 383,03 | 500 |
| *DAGQ* | Leo Fürbringer | Emden | 259,7 | 91,68 | 245 |
| *DAGR* | Latona | Bremen | 1663,1 | 587,08 | 1020 |

## DAGU — DAKV

| Unterscheidungssignale | Namen der Schiffe | Heimathafen der Schiffe | Nettoraumgehalt Kubikmeter | Nettoraumgehalt Registertons | PS |
|---|---|---|---|---|---|
| *DAGU* | Volksdorf ......... | Hamburg .......... | 1224,2 | 432,16 | 500 |
| *DAGV* | Lisa Essberger...... | Hamburg .......... | 2249,4 | 794,05 | 280 |
| *DAGW* | Lofoten........... | Bremerhaven ....... | 436,3 | 154,02 | 850 |
| *DAGX* | Lübbe Hartmann ... | Leer.............. | 409,4 | 144,53 | 500 |
| *DAGZ* | Helga Wehr ........ | Hamburg .......... | 512,7 | 180,99 | 300 |
| *DAHB* | Lützow........... | Bremerhaven ....... | 581,7 | 205,34 | 800 |
| *DAHC* | Hugo Heimke Schütt | Itzehoe ........... | 852,7 | 301,00 | 750 |
| *DAHK* | Heidenheim ........ | Cuxhaven ......... | 510,1 | 180,06 | 850 |
| *DAHL* | Max Brauer ........ | Hamburg .......... | 414,4 | 146,29 | 600 |
| *DAHN* | Midlum........... | Bremen........... | 488,0 | 172,09 | 750 |
| *DAHO* | Minerva+ .......... | Bremen........... | 5591,5 | 1973,78 | 3050 |
| DAHQ | Möwe............ | Hamburg .......... | 190,0 | 67,07 | 750 |
| *DAHS* | Neptun ........... | Brake ............ | 25,8 | 9,12 | 100 |
| *DAHT* | Neptun ........... | Hamburg .......... | 483,0 | 170,50 | 800 |
| DAHW | Niedersachsen ...... | Bremerhaven ....... | 138,0 | 48,73 | 175 |
| *DAHZ* | Nixe ............. | Bremen........... | 1025,9 | 362,14 | 350 |
| *DAIC* | Norderney ......... | Hamburg .......... | 705,5 | 249,05 | 350 |
| *DAID* | Ulm.............. | Cuxhaven ......... | 675,1 | 231,97 | 850 |
| *DAIE* | Fanal............ | Kiel ............. | 1773,8 | 626,14 | 720 |
| *DAIF* | Nordmeer.......... | Hamburg .......... | 482,0 | 170,19 | 750 |
| *DAIG* | Nordenham ........ | Cuxhaven.......... | 617,0 | 217,79 | 800 |
| *DAIH* | Nordstern.......... | Bremerhaven ....... | 458,2 | 161,73 | 800 |
| *DAIJ* | Oberpräs. Delbrück.. | Hamburg .......... | 1630,0 | 575,40 | 500 |
| *DAIK* | Oldenburg ......... | Bremerhaven ....... | 472,7 | 166,87 | 750 |
| *DAIL* | Orion............. | Emden ........... | 233,7 | 82,48 | 150 |
| *DAIN* | Oskar Schulze ...... | Bremerhaven ....... | 410,1 | 144,86 | 600 |
| *DAIO* | Ostmark........... | Bremerhaven ....... | 467,9 | 165,15 | 750 |
| *DAIP* | Stella Maris ........ | Emden ........... | 454,2 | 160,32 | 750 |
| *DAIQ* | Taucher Ottar Harmstorf I...... | Hamburg .......... | 206,5 | 72,91 | 250 |
| *DAIS* | Taucher O. Wulf III. | Cuxhaven.......... | 145,4 | 51,31 | 1320 |
| *DAIT* | Peter Schlack ...... | Hamburg .......... | 399,6 | 141,06 | 600 |
| *DAIV* | Pitea............. | Hamburg .......... | 1514,0 | 534,44 | 600 |
| *DAJA* | Hessen ........... | Emden ........... | 274,3 | 96,83 | 2×150 |
| *DAJB* | Reemt............ | Hamburg .......... | 560,0 | 197,68 | 750 |
| *DAJE* | Remscheid ........ | Cuxhaven.......... | 319,8 | 112,40 | 600 |
| *DAJG* | Rheinland.......... | Bremen-Vegesack ... | 255,0 | 89,86 | 150 |
| *DAJK* | Rotersand.......... | Bremerhaven ....... | 589,1 | 207,95 | 750 |
| *DAJL* | Saarland.......... | Bremen-Vegesack ... | 256,0 | 90,20 | 150 |
| *DAJW* | Senator .......... | Hamburg .......... | 1939,7 | 684,70 | 500 |
| *DAKA* | Skagerrak.......... | Hamburg-Finkenwerder .... | 61,3 | 21,64 | 150 |
| *DAKB* | Skolpenbank ....... | Bremerhaven ....... | 436,7 | 154,02 | 800 |
| *DAKC* | Söderhamn......... | Hamburg .......... | 2678,0 | 945,34 | 650 |
| *DAKJ* | Liesbeth .......... | Burgstaaken........ | 18,2 | 6,43 | 46 |
| *DAKK* | Stettin ........... | Emden ........... | 297,1 | 104,86 | 200 |
| *DAKL* | Stillesee .......... | Hamburg .......... | 2162,0 | 763,18 | 700 |
| *DAKR* | Tannenberg ........ | Emden ........... | 454,2 | 160,32 | 800 |
| *DAKV* | Thees Bott......... | Hbg.-Finkenwerder | 59,8 | 21,13 | 120 |

## DAKW — DANO

| Unterscheidungssignale | Namen der Schiffe | Heimathafen der Schiffe | Kubikmeter Nettoraumgehalt | Registertons Nettoraumgehalt | PS |
|---|---|---|---|---|---|
| *DAKW* | Thor | Hamburg | 188,8 | 66,74 | 750 |
| *DAKX* | Thüringen | Leer | 456,2 | 161,00 | 750 |
| DAKY | Thüringen | Bremen-Vegesack | 258,0 | 91,08 | 150 |
| *DALA* | Ursula | Hamburg | 431,1 | 152,17 | 600 |
| *DALC* | Victoria | Lübeck | 1194,3 | 421,60 | 500 |
| *DALE* | Vierlande | Hamburg | 546,7 | 193,00 | 850 |
| *DALF* | Vorwärts | Hamburg | 1114,4 | 393,38 | 2×500 |
| *DALG* | Venus | Bremerhaven | 412,3 | 145,53 | 600 |
| *DALH* | Wachtel | Bremen-Vegesack | 222,0 | 78,22 | 130 |
| *DALK* | Weser | Bremerhaven | 712,3 | 251,44 | 1000 |
| *DALL* | Olbers | Bremen | 1945,5 | 686,70 | 800 |
| *DALO* | Westfalen | Bremen-Vegesack | 210,0 | 74,24 | 130 |
| *DALP* | Westpreußen | Bremerhaven | 525,0 | 185,00 | 750 |
| *DALR* | Widder | Bremen | 765,7* | 270,31* | 1070 |
| *DALT* | Wilma | Hbg-Finkenwerder | 58,7 | 20,71 | 180 |
| *DALX* | Yorck | Bremerhaven | 484,9 | 171,18 | 800 |
| *DALY* | Zeus+ | Bremen | 5613,2 | 1981,45 | 3000 |
| *DAMA* | Agnes Engel | Hamburg-Finkenwerder | 52,1 | 18,41 | 150 |
| *DAMB* | Albert Pust | Bremerhaven | 403,0 | 142,50 | 600 |
| *DAMD* | Alte Liebe | Cuxhaven | 405,2 | 143,03 | 600 |
| *DAMF* | A. Kappelhoff | Emden | 261,8 | 92,42 | 150 |
| *DAMH* | Auguste Kämpf | Bremerhaven | 402,3 | 142,00 | 600 |
| *DAMI* | Bremerhaven | Bremerhaven | 405,0 | 142,90 | 600 |
| *DAMJ* | Carsten Janssen | Bremerhaven | 403,6 | 142,47 | 600 |
| *DAMM* | Cuxhaven | Cuxhaven | 405,2 | 143,02 | 600 |
| *DAMN* | Detmold | Cuxhaven | 405,2 | 143,02 | 600 |
| *DAMP* | Dradenau | Hamburg-Finkenwerder | 76,2 | 26,90 | 150 |
| *DAMQ* | Düsseldorf | Cuxhaven | 404,9 | 142,80 | 750 |
| *DAMR* | Eckernförde | Kiel | 401,9 | 141,90 | 600 |
| *DAMT* | Emma | Hamburg-Finkenwerder | 44,0 | 12,69 | 120 |
| *DAMU* | Ernst Gröschel | Bremerhaven | 403,7 | 142,50 | 600 |
| *DAMW* | Hans Bernstein | Hamburg | 3847,8 | 1358,28 | 1250 |
| *DAMX* | Gertrud | Leer | 249,1 | 87,92 | 200 |
| *DAMY* | Gonzenheim | Bremen | 6710,7 | 2368,87 | 1200 |
| *DANA* | Haga | Hamburg | 1636,2 | 577,58 | 650 |
| *DANC* | Hoffnung | Hamburg-Finkenwerder | 90,8 | 32,06 | 150 |
| *DANF* | Josef Bodden | Kiel | 401,9 | 141,89 | 600 |
| *DANG* | Karl Fock | Hamburg-Finkenwerder | 59,8 | 21,13 | 120 |
| *DANI* | Kiel | Kiel | 404,6 | 142,83 | 600 |
| *DANK* | Mannheim | Bremerhaven | 405,1 | 142,99 | 750 |
| *DANL* | Mollex IV | Hamburg | 59,2 | 20,89 | 150 |
| *DANM* | Thalia | Hamburg | 410,3 | 144,82 | 150 |
| *DANN* | München | Bremerhaven | 405,1 | 142,90 | 750 |
| *DANO* | Nesshuk | Hbg-.Finkenwerder | 72,5 | 25,59 | 180 |

* = Bruttoraumgehalt.

## DANP — DCAQ

| Unterscheidungssignale | Namen der Schiffe | Heimathafen der Schiffe | Kubikmeter Nettoraumgehalt | Registertons Nettoraumgehalt | PS |
|---|---|---|---|---|---|
| *DANP* | Niedersachsen | Cuxhaven | 411,2 | 145,14 | 600 |
| *DANR* | Otto Bröhan | Hamburg | 424,3 | 149,78 | 600 |
| *DANS* | Rechtenfleth | Bremen | 268,0* | 94,59* | 1065 |
| *DANT* | Rosengarten | Hamburg-Finkenwerder | 62,9 | 22,20 | 120 |
| *DANW* | Schlutup | Kiel | 401,9 | 141,89 | 600 |
| *DANX* | Schwertfisch | Bremerhaven | 552,3 | 194,95 | 800 |
| *DANY* | Seeadler | Hamburg-Finkenwerder | 38,5 | 13,59 | 90 |
| *DAOA* | Sophie | Leer | 251,4 | 80,73 | 200 |
| *DAOB* | Stade | Cuxhaven | 405,2 | 143,04 | 600 |
| *DAOC* | Christiane Schulte | Hamburg | 3634,6 | 1283,01 | 1150 |
| DAOF | Dr. Eichelbaum | Emden | 259,7 | 91,60 | 250 |
| *DAOG* | Elbe | Emden | 271,8 | 95,94 | 150 |
| *DAOH* | Sparenburg | Emden | 257,2 | 90,80 | 180 |
| *DAOI* | Christel | Büsum | 57,5 | 20,30 | 180 |
| *DAOT* | Kurefjord | Bremen | 152,9 | 53,97 | 500 |
| *DAOU* | Franz Thiele | Emden | 258,4 | 91,21 | 200 |
| *DAOX* | Wilhelm Kaisen | Bremerhaven | 661,4 | 233,48 | 800 |
| *DAOY* | Göttingen | Cuxhaven | 672,8 | 237,50 | 750 |
| DAOZ | Bardenfleth | Bremen | 53,9 | 19,02 | 560 |
| *DAPA* | Eberhart Essberger | Hamburg | 947,6 | 334,50 | 325 |
| *DAPB* | Sylt | Hamburg | 953,8 | 336,71 | 450 |
| *DAPC* | Cimbria | Hamburg | 3031,8 | 1070,23 | 1200 |
| *DAPD* | Sperber | Bremen | 1035,8 | 365,63 | 900 |
| *DAPF* | Stella | Emden | 399,5 | 141,09 | 2×180 |
| *DAPH* | Lacklan | Hamburg | 14690,2 | 5185,66 | 2950 |
| *DAPI* | Frigga | Hamburg | 9571,4 | 3378,70 | 2000 |
| *DAPJ* | Hermod | Hamburg | 9176,0 | 3239,12 | 1500 |
| *DAPK* | Hermann Fritzen | Emden | 6761,8 | 2386,91 | 1800 |
| *DAPM* | Regulus | Bremerhaven | 60,3 | 21,23 | 150 |
| *DAPN* | Carl Wilkens | Hamburg | 418,3 | 147,67 | 600 |
| *DCAA* | Walter Behrens | Köln | 499,6 | 176,38 | 250 |
| *DCAB* | Sigrid | Köln | 496,4 | 175,24 | 250 |
| *DCAC* | Antha | Köln | 388,2 | 135,27 | 265 |
| *DCAD* | Wittekind | Köln | 377,0 | 133,08 | 265 |
| *DCAE* | Daniel Denker | Köln | 20,2 | 7,12 | 125 |
| DCAF | Edmund Halm | Köln | 1765,4 | 623,18 | 1200 |
| *DCAG* | Erika Hendrik Fisser | Köln | 1724,3 | 608,69 | 925 |
| DCAH | Adler | Köln | 415,7 | 146,76 | 500 |
| *DCAI* | Waldemar Peter+ | Köln | 4551,3 | 1606,61 | 2000 |
| *DCAJ* | Wilhelm Numssen | Köln | 846,0 | 298,64 | 500 |
| DCAK | Overstolz vom Rhein | Köln | 88,7 | 31,30 | 300 |
| DCAL | Wirbellay | Kaub | 484,0 | 171,00 | — |
| DCAM | Rauschelay | Kaub | 484,0 | 171,00 | — |
| DCAP | Scharhörn | Düsseldorf | 47,9 | 16,91 | 110 |
| DCAQ | Hermann Gunther | Duisburg | 139,3* | 49,16* | 200 |

* = Bruttoraumgehalt.

## DCAR — DCCT

| Unterscheidungssignale | Namen der Schiffe | Heimathafen der Schiffe | Kubikmeter (Nettoraumgehalt) | Registertons (Nettoraumgehalt) | PS |
|---|---|---|---|---|---|
| *DCAR* | Rhein | Duisburg-Ruhrort | 524,5 | 185,14 | 200 |
| DCAS | Heimkehr | Duisburg | 272,8 | 96,29 | 250 |
| *DCAT* | Oberhausen | Duisburg-Ruhrort | 3233,0 | 1141,24 | 2400 |
| DCAU | Ruhr | Duisburg-Ruhrort | 419,5 | 148,10 | 250 |
| *DCAV* | Ruhrort + | Duisburg-Ruhrort | 3309,4 | 1168,22 | 2400 |
| *DCAW* | Duisburg + | Duisburg-Ruhrort | 3364,1 | 1187,54 | 2400 |
| *DCAX* | Tazacorte | Duisburg-Ruhrort | 4789,9 | 1690,84 | 3600 |
| DCAY | Helga | Düsseldorf | 28,7 | 10,14 | 125 |
| DCAZ | Norfa | Düsseldorf | 13,3 | 4,70 | 120 |
| *DCBA* | Homberg | Duisburg-Ruhrort | 3216,0 | 1135,25 | 2400 |
| DCBB | Franz | Duisburg | 298,4 | 105,35 | — |
| *DCBC* | Ute | Düsseldorf | 854,3 | 301,57 | 500 |
| DCBD | Mosel | Duisburg-Ruhrort | 452,3 | 159,74 | 300 |
| DCBE | Adele | Hamburg | 135,3 | 47,76 | 50 |
| DCBF | Adelgunde | Haren/Ems | 284,9 | 100,57 | 110 |
| DCBG | Adelheid | Haren/Ems | 285,6 | 100,80 | 75 |
| DCBH | Adelheid | Westrhauderfehn | 138,7 | 48,98 | 70 |
| *DCBI* | Erin Nübel | Emden | 1062,3 | 374,98 | 1250 |
| DCBJ | Adolf | Haren/Ems | 260,6 | 92,01 | 75 |
| DCBK | Albatross | Norddeich | 22,4 | 7,89 | 125 |
| DCBM | Alex | Haren/Ems | 281,6 | 99,40 | 120 |
| DCBO | Melior | Haren/Ems | 235,5 | 83,12 | 290 |
| DCBP | Helena Schepers | Haren/Ems | 343,8 | 121,37 | 150/180 |
| DCBQ | Altair | Emden | 226,1 | 79,81 | 250 |
| *DCBR* | Amalie | Leer | 271,3 | 95,77 | 130 |
| *DCBS* | Willem Mennen + | Emden | 7396,1 | 2610,82 | 3000 |
| DCBT | Angela | Haren/Ems | 247,9 | 87,50 | 70 |
| DCBU | Angela | Haren/Ems | 204,1 | 71,88 | 75 |
| DCBV | Angela-Elisa | Haren/Ems | 305,4 | 108,00 | 70 |
| DCBW | Angelina | Haren/Ems | 318,5 | 112,52 | 150 |
| DCBX | Anlene | Haren/Ems | 288,7 | 101,91 | 75 |
| DCBY | Anna | Haren/Ems | 306,5 | 108,18 | 150 |
| DCBZ | Anna | Westrhauderfehn | 210,7 | 74,36 | 100 |
| DCCA | Anna | Leer | 136,4 | 48,15 | 50 |
| DCCB | Anna | Haren/Ems | 435,2 | 153,62 | 100 |
| *DCCC* | Dora Fritzen | Emden | 18235,0 | 3436,96 | 7200 |
| DCCF | Anna | Leer | 265,0 | 93,48 | 130 |
| *DCCG* | Hödur | Emden | 8560,8 | 3021,98 | 3500 |
| DCCI | Anna-Maria | Haren/Ems | 220,7 | 77,92 | 115 |
| DCCJ | Anna-Maria | Ditzum | 165,6 | 58,47 | 90/100 |
| DCCK | Anna Wilhelmine | Westrhauderfehn | 111,1 | 39,23 | 70 |
| *DCCL* | Rita | Haren/Ems | 299,9 | 105,86 | 200 |
| DCCM | Annele | Bensersiel | 117,3 | 41,41 | 50 |
| DCCN | Antine | Borkum | 73,9 | 26,09 | 75 |
| DCCO | Antje | Rorichmoor | 77,7 | 27,43 | 36 |
| DCCP | Anton | Haren/Ems | 258,4 | 91,22 | 120 |
| DCCQ | Ariadne | Borkum | 214,6 | 75,74 | 90 |
| DCCS | Arktur | Westrhauderfehn | 132,7 | 46,85 | 70 |
| DCCT | Armin | Haren/Ems | 294,7 | 104,03 | 200 |

## DCCU — DCER

| Unterscheidungssignale | Namen der Schiffe | Heimathafen der Schiffe | Kubikmeter (Nettoraumgehalt) | Registertons (Nettoraumgehalt) | PS |
|---|---|---|---|---|---|
| DCCU | Arnold | Haren/Ems | 356,2 | 125,73 | 220 |
| DCCV | Maike Meyer-Gerhards | Borkum | 281,1 | 99,24 | 50 |
| DCCW | Baldur | Norderney | 38,6 | 13,63 | 2×75 |
| DCCX | Baltrum I | Baltrum | 213,5 | 75,37 | 2×125 |
| DCCY | Baltrum II | Baltrum | 68,5 | 24,19 | 100 |
| DCCZ | Käthe Wessels | Emden | 250,7* | 88,50* | 900 |
| DCDA | Barbara | Ditzum | 27,5 | 9,69 | 120 |
| DCDB | Maria-Lena | Haren/Ems | 260,2 | 91,85 | 100 |
| DCDC | Bernhard | Haren/Ems | 352,0 | 124,25 | 150 |
| DCDD | Bernhardus | Haren/Ems | 288,7 | 101,90 | 100 |
| DCDE | Heimat | Neuharlingersiel | 15,1 | 5,34 | 145 |
| DCDF | Hertha I | Norderney | 15,7 | 5,53 | 125 |
| DCDG | Brandaris | Langeoog | 359,7 | 126,96 | 135 |
| DCDH | Burkana | Emden | 83,4 | 29,43 | 50 |
| DCDI | G. M. Daneker | Emden | 385,5 | 136,07 | 600 |
| DCDJ | Capella | Westrhauderfehn | 64,5 | 22,77 | 90 |
| DCDK | Capella | Greetsiel | 216,4 | 76,41 | 145 |
| *DCDL* | Ilse Fritzen+ | Emden | 10231,4 | 3611,67 | 8500 |
| *DCDM* | Carl Thiele | Emden | 285,4 | 100,74 | 390 |
| DCDN | Rudolph Wendt | Leer | 401,1 | 141,58 | 750 |
| *DCDO* | C. H. Metger | Emden | 285,4 | 100,74 | 390 |
| *DCDP* | Johann Schulte | Emden | 385,5 | 136,07 | 600 |
| DCDQ | Christina | Haren/Ems | 365,5 | 129,02 | 150 |
| *DCDR* | Jann Saathoff | Emden | 387,9 | 136,93 | 600 |
| DCDS | Concordia | Norddeich | 30,8 | 10,86 | 70 |
| DCDT | Adler | Leer | 119,7* | 42,26 | 60 |
| DCDU | Kondor | Norddeich | 15,1 | 5,31 | 50 |
| DCDV | Cornelia | Warsingsfehn | 263,9 | 93,17 | 95 |
| *DCDW* | Cornelia | Leer | 261,1 | 92,18 | 150 |
| DCDX | Pelikan | Greetsiel | 12,1 | 4,27 | 100 |
| DCDY | Cum Deo | Haren/Ems | 282,7 | 99,80 | 150 |
| DCDZ | Emsland | Düsseldorf | 22,3 | 7,86 | 395 |
| DCEB | Consul Breuer | Emden | 401,1 | 141,58 | 750 |
| DCEC | Delphin | Norddeich | 35,8 | 12,63 | 90 |
| DCED | Dia Aubel | Emden | 279,4* | 98,63* | 300 |
| *DCEE* | Gerhard Elfring | Haren/Ems | 525,0 | 185,33 | 300 |
| *DCEF* | Th. Klingenberg | Emden | 387,9 | 136,93 | 600 |
| *DCEG* | Fritzen I | Emden | 71,6 | 25,28 | 850 |
| *DCEH* | Großer Bär | Emden | 101,3 | 35,76 | 1000 |
| DCEI | Jann Looden | Greetsiel | 16,4 | 5,80 | 80 |
| DCEJ | Pirola | Warsingsfehn | 447,9 | 158,10 | — |
| *DCEK* | Dorothea Siemering | Hamburg | 560,4 | 197,82 | 240 |
| DCEL | Dortmund | Emden | 260,2 | 91,85 | 150 |
| DCEM | Dr. Eichelbaum | Neuharlingersiel | 32,1 | 11,34 | 120 |
| DCEO | Ebenezer | Neuharlingersiel | 31,4 | 11,08 | 80 |
| DCEP | Herrentor | Emden | 448,1 | 158,17 | 310 |
| DCEQ | Jan Gerdes | Haren/Ems | 420,0 | 148,25 | 150 |
| *DCER* | Juist | Emden | 111,6 | 39,38 | 900 |

* = Bruttoraumgehalt.

## DCET — DCGV

| Unterscheidungssignale | Namen der Schiffe | Heimathafen | Kubikmeter (Nettoraumgehalt) | Registertons (Nettoraumgehalt) | PS |
|---|---|---|---|---|---|
| DCET | Hermann Kiepa | Haren/Ems | 404,6 | 142,88 | 230 |
| DCEU | Elisabeth | Haren/Ems | 243,7 | 86,03 | 110 |
| DCEV | Elisabeth | Potshausen | 287,6 | 101,53 | 120 |
| DCEW | Elisabeth | Greetsiel | 164,2 | 57,95 | 90 |
| *DCEX* | Carola Schulte | Emden | 9533,7 | 3365,40 | 4100 |
| DCEY | Elise | Haren/Ems | 308,9 | 109,05 | 150 |
| DCEZ | Ledingerland | Leer | 370,9 | 130,92 | 100 |
| DCFA | Gertrud Fritzen | Emden | 10637,6 | 3755,08 | 10000 |
| DCFB | Elli Schaa | Leer | 208,8 | 73,70 | 75/90 |
| DCFC | Else | Haren/Ems | 233,8 | 82,53 | 70 |
| DCFD | Else | Emden | 244,1 | 86,17 | 125 |
| DCFE | Elternsegen | Haren/Ems | 234,8 | 82,89 | 165 |
| DCFF | Christian I | Koppeln/Schlei | 188,1 | 66,40 | 150 |
| DCFG | Ems | Duisburg-Ruhrort | 279,3 | 98,59 | 150 |
| DCFH | Ems | Varelerhafen | 82,9 | 29,28 | 36 |
| *DCFI* | Gesche Rohden | Emden | 492,5 | 173,85 | 405 |
| DCFK | Norderney | Emden | 111,6 | 39,38 | 750 |
| DCFL | Emsstrom | Haren/Ems | 237,5 | 83,82 | 120 |
| DCFM | Engelbert | Haren/Ems | 282,9 | 99,88 | 95/125 |
| DCFN | Eos | Haren/Ems | 271,3 | 95,76 | 125 |
| DCFO | Aurich | Emden | 448,1 | 158,17 | 300 |
| DCFP | Erna | Warsingsfehn | 269,0 | 94,94 | 112 |
| *DCFQ* | Helena | Haren/Ems | 553,9 | 195,53 | 295 |
| DCFR | Exelsior | Holte | 134,6 | 47,50 | 55 |
| DCFT | Mars | Warsingsfehn | 282,6 | 99,77 | 80 |
| *DCFU* | Elisabeth Schulte + | Emden | 4307,3 | 1520,46 | 2250 |
| DCFV | Flott | Greetsiel | 237,4 | 83,80 | 100 |
| DCFW | Dele | Haren/Ems | 532,3 | 187,91 | 340 |
| DCFX | Folt Wilhelm | Borkum | 115,9 | 40,92 | 70 |
| DCFY | Fortuna | Warsingsfehn | 208,9 | 73,74 | 85 |
| DCFZ | Fortuna | Rhaudermoor | 382,1 | 134,90 | 280 |
| DCGA | Fortuna | Bremen | 124,5 | 43,96 | 80 |
| DCGB | Edith I | Spetzerfehn | 247,7 | 87,43 | 80 |
| DCGC | Fortuna I | Spiekeroog | 64,9 | 22,92 | 50 |
| DCGD | Franziska | Haren/Ems | 236,5 | 83,48 | 100 |
| DCGF | Frauke | Warsingsfehn | 137,9 | 48,68 | 50 |
| DCGJ | Friedrich Brons | Emden | 259,2 | 91,49 | 150 |
| DCGK | Frisia I | Norderney | 589,3 | 208,01 | 600 |
| DCGL | Frisia II | Norderney | 61,3 | 21,62 | 75 |
| DCGM | Frisia III | Norderney | 253,1 | 89,33 | 450 |
| DCGN | Frisia V | Norderney | 100,6 | 35,52 | 100 |
| DCGO | Frisia VI | Norderney | 152,5 | 53,83 | 150 |
| DCGP | Frisia VII | Norderney | 82,1 | 28,98 | 75 |
| DCGQ | Frisia IX | Norderney | 388,7 | 137,20 | 250 |
| DCGR | Frisia X | Norderney | 385,3 | 136,00 | 350 |
| DCGS | Langeoog I | Langeoog | 137,8 | 48,64 | 125 |
| DCGT | Frisia XIV | Norderney | 134,1 | 47,63 | 90 |
| DCGU | Frisia XV | Norderney | 266,1 | 93,94 | 2×130 |
| DCGV | Fünf Gebrüder | Ditzum | 32,0 | 11,30 | 140 |

## DCGW — DCJB

| Unter-scheidungs-signale | Namen der Schiffe | Heimathafen der Schiffe | Kubik-meter Nettoraumgehalt | Register-tons Nettoraumgehalt | PS |
|---|---|---|---|---|---|
| DCGW | Gebrüder | Neuharlingersiel | 13,0 | 4,58 | 20 |
| DCGY | Geen Tied | Greetsiel | 16,8 | 5,94 | 75 |
| DCGZ | Geeske | Bensersiel | 78,9 | 27,84 | 50 |
| *DCHA* | Bürgermeister Diekmann | Emden | 416,6 | 147,05 | 750 |
| DCHB | Gerda | Westrhauderfehn | 138,5 | 49,81 | 93 |
| DCHC | Gerhard | Haren/Ems | 405,5 | 143,13 | 180 |
| DCHD | Gerhardine | Borkum | 82,1 | 28,98 | 75 |
| DCHE | Germania | Warsingsfehn | 132,6 | 46,81 | 70 |
| DCHF | Gertrud | Haren/Ems | 275,8 | 97,36 | 180 |
| DCHG | Geschwisterliebe | Haren/Ems | 311,9 | 110,09 | 150 |
| DCHH | Gesina | Haren/Ems | 303,3 | 107,06 | 90 |
| DCHI | Gesine | Ostgroßefehn | 197,4 | 69,68 | 36 |
| *DCHJ* | Atlantis | Norderney | 309,8 | 109,36 | 600 |
| DCHK | Hanna | Norderney | 60,2 | 21,23 | 50 |
| DCHL | Gesine | Leer | 261,1 | 92,18 | 150 |
| DCHM | Osterems | Greetsiel | 16,4 | 5,80 | 120 |
| DCHN | G. F. Zimmermann | Emden | 290,1 | 102,42 | 390 |
| DCHO | Glückauf | Haren/Ems | 290,1 | 102,42 | 100 |
| DCHS | Gott mit uns | Haren/Ems | 385,2 | 135,98 | 110 |
| *DCHT* | Herman Akkermann | Borkum | 50,3 | 17,74 | 120 |
| DCHU | Thea | Warsingsfehn | 61,6 | 28,80 | 36 |
| DCHV | Hanne | Spetzerfehn | 174,2 | 61,51 | 75 |
| *DCHW* | Emil Fox | Emden | 416,6 | 147,05 | 750 |
| DCHX | Hans | Haren/Ems | 300,1 | 105,94 | 150 |
| DCHY | Hansgrete | Hamburg | 114,3 | 40,35 | 70 |
| DCHZ | Albrecht Geerds | Emden | 250,7* | 88,50* | 750 |
| DCIB | Hayo | Leer | 294,8 | 104,05 | 150 |
| DCIC | Heimat | Haren/Ems | 296,8 | 104,77 | 50 |
| DCID | Heimkehr | Emden | 216,4 | 76,38 | 150 |
| DCIE | Heinrich Brons | Emden | 263,5 | 93,00 | 245 |
| DCIF | Heinrich Elfring | Haren/Ems | 231,2 | 81,62 | 100 |
| DCIH | Heinz | Haren/Ems | 295,3 | 104,24 | 70 |
| DCII | Etta | Norddeich | 15,2 | 5,37 | 150 |
| DCIJ | Helene II | Haren/Ems | 174,9 | 61,74 | 75 |
| *DCIK* | Carl Fritzen+ | Emden | 14871,0 | 5249,47 | 5700 |
| *DCIL* | Helgoland | Emden | 123,1 | 43,47 | 500 |
| DCIM | Henny | Warsingsfehn | 95,4 | 3,69 | 25 |
| *DCIN* | Jakob Ekkenga | Emden | 891,4 | 314,67 | 500 |
| DCIO | Herm | Haren/Ems | 279,1 | 98,52 | 200 |
| DCIP | Hermangela | Haren/Ems | 296,5 | 104,66 | 110 |
| DCIQ | Hermine | Haren/Ems | 315,5 | 111,58 | 105 |
| *DCIR* | Hermine | Leer | 263,6 | 93,05 | 100 |
| DCIS | Ingo | Papenburg | 337,2 | 83,72 | 75/90 |
| DCIT | Hertha Johanne | Rhaudermoor | 592,5 | 209,16 | 150 |
| DCIU | Hildburg | Leer | 188,2 | 66,44 | 200 |
| DCIV | Hilde | Leer | 236,4 | 83,46 | 245 |
| DCIZ | Hinderk Looden | Greetsiel | 15,3 | 5,39 | 50 |
| DCJB | Hoffnung | Rhaudermoor | 260,9 | 92,10 | 90 |

* = Bruttoraumgehalt.

## DCJG — DCML

| Unterscheidungssignale | Namen der Schiffe | Heimathafen der Schiffe | Kubikmeter (Nettoraumgehalt) | Registertons (Nettoraumgehalt) | PS |
|---|---|---|---|---|---|
| DCJG | Iduna | Haren/Ems | 248,6 | 87,75 | 120 |
| DCJJ | Immanuel | Holterfehn | 206,2 | 72,79 | 75 |
| DCJK | Insulaner | Norderney | 102,2 | 36,07 | 36 |
| DCJN | Jantje | Borkum | 67,4 | 23,78 | 35 |
| DCJP | Johann Hermann | Haren/Ems | 307,3 | 108,49 | 150 |
| *DCJQ* | Johann Wessels | Emden | 149,2 | 52,60 | 650 |
| *DCJR* | Johann Wessels | Emden | 296,4 | 104,64 | 390 |
| DCJS | Johanna | Warsingsfehn | 136,4 | 48,15 | 25 |
| DCJV | Johanne | Haren/Ems | 254,3 | 89,92 | 95 |
| DCJZ | Johannes | Haren/Ems | 232,0 | 81,91 | 90 |
| DCKA | Johannes | Norddeich | 21,5 | 7,59 | 100 |
| *DCKB* | Jop | Haren/Ems | 502,3 | 177,32 | 300 |
| DCKF | Jupiter | Warsingsfehn | 226,3 | 79,89 | 110 |
| DCKG | Jupiter | Petkum | 107,3 | 37,88 | 70 |
| DCKK | Katharina | Haren/Ems | 376,9 | 133,04 | 75 |
| DCKL | Katharina Elisabeth | Juist | 127,9 | 45,16 | 50 |
| DCKN | Kehrewieder | Ihlowerfehn | 149,3 | 52,71 | 75 |
| DCKT | Klara Katharina | Greetsiel | 266,3 | 94,01 | 120 |
| DCKV | Konkordia | Haren/Ems | 301,2 | 106,34 | 100 |
| DCKW | Jogela | Haren/Ems | 514,0 | 181,44 | 200 |
| DCKZ | Langeoog II | Emden | 55,1 | 19,44 | 90 |
| DCLA | Langeoog IV | Langeoog | 192,0 | 67,77 | 220 |
| DCLB | Caroline | Langeoog | 151,3 | 53,41 | 50 |
| DCLC | Laurenz | Haren/Ems | 245,1 | 86,53 | 100 |
| DCLD | Lauria | Haren/Ems | 224,5 | 79,25 | 90 |
| DCLH | Lena | Haren/Ems | 230,1 | 81,22 | 100 |
| DCLJ | Lena Katharina | Haren/Ems | 290,4 | 102,50 | 100 |
| DCLK | Lene | Leer | 207,4 | 73,22 | 90 |
| DCLL | Liberté | Greetsiel | 66,6 | 23,52 | 56/60 |
| DCLM | Liesbeth | Haren/Ems | 298,8 | 105,47 | 70/75 |
| DCLN | Liesbeth-Grete | Haren/Ems | 206,3 | 108,12 | 70 |
| DCLO | Lilie | Norden | 242,4 | 85,56 | 50 |
| DCLP | Lina | Elisabethfehn | 40,8 | 14,39 | 12 |
| DCLQ | Liny | Greetsiel | 66,7 | 23,55 | 42 |
| DCLR | Lübbert | Haren/Ems | 298,2 | 105,28 | 150 |
| DCLU | Margaretha | Haren/Ems | 277,3 | 97,88 | 120 |
| DCLW | Maria | Haren/Ems | 291,6 | 102,94 | 120 |
| DCLX | Maria | Haren/Ems | 255,7 | 90,25 | 90 |
| DCLY | Maria Christina | Haren/Ems | 288,5 | 101,83 | 70 |
| DCLZ | Maria Elfring | Haren/Ems | 198,4 | 70,22 | 110 |
| DCMA | Maria Elise | Haren/Ems | 282,4 | 99,68 | 110 |
| DCMB | Maria Gebina | Haren/Ems | 214,7 | 75,80 | 75 |
| DCMC | Maria Helena | Haren/Ems | 196,2 | 69,25 | 70 |
| DCME | Marie | Leer | 258,0 | 91,06 | 130 |
| DCMF | Borkum | Emden | 258,7* | 91,33* | 375 |
| DCMG | Marie-Hermine-Elise | Ditzum | 146,5 | 51,73 | 50 |
| DCMH | Mar.BR. Schlichting | Norddeich | 30,8 | 10,86 | 95 |
| DCMI | Martha | Bensersiel | 264,8 | 93,48 | 130 |
| DCML | Mein Glück | Greetsiel | 16,6 | 5,85 | 75 |

* = Bruttoraumgehalt.

DCMQ — DCQF

| Unterscheidungssignale | Namen der Schiffe | Heimathafen der Schiffe | Kubikmeter Nettoraumgehalt | Registertons Nettoraumgehalt | PS |
|---|---|---|---|---|---|
| DCMQ | Meteor | Bensersiel | 76,7 | 27,06 | 50 |
| DCMS | Minchen | Haren/Ems | 241,5 | 85,26 | 75 |
| *DCMT* | Min.-Dir. Streil | Emden | 346,9 | 122,45 | 390 |
| DCMY | Möwe | Haren/Ems | 276,3 | 97,53 | 120 |
| DCNB | Münster | Emden | 264,1 | 93,24 | 100 |
| DCNC | Mutterliebe | Haren/Ems | 246,4 | 86,98 | 150 |
| DCND | Muttersegen | Haren/Ems | 293,5 | 103,61 | 235 |
| DCNG | Norden | Varelerhafen | 55,9 | 19,72 | 50 |
| DCNI | Norderney | Emden | 154,7* | 54,61* | 185 |
| DCNN | Nordstern | Warsingsfehn | 56,6 | 19,98 | 15 |
| DCNT | Odin | Haren/Ems | 299,4 | 105,68 | 215 |
| DCNU | Orion | Westrhauderfehn | 250,4 | 88,40 | 105 |
| DCNV | Osterems | Borkum | 25,6 | 8,84 | 75 |
| DCNW | Ostfriesland | Juist | 59,4 | 20,96 | 30 |
| DCNZ | Ottina | Haren/Ems | 255,4 | 90,17 | 200 |
| DCOA | Paula | Haren/Ems | 292,6 | 103,04 | 120 |
| DCOC | Perle | Carolinensiel | 72,4 | 25,56 | 25 |
| DCOG | Preußen | Oldenburg | 230,8 | 81,47 | 290 |
| *DCOH* | Prinz Homburg | Emden | 265,0 | 93,53 | 240 |
| DCOJ | Quo Vadis | Haren/Ems | 296,0 | 104,50 | 120 |
| DCOK | Regina | Emden | 17,1 | 6,04 | 200 |
| DCOL | Regina | Haren/Ems | 255,7 | 90,26 | 180 |
| DCOO | Reimar | Haren/Ems | 293,3 | 103,51 | 120 |
| DCOP | Reinhard | Haren/Ems | 266,8 | 94,17 | 75 |
| DCOQ | Reinhold | Haren/Ems | 294,5 | 103,97 | 75 |
| DCOR | Resi | Norderney | 180,7 | 63,77 | 100 |
| DCOS | Res Nova | Haren/Ems | 247,1 | 87,23 | 100 |
| *DCOT* | Rheinland | Emden | 754,2 | 266,22 | 800 |
| DCOU | Ria | Haren/Ems | 242,3 | 85,55 | 150 |
| DCOW | Rudolf | Haren/Ems | 362,1 | 127,83 | 225 |
| DCOY | Salva Nos | Haren/Ems | 242,6 | 85,65 | 145 |
| DCOZ | Schwalbe | Wyk/Föhr | 123,8 | 43,69 | 150 |
| DCPF | Seeadler | Emden | 86,7 | 30,60 | 108 |
| *DCPG* | Wangerooge | Emden | 110,6 | 39,04 | 500 |
| DCPJ | Seeadler | Norderney | 10,4 | 3,67 | 20 |
| DCPK | Seehund | Papenburg | 150,5 | 53,12 | 100 |
| DCPM | Seelust | Spiekeroog | 59,9 | 21,13 | 75 |
| DCPQ | Sina | Haren/Ems | 247,4 | 87,34 | 135 |
| DCPR | Sirius | Westrhauderfehn | 95,1 | 33,50 | 50 |
| DCPU | Spes Mea | Haren/Ems | 248,8 | 87,82 | 180 |
| DCPW | Spiekeroog | Spiekeroog | 70,7 | 24,97 | 110 |
| DCPX | St. Joseph | Haren/Ems | 383,3 | 135,31 | 150 |
| DCPY | St. Nikolaus | Haren/Ems | 290,9 | 102,69 | 75 |
| DCPZ | Steffi | Haren/Ems | 307,0 | 108,35 | 90 |
| DCQA | Stephan | Haren/Ems | 256,7 | 90,60 | 125 |
| DCQB | Störtebecker | Borkum | 21,9 | 7,73 | 32 |
| DCQD | Susanna-Maria | Haren/Ems | 216,4 | 76,38 | 70 |
| DCQE | Taucher Picksack | Oldersum | 10,1 | 3,56 | 75 |
| DCQF | Tempo | Haren/Ems | 201,6 | 71,17 | 90/110 |

* = Bruttoraumgehalt.

## DCQH — DCUD

| Unterscheidungssignale | Namen der Schiffe | Heimathafen der Schiffe | Nettoraumgehalt Kubikmeter | Nettoraumgehalt Registertons | PS |
|---|---|---|---|---|---|
| DCQH | Stölkenhörn | Hamburg | 238,1 | 84,04 | 120 |
| DCQJ | Thekla Helene | Haren/Ems | 217,4 | 76,73 | 75 |
| DCQK | Theo-Grete | Haren/Ems | 218,3 | 98,94 | 110 |
| *DCQL* | Tim | Haren/Ems | 268,6 | 94,82 | 150 |
| DCQM | Tini | Emden | 139,1 | 49,11 | 75 |
| DCQN | Tjeda | Emden | 41,2 | 14,56 | 36/40 |
| DCQP | Trientje | Iheringsfehn | 83,7 | 29,53 | 35 |
| DCQS | Ursula | Emden | 218,2 | 77,01 | 100 |
| DCQU | Hoffnung E | Warsingsfehn | 103,2 | 36,42 | 50 |
| DCQY | Vertrauen | Warsingsfehn | 158,7 | 56,03 | 50 |
| DCRA | Vier Gebrüder | Warsingsfehn | 60,1 | 21,22 | 25 |
| DCRB | Vier Gebrüder | Carolinensiel | 47,3 | 16,71 | 75 |
| DCRC | Victoria | Emden | 218,2 | 77,01 | 120/180 |
| DCRG | Vorwärts | Neuharlingersiel | 31,2 | 11,02 | 90 |
| DCRI | Vorwärts | Rhaudermoor | 313,8 | 110,75 | 77 |
| DCRN | Westerems | Borkum | 25,0 | 8,84 | 75 |
| DCRP | Wiking | Greetsiel | 13,0 | 4,58 | 75 |
| DCRQ | Liese-Lore | Haren/Ems | 472,1 | 166,66 | 150 |
| DCRS | Wilhelmine | Warsingsfehn | 268,8 | 94,88 | 150 |
| DCRT | Wilhelmine | Westrhauderfehn | 49,1 | 17,34 | 36 |
| DCRW | Wilma | Haren/Ems | 304,4 | 107,45 | 180 |
| DCSA | Zwei Gebrüder | Warsingsfehn | 166,8 | 58,88 | 70 |
| DCSD | Baltic | Haren/Ems | 423,4 | 149,47 | 150 |
| *DCSH* | Konsul Schulte | Emden | 7912,4 | 2793,09 | 1900 |
| DCSJ | Petschili | Emden | 384,2 | 135,62 | 396 |
| DCSL | Langeoog VI | Langeoog | 50,4 | 17,81 | 25 |
| DCSO | Gerrit Wessels | Emden | 163,2* | 57,62* | 200 |
| DCSP | Carl Danziger | Emden | 263,9* | 93,27* | 430 |
| DCSQ | Consul Lindemann | Emden | 256,2* | 90,46* | 430 |
| DCSS | Mellum | Emden | 94,4 | 33,32 | 375 |
| DCSU | Almina | Großefehn | 93,4 | 33,14 | 50 |
| *DCSV* | Elise Schulte | Hamburg | 3693,2 | 1303,69 | 1500 |
| DCTC | Helgoland | Düsseldorf | 166,5* | 84,77* | 220 |
| DCTH | Käthe | Haren/Ems | 221,0 | 78,02 | 70 |
| DCTI | Heimkehr | Cuxhaven | 91,6 | 32,33 | 40 |
| DCTJ | Robbe | Norden | 172,9 | 61,03 | |
| DCTL | Heimat | Norderney | 20,5 | 7,22 | 50 |
| DCTO | E. S. I. 1 | Neuharlingersiel | 123,5 | 43,61 | — |
| DCTP | E. S. I. 2 | Neuharlingersiel | 124,1 | 43,80 | — |
| DCTQ | E. S. I. 3 | Neuharlingersiel | 144,7 | 51,07 | — |
| DCTR | Hermann | Emden | 143,9* | 50,78* | 395 |
| *DCTS* | Martha Hendrik Fisser | Emden | 8402,9 | 2966,22 | 2500 |
| *DCTU* | Hendrik Fisser + | Emden | 3997,7 | 1411,20 | 1250 |
| DCTW | Pionier II | Emden | 219,1 | 77,34 | — |
| DCTX | Vineta | Norderney | 24,5 | 8,65 | 60 |
| DCTY | Grete | Emden | 80,8* | 28,51* | 275 |
| DCUA | Edith | Papenburg | 184,4 | 65,09 | 50 |
| DCUC | Otto Schepers | Haren/Ems | 516,8 | 182,44 | 150 |
| DCUD | Dorothea | Duisburg-Ruhrort | 163,3* | 57,66* | 245 |

* = Bruttoraumgehalt.

## DCUE — DCWM

| Unterscheidungssignale | Namen der Schiffe | Heimathafen der Schiffe | Kubikmeter (Nettoraumgehalt) | Registertons (Nettoraumgehalt) | PS |
|---|---|---|---|---|---|
| DCUE | Ems IV | Leer | 192,4* | 67,91* | 225 |
| *DCUG* | Johann Schulte | Emden | 9814,5 | 3464,53 | 2750 |
| DCUJ | Bernhard | Haren/Ems | 270,3 | 95,43 | 75 |
| *DCUL* | St. Antonius | Haren/Ems | 527,4 | 186,18 | 250 |
| *DCUM* | Rudolf Schepers | Haren/Ems | 502,6 | 177,41 | 250 |
| *DCUN* | Eliza Nübel | Emden | 8808,7 | 3109,46 | 2000 |
| *DCUO* | Hermann | Haren/Ems | 494,0 | 174,38 | 200 |
| *DCUP* | Jacobus Fritzen | Emden | 2963,4 | 1046,09 | 1250 |
| *DCUR* | Karl | Haren/Ems | 318,4 | 112,41 | 250 |
| *DCUS* | Otto | Haren/Ems | 522,8 | 184,55 | 250 |
| *DCUU* | Franz | Haren/Ems | 273,2 | 96,44 | 250 |
| *DCUW* | Heinrich Schulte | Emden | 4443,4 | 1568,51 | 1250 |
| *DCUX* | Katharina Dorothea Fritzen | Emden | 10660,2 | 3763,06 | 2200 |
| DCUY | Ditzum-Petkum | Ditzum | 39,2 | 13,85 | 100 |
| DCUZ | Martha | Emden | 416,1 | 146,87 | 180 |
| *DCVA* | Rolf | Haren/Ems | 273,2 | 96,44 | 250 |
| *DCVB* | Wilhelm Nübel | Emden | 4385,2 | 1547,98 | 1250 |
| *DCVC* | Christel | Haren/Ems | 522,8 | 184,55 | 250 |
| *DCVD* | La Paloma | Brake | 442,5 | 156,21 | 250 |
| DCVF | Gent Visser | Norderney | 59,7* | 21,09 | 130 |
| DCVG | Lippe | Emden | 23,9 | 8,44 | 250 |
| *DCVJ* | Justizrat Clasen | Leer | 431,1 | 152,34 | 860 |
| *DCVL* | Jakob Ekkenga | Emden | 425,1 | 150,05 | 680 |
| *DCVN* | Westfalen | Emden | 399,2 | 140,91 | 520 |
| *DCVO* | Henriette Schulte | Hamburg | 9251,9 | 3265,92 | 4000 |
| DCVP | Hermann Litmeyer | Haren/Ems | 389,1 | 137,36 | 300 |
| *DCVQ* | Ostfriesland | Leer | 801,1 | 282,79 | 250 |
| *DCVR* | Stadt Leer | Leer | 766,1 | 270,43 | 360 |
| *DCVS* | Reimer Edzard Fritzen | Emden | 9268,1 | 3271,64 | 4000 |
| *DCVU* | Carl Fisser | Emden | 9268,1 | 3271,64 | 4000 |
| *DCVV* | Auguste Schulte | Hamburg | 989,1 | 349,15 | 925 |
| *DCVW* | Anni Schaa | Leer | 697,3 | 246,16 | 250 |
| DCVX | Adele Ysker | Greetsiel | 360,5 | 127,26 | 200 |
| *DCVZ* | Odin | Emden | 8630,4 | 3046,54 | 3200 |
| *DCWA* | Maria Schulte | Hamburg | 982,7 | 346,88 | 925 |
| *DCWB* | Komtur | Flensburg | 870,1 | 307,13 | 925 |
| DCWC | Franz | Emden | 487,1 | 171,96 | — |
| *DCWD* | Berni Nübel | Emden | 978,2 | 345,31 | 925 |
| *DCWE* | Herta Engeline Fritzen | Emden | 9161,9 | 3234,16 | 3500 |
| *DCWF* | Alwin Klein | Emden | 858,0 | 302,88 | 415 |
| *DCWI* | Franciska Hendrik Fisser | Emden | 9194,9 | 3245,80 | 4000 |
| *DCWJ* | Kondor | Haren/Ems | 397,8 | 140,43 | 300 |
| DCWK | Conrad | Haren/Ems | 512,1 | 180,76 | 300 |
| *DCWL* | Erika Fritzen | Emden | 10409,1 | 3674,41 | 2300 |
| DCWM | Alwine | Norderney | 17,1 | 6,03 | 75 |

* = Bruttoraumgehalt.

## DCWO — DDGB

| Unterscheidungssignale | Namen der Schiffe | Heimathafen | Kubikmeter (Nettoraumgehalt) | Registertons (Nettoraumgehalt) | PS |
|---|---|---|---|---|---|
| *DCWO* | Elisabeth Hendrik Fisser | Emden | 1845,2 | 651,36 | 1250 |
| *DCWP* | Leonore | Leer | 567,9 | 200,46 | 285 |
| *DCWQ* | Frisia IV | Norderney | 521,7 | 184,15 | 600 |
| *DCWS* | Otto Nübel | Emden | 1062,6 | 375,10 | 1250 |
| *DCWT* | Jan | Haren/Ems | 380,9 | 134,47 | |
| DCWU | Angela Schepers | Haren/Ems | 332,3 | 117,31 | 135 |
| DCWW | Steinbock | Rhaudermoor | 524,5 | 185,15 | 150 |
| DCWX | Vertrauen | Haren/Ems | 330,4 | 116,62 | 150 |
| DCWY | Hinricus | Norddeich | 27,5 | 9,70 | |
| DCWZ | Frauke Hermanna | Greetsiel | 63,7 | 22,50 | 120 |
| DDAA | Thor | Norddeich | 18,8 | 6,63 | 90 |
| *DDAB* | Hendrik Okko Fisser | Emden | 8570,0 | 3025,21 | 5400 |
| *DDAC* | Lauting | Emden | 1832,4 | 646,84 | 450 |
| *DDAD* | Friesland | Leer | 539,3 | 190,36 | 300 |
| DDAE | Annemarie | Varelerhafen | 141,3 | 49,88 | — |
| DDAJ | Dauens | Cuxhaven | 162,1 | 57,21 | 60 |
| *DDAS* | Friesland | Wilhelmshaven | 260,1 | 91,83 | 310 |
| DDAV | Geeske | Varelerhafen | 95,5 | 33,71 | 50 |
| DDAX | Hebelina | Leer | 315,6 | 111,42 | 150 |
| DDBA | Helene-Auguste | Kiel | 59,7 | 21,09 | 140 |
| DDBX | Meike | Möltenort | 50,1 | 17,69 | 155 |
| DDBY | Mellum | Wilhelmshaven | 135,1 | 47,70 | 150 |
| *DDCI* | Holstein | Lübeck-Travemünde | 64,1 | 22,63 | 120 |
| DDCM | Saturn | Kiel | 17,6 | 6,[illegible] | 150 |
| DDCS | Sirius | Duisburg | 37,7 | 13,22 | 75 |
| *DDCZ* | Holstein | Schulau | 57,2 | 20,21 | 150 |
| *DDDF* | Rüstringen | Wilhelmshaven | 1026,9 | 362,49 | 2×250 |
| DDDG | Hanne | Wilhelmshaven | 18,9 | 6,95 | 150 |
| *DDDJ* | Rita | Kiel | 60,9 | 21,51 | 150 |
| DDDL | Makrele | Wilhelmshaven | 63,8 | 22,52 | 120 |
| DDDM | Elfe | Wilhelmshaven | 38,7 | 13,65 | 2×50 |
| DDDN | Anna Bohlen | Varel | 147,3 | 51,98 | 85 |
| DDDV | Jeanlyma | Wilhelmshaven | 141,8 | 50,08 | 80 |
| DDDW | Akke-Meyer | Varelerhafen | 162,9 | 57,49 | 100 |
| DDEA | Heinrich Wessels | Emden | 211,0 | 74,48 | 120 |
| DDEZ | Adler | Brake | 23,1 | 8,16 | 80 |
| DDFA | Aenna Jacobs | Brake | 140,4 | 49,56 | 100 |
| DDFD | Anna | Brake | 186,7 | 65,91 | 80 |
| DDFI | Annegret | Brake | 98,6 | 34,80 | 60 |
| DDFK | Auguste | Bremen | 115,6 | 40,80 | 75 |
| DDFN | Concordia | Barssel | 45,2 | 15,98 | 22 |
| DDFO | Condor | Brake | 35,6 | 12,58 | 72 |
| DDFQ | Dietrich Ahrens | Brake | 385,4 | 136,00 | 150 |
| DDFS | Ebenezer | Brake | 118,2 | 41,72 | 75 |
| DDFV | Erna | Brake | 240,0 | 84,73 | 75 |
| DDFZ | Frieda | Brake | 13,8 | 4,86 | 75 |
| DDGA | Frieda Luise | Dedesdorf | 147,2 | 51,97 | 120 |
| *DDGB* | Frieden | Hamburg | 36,0 | 12,70 | 180 |

## DDGC — DDKS

| Unterscheidungssignale | Namen der Schiffe | Heimathafen der Schiffe | Kubikmeter Nettoraumgehalt | Registertons Nettoraumgehalt | PS |
|---|---|---|---|---|---|
| DDGC | Friedrich-August | Oldenburg | 151,1* | 53,34* | 400 |
| *DDGD* | Friesenland | Brake | 495,2 | 174,79 | 150 |
| DDGF | Gebrüder | Nordenham | 29,6 | 10,44 | 240 |
| DDGJ | Grete | Brake | 247,7 | 87,44 | 100 |
| *DDGP* | Hans-Georg | Elsfleth | 390,7 | 137,92 | 165 |
| DDGS | Heidina | Barsselermoor | 71,3 | 25,16 | 36 |
| DDGT | Heinrich | Barssel | 188,6 | 66,60 | 120 |
| DDGX | Henny | Großensiel | 109,9 | 38,82 | 60 |
| DDGY | Hermann | Barssel | 100,0 | 35,31 | 70 |
| DDGZ | Hilde | Großensiel | 129,9 | 38,35 | 36 |
| DDHB | Hoffnung | Haren/Ems | 386,1 | 136,31 | 150 |
| DDHE | Ida | Barssel | 78,8 | 27,80 | 36 |
| DDHF | Selma Borries | Brake | 202,4 | 71,46 | 80 |
| DDHH | Ingeborg | Oldenburg | 229,6 | 81,04 | 70 |
| DDHK | Johann | Oldenburg | 335,2 | 118,34 | 110 |
| DDHL | Johann | Barssel | 192,1 | 67,80 | 90/100 |
| DDHM | Johanna | Brake | 420,2 | 148,32 | 165 |
| DDHO | Jupiter | Fedderwardersiel | 15,8 | 5,58 | 50 |
| DDHP | Karl | Oldenburg | 91,5* | 32,29* | 250 |
| DDHQ | Karl Georg | Brake | 18,7 | 6,59 | 36 |
| DDHT | Lilly | Brake | 210,1 | 74,17 | 120 |
| *DDHU* | Luise Bergmann | Brake | 380,6 | 134,35 | 200 |
| DDHZ | Margarethe | Brake | 21,1 | 7,41 | 50 |
| DDIA | Maria | Barssel | 273,7 | 96,62 | 115 |
| DDIB | Christoph Kleemeyer | Bremen | 302,5 | 106,78 | 135 |
| DDIC | Mathilde | Brake | 87,0 | 30,72 | 50 |
| DDIH | Möwe | Brake | 29,3 | 13,87 | 95 |
| DDII | Möwe | Duisburg | 122,3 | 43,16 | 75 |
| DDIP | Regina | Brake | 462,0 | 163,10 | 120 |
| *DDIQ* | Reiher | Hamburg | 36,0 | 12,70 | 150 |
| DDIU | Seeadler | Brake | 83,2 | 29,38 | 50 |
| *DDJF* | Thekla | Barssel | 409,2 | 144,45 | 200 |
| DDJI | Vorwärts | Brake | 219,0 | 77,30 | 75 |
| DDJK | Wilhelm Lühring | Brake | 332,4 | 117,35 | 180 |
| DDJM | Zwei Gebrüder | Fedderwardersiel | 29,6 | 10,44 | 150 |
| DDJS | Berta Jacobs | Brake | 254,0 | 89,66 | 100 |
| DDJT | Schulschiff Deutschland | Oldenburg | 2179,2 | 769,26 | 5500 |
| DDJX | Seemöve | Brake | 66,3 | 23,42 | 22 |
| DDKH | Gebrüder | Nordenham | 18,5 | 6,54 | |
| DDKJ | Elisabeth | Brake | 266,5 | 94,09 | 100 |
| *DDKK* | Elisabeth | Barssel | 748,5 | 264,23 | 250 |
| *DDKM* | Erich | Brake | 4284,8 | 1512,53 | 1300 |
| *DDKN* | Charlotte | Osten | 791,1 | 279,24 | 250 |
| *DDKO* | Elli Ahrens | Brake | 406,3 | 143,41 | 250 |
| *DDKP* | Anton Wilhelm | Brake | 841,4 | 297,00 | 270 |
| *DDKQ* | Transquebec | Hamburg | 6453,0 | 2277,90 | 2400 |
| *DDKR* | Münsterland | Barssel | 792,9 | 279,88 | 250 |
| DDKS | Narwal | Oldenburg | 35,0 | 12,36 | 120 |

* = Bruttoraumgehalt.

## DDKT — DDOX

| Unter-scheidungs-signale | Namen der Schiffe | Heimathafen | Kubik-meter (Nettoraumgehalt) | Register-tons (Nettoraumgehalt) | PS |
|---|---|---|---|---|---|
| DDKT | Hans | Brake | 124,5 | 43,95 | 100 |
| *DDKU* | Freya | Brake | 724,3 | 255,69 | 250 |
| *DDKV* | Else | Brake | 4010,7 | 1415,78 | 2300 |
| DDKW | Assistent I | Lemwerder | 159,7* | 56,38* | 300 |
| *DDKX* | Walter+ | Bremen | 6924,3 | 2444,26 | 3000 |
| *DDKY* | Rodenkirchen | Strohausen | 535,6 | 189,05 | 200 |
| *DDKZ* | Stadland | Brake | 583,8 | 206,09 | 520 |
| DDLA | Joan | Brake | 337,7 | 119,21 | 110 |
| *DDLB* | Seetramper+ | Brake | 1937,0 | 683,75 | 1260 |
| *DDLC* | Regine Ohlrogge | Brake | 6923,2 | 2443,90 | 4000 |
| DDLD | BSG 1 | Brake | 1147,0 | 404,90 | — |
| *DDLE* | Franz Ohlrogge+ | Brake | 8556,2 | 3020,32 | 3600 |
| DDLF | BSG 2 | Brake | 1178,1 | 415,87 | — |
| *DDLG* | Germania | Elsfleth | 718,3 | 253,57 | 300 |
| DDLH | Wesermarsch | Brake | 350,4 | 123,68 | 300 |
| *DDLI* | Jane | Elsfleth | 402,0 | 141,90 | 300 |
| *DDLJ* | Adele Ohlrogge | Brake | 8209,3 | 2897,88 | 3400 |
| DDMR | Aade | Bremen | 357,8* | 126,31* | 560 |
| DDMS | Adler | Bremen-Vegesack | 200,0 | 70,45 | 120 |
| *DDMU* | Schwaneck | Bremen | 2297,6 | 811,06 | 1400 |
| DDMY | Auerhahn | Bremen-Vegesack | 207,0 | 73,15 | 130 |
| DDMZ | Bremen | Bremen-Vegesack | 224,0 | 79,04 | 130 |
| *DDNA* | Lilo Friederich | Bremen | 576,7 | 203,59 | 400 |
| DDNB | Brunhild | Bremen-Vegesack | 200,0 | 70,69 | 150 |
| *DDNE* | Dankwart | Bremen | 443,0 | 156,37 | 150 |
| DDNG | Dirk | Bremen | 356,6 | 125,87 | 200 |
| DDNI | Edward | Bremen-Vegesack | 192,6 | 68,00 | 220 |
| DDNK | Elsfleth | Bremen | 533,8* | 188,44* | 980 |
| DDNM | Ente | Bremen-Vegesack | 203,0 | 71,65 | 120 |
| DDNN | Fasan | Bremen-Vegesack | 214,0 | 75,67 | 120 |
| DDNO | Fasolt | Bremen-Vegesack | 269,8 | 95,24 | 180 |
| *DDNP* | Harburg | Hamburg | 1263,2 | 445,91 | 400 |
| DDNW | Geier | Bremen-Vegesack | 201,2 | 71,01 | 120 |
| DDNX | Gerda | Bremen-Vegesack | 253,8 | 89,59 | 130 |
| DDNY | Stina B | Bremen | 436,0 | 153,91 | 150 |
| DDNZ | Glück-Auf | Bremen | 149,9 | 52,92 | 90 |
| *DDOA* | Gretchen | Bremen | 327,2 | 115,49 | 200 |
| DDOB | Grohn | Bremen | 98,0* | 3459* | 375 |
| DDOD | Habicht | Bremen-Vegesack | 198,0 | 69,72 | 120 |
| DDOF | Hinrich Ahrens | Bremen | 336,9 | 118,92 | 240 |
| *DDOG* | Irak | Bremen | 740,6 | 261,45 | 310 |
| DDOH | Modag | Lübeck-Travemünde | 517,3 | 182,60 | 240 |
| DDOL | Kolibri | Bremen-Vegesack | 217,0 | 76,69 | 130 |
| DDOO | Lerche | Bremen-Vegesack | 222,0 | 78,22 | 130 |
| *DDOP* | Ludwig Friederich | Bremen | 761,5 | 268,82 | 535 |
| DDOS | Marie Schwinge | Bremen | 432,8 | 152,79 | 150 |
| DDOT | Meise | Bremen-Vegesack | 225,9 | 79,76 | 130 |
| *DDOV* | Mime | Bremen-Vegesack | 269,8 | 95,24 | 180 |
| DDOX | Esdörp | Hamburg | 329,8 | 116,44 | 150 |

* = Bruttoraumgehalt.

## DDOY — DDSH

| Unter-scheidungs-signale | Namen der Schiffe | Heimathafen der Schiffe | Kubikmeter (Nettoraumgehalt) | Registertons (Nettoraumgehalt) | PS |
|---|---|---|---|---|---|
| *DDOY* | Norder Till | Bremen | 847,8 | 299,28 | 350 |
| DDPE | Nr. 129 | Bremen | 1106,0 | 390,40 | — |
| DDPI | Nr. 144 | Hamburg | 1120,4 | 395,52 | — |
| DDPK | Heike Möller | Glückstadt | 662,6 | 233,77 | — |
| DDPL | Nr. 153 | Bremen | 774,9 | 273,53 | — |
| DDPM | Nr. 156 | Bremen | 1124,7 | 397,02 | — |
| DDPN | Nr. 157 | Bremen | 1101,9 | 388,98 | — |
| *DDPO* | Eichberg | Hamburg | 1049,1 | 370,33 | 560 |
| *DDPP* | Marie Fisser | Emden | 1027,5 | 362,71 | 520 |
| DDPQ | Nr. 162 | Bremen | 1188,1 | 419,41 | — |
| DDPR | Nr. 163 | Bremen | 1188,1 | 419,41 | — |
| DDPU | Nr. 168 | Bremen | 1143,2 | 403,55 | — |
| DDPV | Nr. 169 | Bremen | 1190,0 | 420,07 | — |
| DDPW | Nr. 170 | Bremen | 1095,4 | 386,69 | — |
| DDPX | Nr. 171 | Bremen | 1094,3 | 386,28 | — |
| DDPY | Oldenburg | Bremen-Vegesack | 210,0 | 74,24 | 130 |
| DDQH | Sperber | Bremen-Vegesack | 198,0 | 69,70 | 120 |
| DDQL | Strauss | Bremen-Vegesack | 201,4 | 71,11 | 120 |
| DDQM | Taube | Bremen-Vegesack | 214,4 | 75,67 | 120 |
| *DDQN* | Tilly | Strohausen | 380,9 | 134,47 | 150 |
| DDQR | Weser | Bremen | 273,3 | 83,76 | 100 |
| DDQS | Anke Pahl | Hamburg | 628,0 | 221,70 | 240 |
| DDQW | Zaunkönig | Bremen-Vegesack | 203,0 | 71,52 | 120 |
| *DDQX* | Hugo Arlt | Bremen | 382,1 | 134,88 | 550 |
| DDQY | Stur | Bremen | 372,9* | 131,64* | 700 |
| *DDRA* | Fasan | Bremen | 1780,4 | 628,48 | 1100 |
| DDRB | Blumenthal | Bremen | 24,4 | 8,63 | 560 |
| *DDRC* | Argenfels | Bremen | 14379,1 | 5075,82 | 4000 |
| *DDRD* | Fauna | Bremen | 1909,2 | 673,95 | 1020 |
| *DDRE* | Arion+ | Bremen | 5172,6 | 1825,91 | 2565 |
| *DDRG* | Poel | Hamburg | 244,2 | 86,21 | 280 |
| *DDRH* | Heddernheim | Bremen | 4416,6 | 1559,04 | 1200 |
| DDRJ | California | Bremen | 450,0 | 158,86 | 300 |
| DDRK | Ingorata | Bremen | 18,4 | 6,51 | 23 |
| DDRM | Nr. 134 | Bremen | 1072,6 | 378,64 | — |
| *DDRN* | Bayern | Bremen-Vegesack | 217,6 | 95,89 | 180 |
| DDRP | Claus | Lübeck | 161,0 | 56,83 | 700 |
| DDRR | Löwe | Bremen | 604,1* | 213,25* | 1200 |
| DDRS | Nr. 2 | Hamburg | 809,0 | 285,59 | — |
| DDRT | Nr. 1 | Hamburg | 808,4 | 285,38 | — |
| DDRV | Nr. 11 | Hamburg | 820,4 | 289,61 | — |
| DDRW | Nr. 13 | Bremen | 848,4 | 299,47 | — |
| DDRX | Nr. 12 | Bremen | 828,5 | 292,58 | — |
| *DDRZ* | Lucas Pieper | Hamburg | 1049,7 | 370,53 | 520 |
| DDSA | Kolibri | Bremen | 203,3* | 71,75* | 475 |
| DDSB | Hengst | Bremen | 357,8 | 126,31 | 450 |
| DDSC | Habicht | Bremen | 213,9* | 75,50* | 360 |
| DDSF | Iran | Bremen | 1022,8 | 361,06 | 315 |
| DDSH | Porebunder | Bremen | 131,6* | 46,46* | 300 |

* = Bruttoraumgehalt.

## DDSI — DDUN

| Unterscheidungssignale | Namen der Schiffe | Heimathafen | Kubikmeter Nettoraumgehalt | Registertons Nettoraumgehalt | PS |
|---|---|---|---|---|---|
| *DDSI* | Griesheim.......... | Bremen............ | 6818,1 | 2406,79 | 2800 |
| *DDSK* | Hessen ............ | Bremen-Vegesack ... | 271,6 | 95,89 | 180 |
| *DDSL* | Württemberg....... | Bremen-Vegesack ... | 271,6 | 95,89 | 180 |
| DDSN | Bremerhaven ...... | Bremen............ | 75,1 | 26,52 | 1065 |
| DDSO | Warfleth........... | Bremen............ | 311,7* | 110,0* | 450 |
| DDSP | Rekum ............ | Bremen............ | 203,3* | 71,75* | 350 |
| DDSQ | Aumund ........... | Bremen............ | 200,0* | 70,61* | 390 |
| *DDSR* | Seefalke .......... | Bremerhaven ...... | 83,8 | 29,57 | 2×1500 |
| DDSS | Henriette Charlotte . | Bremen............ | 49,8 | 17,58 | 75 |
| *DDST* | Schleswig .......... | Bremen-Vegesack ... | 377,0 | 133,07 | 200 |
| *DDSU* | Weissesee .......... | Bremerhaven....... | 7422,7 | 2620,23 | 2200 |
| DDSV | Frieda Morgenroth .. | Bremen............ | 412,8 | 145,71 | 300 |
| *DDSW* | Memel ............ | Bremen............ | 306,0 | 108,03 | 150 |
| *DDSX* | Holstein ........... | Bremen-Vegesack ... | 377,0 | 133,07 | 200 |
| *DDTA* | Monika Wiards ..... | Bremen............ | 9428,8 | 3328,38 | 2000 |
| *DDTC* | Pylades............ | Bremen............ | 1013,6 | 357,80 | 550 |
| *DDTD* | Vesta ............. | Bremen............ | 2312,2 | 816,22 | 1020 |
| *DDTE* | Ansgaritor ......... | Bremen............ | 9668,7 | 3413,06 | 2400 |
| *DDTF* | Greiffenfels ........ | Bremen............ | 10662,6 | 3763,90 | 4000 |
| DDTG | Hans.............. | Bremen............ | 412,8 | 145,71 | 250 |
| *DDTH* | Grete Büscher...... | Bremen............ | 760,1 | 268,32 | 250 |
| *DDTK* | Adler.............. | Bremen............ | 2166,3 | 764,70 | 1500 |
| *DDTM* | Crostafels .......... | Bremen............ | 10599,6 | 3741,65 | 3250 |
| *DDTN* | Geversdorf ......... | Bremen............ | 712,2 | 251,39 | 250 |
| *DDTO* | Oktant ............ | Bremen............ | 797,0 | 281,33 | 250 |
| *DDTP* | Axenfels ........... | Bremen............ | 7775,2 | 2744,65 | 2700 |
| *DDTQ* | Argo ............. | Bremen............ | 2204,1 | 778,05 | 1400 |
| *DDTR* | Falke ............ | Bremen............ | 2166,3 | 764,07 | 2400 |
| *DDTS* | Nautilus ........... | Bremen............ | 5103,2 | 1802,15 | 1250 |
| *DDTT* | Ilse .............. | Hamburg .......... | 5602,1 | 1977,54 | 1300 |
| *DDTU* | Tucana ........... | Lübeck ........... | 6367,7 | 2247,87 | 1350 |
| *DDTV* | Zeus II ........... | Bremen............ | 814,3 | 287,45 | 250 |
| *DDTX* | Antares............ | Bremen............ | 4087,7 | 1442,97 | 2300 |
| DDTY | Altair ............ | Bremen............ | 2521,7 | 890,16 | 1600 |
| *DDTZ* | Freiheit ........... | Bremen............ | 846,6 | 298,85 | 250 |
| *DDUA* | Flut............... | Bremen............ | 701,2 | 247,54 | 250 |
| *DDUB* | Möwe ............ | Bremen............ | 2123,1 | 749,46 | 1500 |
| *DDUC* | Bellona............ | Bremen............ | 1967,7 | 594,59 | 1500 |
| *DDUD* | Hector+ .......... | Bremen............ | 3778,6 | 1333,83 | 2400 |
| *DDUE* | Trierstein .......... | Bremen............ | 7362,6 | 2599,00 | 2850 |
| *DDUF* | Consul Arlt+ ....... | Bremen............ | 4096,4 | 1446,02 | 1650 |
| *DDUG* | Lumme ........... | Bremen............ | 2075,8 | 732,75 | 1500 |
| *DDUH* | Emmy Friederich ... | Bremen............ | 7603,9 | 2684,16 | 2×2250 |
| *DDUI* | Baden............. | Bremen............ | 423,5 | 149,51 | 480 |
| *DDUJ* | Helios+........... | Bremen............ | 3799,0 | 1341,05 | 1600 |
| *DDUK* | Delia............. | Bremen............ | 1986,6 | 701,26 | 1500 |
| *DDUL* | Erpel............. | Bremen............ | 2075,7 | 732,73 | 1600 |
| *DDUM* | Hercules+ ........ | Bremen............ | 3930,3 | 1387,41 | 2400 |
| *DDUN* | Rheinstein ......... | Bremen............ | 4233,8 | 1494,52 | 3900 |

* = Bruttoraumgehalt.

## DDUP — DEBO

| Unterscheidungssignale | Namen der Schiffe | Heimathafen der Schiffe | Kubikmeter (Nettoraumgehalt) | Registertons (Nettoraumgehalt) | PS |
|---|---|---|---|---|---|
| DDUP | Arion | Bremen | 366,2* | 129,27* | 700 |
| DDUQ | Herkules | Bremen | 366,9* | 129,50* | 700 |
| DDUR | Steinbock | Bremen | 366,9* | 129,50* | 700 |
| DDUS | Vulcan | Bremen | 366,2* | 129,27* | 700 |
| *DDUT* | Hestia | Bremen | 3874,5 | 1367,69 | 2400 |
| *DDUU* | Lahnstein | Bremen | 4234,0 | 1494,59 | 3900 |
| DDUV | Milos | Bremen | 776,2 | 274,01 | 300 |
| *DDUW* | Imkenturm | Bremen | 1945,9 | 686,90 | 1200 |
| *DDUX* | Saarstein | Bremen | 4234,0 | 1494,59 | 3900 |
| *DDUY* | Elsbeth Wiards | Bremen | 9171,1 | 3237,41 | 3000 |
| *DDUZ* | Nordland+ | Bremen | 507,6 | 179,19 | 300 |
| *DEAA* | Atlas | Bremen | 4013,2 | 1416,67 | 2400 |
| *DEAB* | Niedersachsen | Bremen | 280,0 | 98,91 | 450 |
| DEAC | Sirius | Bremen | 368,7* | 130,15* | 700 |
| *DEAE* | Innstein | Bremen | 4234,0 | 1494,59 | 3900 |
| *DEAF* | Eschersheim | Bremen | 4663,2 | 1646,11 | 1200 |
| *DEAG* | Emsstein | Bremen | 4242,4 | 1497,56 | 3900 |
| *DEAH* | Levante | Bremen | 4013,2 | 1416,67 | 2400 |
| DEAI | Maja | Bremen | 722,7 | 255,11 | 300 |
| *DEAJ* | Marga Kiepe | Bremen | 392,0 | 138,37 | 300 |
| *DEAL* | Ruhrstein | Bremen | 4238,7 | 1496,27 | 3900 |
| *DEAN* | Buntentor | Bremen | 4632,9 | 1635,43 | 1400 |
| *DEAO* | Gazelle | Bremen | 760,3 | 268,39 | 500 |
| *DEAP* | Westsee | Bremerhaven | 7419,4 | 2619,06 | 2200 |
| *DEAR* | Traunstein | Bremen | 7353,2 | 2595,68 | 4800 |
| *DEAS* | Bärenfels | Bremen | 11297,9 | 3988,17 | 3820 |
| *DEAT* | Lichtenstein | Bremen | 3612,5 | 1275,23 | 3900 |
| *DEAU* | Nordsee | Bremerhaven | 8871,9 | 3131,78 | 2900 |
| *DEAV* | Horst Arlt | Bremen | 423,9 | 149,63 | 300 |
| *DEAW* | Birkenfels | Bremen | 11280,9 | 3982,17 | 3820 |
| *DEAX* | Liebenstein | Bremen | 3612,5 | 1275,23 | 3900 |
| *DEAY* | Thule | Bremen | 420,0 | 148,25 | 300 |
| *DEAZ* | Braunfels | Bremen | 11313,9 | 3993,80 | 3820 |
| *DEBA* | Seefahrer | Bremen | 1588,0 | 560,56 | 720 |
| DEBB | Gloria+ | Bremen | 7461,4 | 2633,87 | 2750 |
| DEBC | Dudizol I | Bremen | 138,4 | 48,86 | 120 |
| *DEBD* | Albert | Bremen | 789,2 | 278,60 | 300 |
| *DEBE* | Alice | Bremen | 458,3 | 161,79 | 450 |
| *DEBF* | Heinrich | Bremen | 402,7 | 142,16 | 360 |
| *DEBG* | Flora | Bremen | 1800,2 | 635,47 | 1040 |
| *DEBH* | Castor | Bremen | 1543,2 | 544,75 | 1200 |
| *DEBI* | Altenwall | Bremen | 1613,3 | 569,51 | 650 |
| *DEBJ* | Galtgarben+ | Bremen | 1510,0 | 533,03 | 550 |
| *DEBK* | Bernhard | Bremen | 916,4 | 323,49 | 500 |
| *DEBL* | Arcturus | Bremen | 2294,8 | 810,08 | 1840 |
| *DEBM* | Ann-Christin | Bremen | 816,5 | 288,23 | 300 |
| *DEBN* | Nabob | Bremen | 13110,5 | 4628,00 | 6800 |
| *DEBO* | Gisela Meyer-Gerhards | Bremen | 785,9 | 277,42 | 360 |

* = Bruttoraumgehalt.

## DEBP — DEDP

| Unter-scheidungs-signale | Namen | Heimathafen | Kubik-meter | Register-tons | PS |
|---|---|---|---|---|---|
| | der Schiffe | | Nettoraumgehalt | | |
| *DEBP* | Joachim Hendrik Fisser | Bremen | 715,2 | 252,47 | 1000 |
| *DEBQ* | Bremen | Bremen | 115,7 | 40,86 | 1200 |
| *DEBR* | Diamant | Bremen | 1481,5 | 522,95 | 800 |
| *DEBS* | Neptun | Bremen | 4180,4 | 1475,68 | 3050 |
| *DEBT* | Bremer Glocke | Bremen | 468,0 | 165,22 | 500 |
| *DEBU* | Kattenturm | Bremen | 2468,9 | 871,52 | 1800 |
| *DEBV* | Eifel | Bremen | 2124,1 | 749,81 | 1000 |
| *DEBW* | Justus Haslinger | Bremen | 714,8 | 252,31 | 420 |
| *DEBX* | Ägäis | Bremen | 4231,8 | 1493,82 | 2×1200 |
| *DEBY* | Barbara Meentzen | Bremen | 1476,9 | 521,33 | 800 |
| *DECA* | Ciandra+ | Bremen | 2911,1 | 1027,62 | 1200 |
| *DECB* | Kitty Porr | Hamburg | 1476,9 | 521,33 | 800 |
| *DECC* | Brandenstein | Bremen | 8938,8 | 3155,39 | 7800 |
| *DECD* | Kondor+ | Bremen | 1495,6 | 527,96 | 1250 |
| *DECE* | Bremer Roland | Bremen | 459,2 | 162,10 | 450 |
| *DECG* | Aldebaran | Bremen | 4349,5 | 1535,36 | 3200 |
| *DECH* | Greif+ | Bremen | 1431,3 | 505,26 | 800 |
| *DECI* | Brillant | Bremen | 1481,5 | 522,95 | 800 |
| *DECJ* | Seewanderer+ | Bremen | 1613,7 | 569,63 | 720 |
| *DECK* | Pan | Bremen | 485,9 | 171,53 | 1400 |
| *DECL* | Ehrenfels | Bremen | 8455,6 | 2984,82 | 4650 |
| *DECM* | Paul Honold | Bremen | 10061,6 | 3551,74 | 3×1200 |
| *DECN* | Bieberstein | Bremen | 8946,6 | 3158,16 | 7800 |
| *DECO* | Rolandseck+ | Bremen | 2282,4 | 805,69 | 1380 |
| *DECP* | Mariaeck+ | Bremen | 2300,2 | 811,98 | 1400 |
| *DECR* | Colonia+ | Bremen | 2909,8 | 1027,18 | 1200 |
| *DECS* | Marmara | Bremen | 4207,9 | 1485,40 | 3600 |
| DECT | Dudizol III | Bremen | 154,4 | 54,50 | 120 |
| *DECU* | Drachenfels | Bremen | 8817,4 | 3112,56 | 4650 |
| *DECV* | Margarethe Honold | Bremen | 10056,2 | 3549,83 | 3600 |
| *DECW* | Turmfalke | Bremen | 714,6 | 252,26 | 490 |
| *DECX* | Falkenfels | Bremen | 8360,5 | 2951,25 | 3600 |
| *DECY* | Vinum | Bremen | 794,5 | 280,46 | 600 |
| *DECZ* | Bärenstein | Bremen | 8940,6 | 3158,16 | 7800 |
| *DEDA* | Weserstein | Bremen | 11229,4 | 3964,00 | 9000 |
| *DEDB* | Bussard | Bremen | 1463,2 | 516,52 | 1100 |
| *DEDC* | Werrastein | Bremen | 11058,2 | 3903,55 | 9000 |
| *DEDD* | Iris | Bremen | 376,8 | 133,00 | 450 |
| *DEDF* | Edda Cords | Bremen | 4070,9 | 1437,01 | 3000 |
| *DEDG* | Neckarstein | Bremen | 11653,7 | 4113,76 | 9000 |
| *DEDH* | Algenib | Bremen | 4342,0 | 1532,72 | 3200 |
| *DEDJ* | Veleda | Bremen | 694,2 | 245,05 | 585 |
| *DEDK* | Schwanheim | Bremen | 16458,8 | 5809,95 | 3500 |
| *DEDL* | Hafentor | Hamburg | 701,9 | 247,49 | 490 |
| *DEDM* | Ceres | Bremen | 370,0 | 130,61 | 450 |
| *DEDN* | Bornheim+ | Bremen | 7205,1 | 2543,49 | 2940 |
| *DEDO* | Pollux | Bremen | 1551,2 | 547,59 | 1600 |
| *DEDP* | Freienfels | Bremen | 8799,7 | 3106,31 | 4650 |

## DEDQ — DEFR

| Unterscheidungssignale | Namen der Schiffe | Heimathafen der Schiffe | Kubikmeter Nettoraumgehalt | Registertons Nettoraumgehalt | PS |
|---|---|---|---|---|---|
| *DEDQ* | Nestor+ | Bremen | 6606,1 | 2331,94 | 3335 |
| *DEDR* | Moselstein | Bremen | 11657,7 | 4115,15 | 9000 |
| *DEDS* | Schwabenstein | Bremen | 14834,4 | 5236,54 | 10560 |
| *DEDT* | Silvia+ | Bremen | 8314,2 | 2934,92 | 3000 |
| *DEDU* | Berlin | Bremen | 29128,8 | 10288,46 | 13500 |
| *DEDV* | Kurt Arlt | Bremen | 3147,2 | 1110,95 | 1650 |
| *DEDW* | Hohenfels | Bremen | 10986,6 | 3878,27 | 7200 |
| *DEDX* | Algol | Bremen | 3605,8 | 1272,84 | 2940 |
| *DEDY* | Karin Cords | Bremen | 1711,4 | 604,14 | 1000 |
| *DEDZ* | Audentia | Bremen | 1336,8 | 471,88 | 980 |
| *DEEA* | Hans Honold | Bremen | 9941,6 | 3509,38 | 3600 |
| *DEEB* | Habicht+ | Bremen | 1968,3 | 694,81 | 1330 |
| DEEC | Stier | Bremen | 65,5 | 23,13 | 700 |
| DEEE | Farge | Bremen | 84,8 | 29,94 | 1000 |
| *DEEF* | Heinrich Honold | Bremen | 9885,5 | 3489,57 | 3600 |
| *DEEH* | Wesertal | Bremen | 105,8 | 37,33 | 172 |
| DEEJ | Brake | Bremen | 84,8 | 29,94 | 1000 |
| *DEEK* | Aries | Bremen | 3597,6 | 1269,94 | 2940 |
| *DEEL* | Goldenfels | Bremen | 11205,7 | 3995,61 | 9000 |
| *DEEM* | Havelstein | Bremen | 11146,9 | 3934,86 | 9000 |
| *DEEN* | Kahlenberg | Bremen | 417,7 | 147,43 | 300 |
| *DEEO* | Raffelberg | Bremen | 722,3 | 254,98 | 300 |
| *DEEP* | Bremer Wappen | Bremen | 1129,0 | 398,55 | 500 |
| *DEER* | Kandelfels | Bremen | 11581,0 | 4088,10 | 8000 |
| *DEES* | Robert Meyhoefer | Bremen | 454,9 | 160,54 | 380 |
| *DEET* | Lichtenfels | Bremen | 13434,9 | 4742,53 | 5600 |
| DEEU | Aschanti IV | Bremen | 154,9 | 54,69 | 320 |
| *DEEV* | Gutenfels | Bremen | 11291,2 | 3985,81 | 9000 |
| *DEEW* | Hilda Ahrens | Bremen | 841,3 | 296,97 | 520 |
| *DEEX* | Isarstein | Bremen | 11140,8 | 3932,70 | 9000 |
| *DEEY* | Seeclipper | Bremen | 1937,0 | 683,75 | 1260 |
| *DEEZ* | Aphaia+ | Bremen | 1380,3 | 487,26 | 750 |
| *DEFA* | Kybfels | Bremen | 11571,4 | 4084,70 | 8000 |
| *DEFB* | Elisabeth Berger+ | Bremen | 5811,4 | 2051,43 | 2620 |
| *DEFC* | Vegesack | Bremen | 810,8 | 286,23 | 760 |
| *DEFD* | Bayernstein | Bremen | 14927,5 | 5269,42 | 10560 |
| *DEFE* | Thalia | Bremen | 315,1 | 111,23 | 500 |
| *DEFF* | Themis | Bremen | 367,4 | 129,68 | 500 |
| *DEFG* | Geier+ | Bremen | 1981,0 | 699,29 | 1330 |
| *DEFH* | Roland | Bremen | 19328,8 | 6823,05 | 4700 |
| *DEFI* | Adria+ | Bremen | 4820,4 | 1701,60 | 2500 |
| *DEFJ* | Brandenburg | Bremen-Vegesack | 408,7 | 144,26 | 600 |
| *DEFK* | Sachsen | Bremen-Vegesack | 408,7 | 144,26 | 600 |
| *DEFL* | Gulosenfjord | Bremen | 256,7 | 90,63 | 800 |
| *DEFM* | Schlesien | Bremen-Vegesack | 408,7 | 144,26 | 600 |
| *DEFN* | Thetis | Bremen | 364,1 | 128,54 | 500 |
| *DEFO* | Theseus | Bremen | 330,2 | 116,56 | 500 |
| *DEFP* | Mecklenburg | Bremen-Vegesack | 408,7 | 144,26 | 600 |
| *DEFR* | Pommern | Bremen-Vegesack | 408,7 | 144,26 | 600 |

## DEFS — DEOV

| Unterscheidungssignale | Namen der Schiffe | Heimathafen der Schiffe | Kubikmeter (Nettoraumgehalt) | Registertons (Nettoraumgehalt) | PS |
|---|---|---|---|---|---|
| *DEFS* | Pirol + | Bremen | 1271,0 | 448,67 | 590 |
| *DEFT* | Elisabeth | Bremen | 1400,4 | 494,36 | 1000 |
| *DEFU* | Bremer Flagge | Bremen | 392,9 | 138,69 | 500 |
| *DEFV* | Max Arlt + | Bremen | 1263,6 | 446,05 | 750 |
| DEFW | Imsum | Bremen | 247,4* | 87,34* | 750 |
| *DEFX* | Emanuel II | Bremen | 447,8 | 158,06 | 520 |
| *DEFY* | Alexis | Bremen | 644,9 | 227,66 | 1000 |
| DEFZ | Dorum | Bremen | 247,4* | 87,34* | 750 |
| *DEGA* | Sielwall | Bremen | 774,8 | 273,50 | 500 |
| DEGB | Bär | Bremen | 82,3 | 29,05 | 840 |
| *DEGC* | Bremer Boerse | Bremen | 446,6 | 157,64 | 500 |
| *DEGD* | Körnerwall | Bremen | 588,9 | 207,89 | 660 |
| *DEGE* | Stadthagen | Bremen | 418,8 | 147,84 | 600 |
| *DEGF* | Stolzenau | Bremen | 418,8 | 147,84 | 600 |
| *DEGG* | Minden | Bremen | 418,8 | 147,84 | 600 |
| *DEGH* | Windheim | Bremen | 418,8 | 147,84 | 600 |
| DEGI | Nienburg | Bremen | 418,8 | 147,84 | 600 |
| *DEGJ* | Thebe | Bremen | 450,0 | 158,84 | 500 |
| *DEGK* | Lesum | Bremen | 713,4 | 251,82 | 300 |
| *DEGL* | Bremer Handel | Bremen | 444,5 | 156,91 | 750 |
| *DEGM* | Catrin | Bremen | 547,4 | 193,22 | 500 |
| *DEGN* | Mariann | Bremen | 1379,0 | 486,80 | 1000 |
| *DEGO* | Corona | Bremen | 548,1 | 193,47 | 500 |
| *DEGP* | Bremer Flotte | Bremen | 442,5 | 156,19 | 750 |
| DEGQ | Bremerlotse | Bremen | 36,2 | 12,77 | 500 |
| DEGR | Mars | Bremen | 82,3 | 29,05 | 840 |
| *DEGS* | Grohn | Bremen | 748,6 | 264,26 | 450 |
| *DEGT* | Lesum | Bremen | | 87,00 | 750 |
| DENQ | Andreas | Bremerhaven | 63,8 | 22,54 | 120 |
| *DENT* | Maria von Jever | Bremerhaven | 548,3 | 193,54 | 850 |
| DENW | Bärbel | Lübeck-Travemünde | 63,6 | 22,46 | 120 |
| DENX | Magnet III | Hamburg | 986,0 | 348,07 | — |
| *DENY* | Aldebaran | Bremerhaven | 732,8 | 258,58 | 1000 |
| *DENZ* | Berta | Bremerhaven | 62,6 | 22,11 | 125 |
| *DEOB* | Flachsee | Bremerhaven | 1844,6 | 651,16 | 1020 |
| *DEOC* | Malangen | Bremerhaven | 738,3 | 260,63 | 1000 |
| DEOD | Castor | Lübeck-Travemünde | 63,7 | 22,49 | 120 |
| DEOE | Chronik | Bremerhaven | 1046,8 | 365,53 | — |
| *DEOF* | Hermann Krause | Bremerhaven | 743,4 | 262,42 | 1000 |
| *DEOG* | Hermann Ahlers | Bremerhaven | 745,6 | 263,21 | 880 |
| DEOH | Wolf I | Hamburg | 18,9 | 6,67 | 120 |
| DEOI | Heidi | Lübeck-Travemünde | 63,6 | 22,45 | 120 |
| *DEOJ* | Karlsburg | Bremerhaven | 750,4 | 264,89 | 1000 |
| *DEOM* | J. Hinr. Wilhelms | Bremerhaven | 593,3 | 209,45 | 1000 |
| *DEON* | Braunschweig | Bremerhaven | 717,2 | 253,20 | 1000 |
| DEOO | Forelle | Hambg.-Altenwerder | 29,5 | 10,40 | 120 |
| *DEOR* | Friedel | Bremerhaven | 60,9 | 21,50 | 120 |
| *DEOU* | Birkenau + | Bremerhaven | 12369,9 | 4366,57 | 4400 |
| DEOV | Gerda | Bremerhaven | 59,7 | 21,06 | 150 |

* = Bruttoraumgehalt.

## DEOW — DERD

| Unterscheidungssignale | Namen der Schiffe | Heimathafen der Schiffe | Kubikmeter Nettoraumgehalt | Registertons Nettoraumgehalt | PS |
|---|---|---|---|---|---|
| DEOW | Gier | Bremerhaven | 193,1 | 68,17 | |
| *DEOX* | Falkland | Bremerhaven | 755,3 | 266,62 | 1000 |
| *DEOZ* | Frankfurt a. M. | Bremerhaven | 717,2 | 253,17 | 1000 |
| *DEPB* | Heike | Bremerhaven | 64,2 | 22,66 | 150 |
| *DEPD* | Hertha | Bremerhaven | 64,5 | 22,78 | 120 |
| *DEPE* | Wiking | Bremerhaven | 741,0 | 261,57 | 1000 |
| *DEPF* | Hever | Hamburg | 647,2 | 228,45 | 275 |
| DEPG | H. Klopp | Bremerhaven | 26,6 | 9,39 | 80 |
| DEPH | Hoffnung | Neustadt/Holst. | 37,5 | 13,24 | 125 |
| *DEPI* | Hans Heinz | Heikendorf | 63,5 | 22,42 | 120 |
| DEPK | Iris | Bremerhaven | 64,0 | 22,60 | 150 |
| *DEPL* | Henry Everling | Bremerhaven | 774,7 | 273,49 | 1000 |
| DEPM | Ursel | Bremerhaven | 62,7 | 22,15 | 150 |
| *DEPN* | Reinhard | Laboe | 63,5 | 22,43 | 120 |
| DEPO | Jan van Gent | Hamburg-Finkenwerder | 61,7 | 21,78 | 150 |
| *DEPP* | Jochen | Hamburg | 39,6 | 13,98 | 230 |
| DEPQ | Niederelbe | Hamburg-Finkenwerder | 61,7 | 21,78 | 120 |
| DEPS | Karoline | Heikendorf | 65,1 | 22,98 | 150 |
| *DEPT* | Ursula Rickmers+ | Bremerhaven | 11685,6 | 4125,00 | 4400 |
| *DEPU* | Hermes | Bremerhaven | 44,0 | 15,53 | 1900 |
| *DEPV* | Hugo Homann | Bremerhaven | 981,7 | 346,56 | 1250 |
| *DEPW* | Magnet | Bremerhaven | 803,4 | 283,60 | — |
| DEPY | Magda-Lene | Neustadt/Holst. | 29,7 | 10,48 | 125 |
| DEPZ | Jupiter | Bremerhaven | 751,1 | 265,12 | 1000 |
| *DEQA* | Mechthild | Bremerhaven | 733,6 | 258,97 | 1000 |
| *DEQC* | Germania | Bremerhaven | 733,5 | 258,92 | 1000 |
| DEQD | Nation | Bremerhaven | 1050,6 | 370,87 | — |
| DEQE | Nordfjord | Bremerhaven | 68,1 | 24,05 | 125 |
| *DEQF* | Ludwig Schweisfurth | Bremerhaven | 722,9 | 255,17 | 1000 |
| *DEQG* | Nordland | Hamburg | 70,3 | 24,81 | 125 |
| *DEQH* | Margarethe | Bremerhaven | 109,8 | 38,76 | 150 |
| *DEQI* | Freddy | Hamburg | 87,9 | 31,01 | 150 |
| *DEQJ* | Sancta Maria | Bremerhaven | 69,0 | 24,35 | 125 |
| *DEQK* | Dieter | Kiel | 35,1 | 12,39 | 240 |
| *DEQL* | Albatros | Bremerhaven | 743,3 | 262,37 | 1250 |
| DEQM | Meteor | Schulau | 71,0 | 25,08 | 100 |
| *DEQN* | Fatima | Lübeck-Travemünde | 71,1 | 25,11 | 125 |
| *DEQP* | Hein Mück | Bremerhaven | 416,5 | 147,01 | 760 |
| DEQQ | Ilse-Marlen | Hbg.-Finkenwerder | 65,2 | 23,01 | 150 |
| *DEQS* | Dohrnbank | Bremerhaven | 754,4 | 266,30 | 1000 |
| *DEQT* | Traute | Lübeck-Travemünde | 61,7 | 21,78 | 150 |
| *DEQU* | Nixe | Hbg.-Finkenwerder | 61,8 | 21,80 | 130 |
| *DEQZ* | Max Sieghold | Bremerhaven | 1358,7 | 472,62 | 850 |
| DERA | Henny | Cuxhaven | 62,8 | 22,17 | 120 |
| *DERB* | Geestemünde+ | Bremerhaven | 15909,4 | 5616,03 | 7740 |
| DERC | Traute Schumacher | Bremerhaven | 15,5 | 5,31 | 120 |
| *DERD* | Uranus | Lübeck-Travemünde | 26,8 | 9,47 | 100/150 |

## DERF — DETP

| Unter-scheidungs-signale | Namen der Schiffe | Heimathafen | Kubikmeter (Nettoraumgehalt) | Registertons (Nettoraumgehalt) | PS |
|---|---|---|---|---|---|
| DERF | Nordsee | Bremerhaven | 251,9* | 88,93* | 450 |
| *DERG* | Doris | Bremerhaven | 61,9 | 21,85 | 150 |
| DERH | Renate Holling | Rendsburg | 172,0 | 60,70 | 90 |
| DERI | Adler | Bremerhaven | 21,3 | 7,51 | 50 |
| *DERK* | Wilhelm Peter | Kiel | 58,9 | 20,79 | 120 |
| *DERM* | Wilma | Leer | 59,0 | 20,83 | 125 |
| DERN | Unverzagt | Bremerhaven | 220,7* | 77,90* | 90 |
| DERO | Dora | Bremerhaven | 12,1 | 4,29 | 75 |
| DERP | Ingeborg | Bremerhaven | 87,5 | 30,90 | 75 |
| *DERQ* | Essen | Bremerhaven | 696,3 | 245,79 | 1000 |
| *DERR* | Frankfurt/Main | Bremerhaven | 465,3 | 164,24 | 750 |
| *DERS* | Ludwig Janssen | Bremerhaven | 680,1 | 240,08 | 1000 |
| *DERX* | Straßburg | Bremerhaven | 656,1 | 231,62 | 850 |
| *DESA* | Jörg-Peter | Hamburg | 681,3 | 246,37 | 300 |
| DESB | St. Monika | Emden | 343,0 | 121,07 | 250 |
| *DESC* | Perseus | Bremerhaven | 543,6 | 191,89 | 900 |
| *DESD* | Wartburg | Bremerhaven | 656,1 | 231,62 | 850 |
| *DESE* | Koopmann Bohn | Bremerhaven | 62,7 | 22,12 | 150 |
| DESF | Ingrid Breuers | Bremerhaven | 301,7 | 106,50 | 120 |
| DESG | Sirius | Arnis/Schlei | 30,7 | 10,82 | 120 |
| *DESJ* | Paul Meentzen | Bremerhaven | 646,6 | 228,25 | 800 |
| *DESK* | Gneisenau | Lübeck-Travemünde | 62,5 | 22,07 | 120 |
| *DESM* | Grönland | Bremerhaven | 651,1 | 229,84 | 1000 |
| *DESN* | Island | Bremerhaven | 664,8 | 234,67 | 1000 |
| *DESO* | Schleswig-Holstein | Bremerhaven | 653,6 | 230,71 | 800 |
| *DESP* | Marlies | Bremerhaven | 64,5 | 22,82 | 150 |
| *DESQ* | Osnabrück | Bremerhaven | 640,1 | 225,95 | 750 |
| *DESR* | Fladengrund | Bremerhaven | 657,5 | 232,10 | 860 |
| *DEST* | Erna | Cuxhaven | 57,0 | 20,13 | 120 |
| *DESU* | Sonne | Bremerhaven | 582,4 | 205,60 | 800 |
| *DESW* | Schütting | Bremerhaven | 705,1 | 248,90 | 750 |
| *DESX* | Hans vom Hoff | Bremerhaven | 667,4 | 239,12 | 850 |
| *DESY* | Hans Kunkel | Bremerhaven | 582,4 | 205,60 | 800 |
| *DESZ* | Heinrich Bueren | Bremerhaven | 679,6 | 239,88 | 875 |
| DETA | Neptun | Bremerhaven | 58,9 | 20,70 | 125 |
| DETB | Orion | Lübeck-Travemünde | 60,9 | 21,51 | 120 |
| *DETC* | Germania | Heiligenhafen | 60,1 | 21,21 | 120 |
| *DETE* | Margarete Elisabeth | Kiel | 63,1 | 22,26 | 120 |
| *DETF* | Inge | Heiligenhafen | 62,2 | 21,96 | 120 |
| DETG | Wega | Lübeck-Travemünde | 59,7 | 21,09 | 120 |
| *DETH* | Rolano | Cuxhaven | 55,8 | 19,71 | 120 |
| *DETI* | Neptun III | Lübeck-Travemünde | 59,5 | 21,02 | 120 |
| DETJ | Seelust | Heikendorf | 60,1 | 21,22 | 120 |
| *DETK* | Hanne | Lübeck-Travemünde | 60,3 | 21,30 | 120 |
| DETL | Pollux | Lübeck-Travemünde | 60,9 | 21,51 | 120 |
| DETM | Atlantic | Lübeck-Travemünde | 62,4 | 22,03 | 120 |
| DETN | Fortuna | Hbg.-Finkenwerder | 59,2 | 20,89 | 120 |
| *DETO* | Tübingen | Bremerhaven | 509,6 | 179,88 | 700 |
| DETP | Rainer Falko | Lübeck-Travemünde | 62,9 | 22,20 | 120 |

* = Bruttoraumgehalt.

## DETQ — DFAV

| Unterscheidungssignale | Namen der Schiffe | Heimathafen der Schiffe | Kubikmeter Nettoraumgehalt | Registertons Nettoraumgehalt | PS |
|---|---|---|---|---|---|
| *DETQ* | Bernhard Grundmann | Bremerhaven | 679,6 | 239,88 | 850 |
| DETR | Elke-Brigitte | Heiligenhaven | 61,1 | 21,57 | 120 |
| *DETS* | Paula | Bremerhaven | 63,6 | 22,46 | 150 |
| *DETU* | Anneliese | Kiel | 59,5 | 21,02 | 150 |
| *DETV* | Richard Kaselowsky | Bremerhaven | 648,8 | 229,01 | 875 |
| *DETW* | Nymphe | Hamburg-Finkenwerder | 58,1 | 20,51 | 165 |
| DETY | Theoja III | Cuxhaven | 64,4 | 22,73 | 240 |
| *DEUA* | Gotland | Kiel | 58,9 | 20,78 | 120 |
| *DEUB* | Friedrich Busse | Bremerhaven | 679,6 | 239,88 | 875 |
| *DEUC* | Hannelore | Lübeck-Travemünde | 59,5 | 21,02 | 120 |
| *DEUD* | Peter von Danzig | Lübeck-Travemünde | 59,6 | 21,04 | 120 |
| *DEUE* | Gudrun | Laboe | 59,2 | 20,89 | 150 |
| *DEUF* | Neuwerk | Niendorf | 66,3 | 23,41 | 120 |
| *DEUH* | Roland | Bremerhaven | 676,9 | 238,95 | 1000 |
| *DEUI* | Gerh. van Heukelum | Bremerhaven | 641,4 | 226,41 | 875 |
| *DEUJ* | Haltenbank | Bremerhaven | 672,7 | 237,46 | 1000 |
| *DEUK* | Wesel | Bremerhaven | 402,1 | 141,95 | 750 |
| *DEUM* | August Bösch | Bremerhaven | 555,1 | 195,95 | 850 |
| *DEUN* | Mond | Bremerhaven | 555,1 | 195,95 | 800 |
| *DEUP* | Preußen | Bremerhaven | 675,4 | 238,40 | 750 |
| *DEUQ* | Hein Davidsen | Bremerhaven | 578,0 | 204,05 | 875 |
| *DEUS* | Bonn | Bremerhaven | 507,4 | 179,11 | 720 |
| *DEUT* | Anna Busse | Bremerhaven | 537,4 | 189,70 | 800 |
| *DEUU* | Süderau | Bremerhaven | 1971,9 | 696,09 | 1430 |
| *DEUV* | Norderau+ | Bremerhaven | 4051,1 | 1430,05 | 1430 |
| *DEUW* | Andenes | Bremerhaven | 674,9 | 238,24 | 1000 |
| DEUX | Rogge I | Bremerhaven | 370,9 | 130,93 | — |
| DEUY | Rogge XVII | Bremerhaven | 686,7 | 242,40 | — |
| DEUZ | Rogge XVIII | Bremerhaven | 686,7 | 242,40 | — |
| DFAA | Carl | Bremerhaven | 101,0* | 35,67* | 145 |
| DFAB | Nordsee | Bremerhaven | 205,6* | 72,59* | 350 |
| DFAC | Rogge 25 | Bremerhaven | 318,8 | 112,55 | — |
| *DFAE* | Dortmund | Bremerhaven | 670,9 | 236,82 | 990 |
| *DFAF* | Regulus | Bremerhaven | 671,9 | 237,19 | 1000 |
| *DFAG* | Max Gundelach | Bremerhaven | 557,3 | 196,72 | 850 |
| *DFAH* | van Ronzelen | Bremerhaven | 771,3 | 272,27 | 800 |
| *DFAI* | Teutonia | Bremerhaven | 571,0 | 201,56 | 800 |
| *DFAJ* | Speyer | Bremerhaven | 620,2 | 218,92 | 800 |
| *DFAK* | Max Pust | Bremerhaven | 668,2 | 235,86 | 1000 |
| *DFAL* | Delphin | Bremerhaven | 458,1 | 161,71 | 800 |
| *DFAM* | Nürnberg | Bremerhaven | 713,4 | 251,82 | 880 |
| *DFAN* | Bremen | Bremerhaven | 670,9 | 236,82 | 990 |
| *DFAO* | Frisia | Bremerhaven | 686,7 | 242,41 | 1000 |
| *DFAP* | Varuna | Bremerhaven | 20,0 | 7,08 | 10/12 |
| *DFAQ* | Helgoland | Bremerhaven | 676,1 | 238,66 | 1000 |
| *DFAR* | Hans Homann | Bremerhaven | 557,9 | 196,95 | 850 |
| *DFAU* | Stadt Herten | Bremerhaven | 742,8 | 262,22 | 880 |
| *DFAV* | Bremerhaven | Bremerhaven | 1517,6 | 535,71 | 1000 |

* = Bruttoraumgehalt.

## DFAW — DFLO

| Unterscheidungssignale | Namen | Heimathafen | Kubikmeter | Registertons | PS |
|---|---|---|---|---|---|
| | der Schiffe | | Nettoraumgehalt | | |
| *DFAW* | Alemannia | Bremerhaven | 746,2 | 263,41 | 1000 |
| *DFAX* | Christian Homann | Bremerhaven | 563,1 | 198,77 | 820 |
| *DFAY* | Friedenau$^{+}$ | Bremerhaven | 14420,3 | 5090,38 | 5800 |
| *DFAZ* | Mosel | Bremerhaven | 555,9 | 196,22 | 820 |
| *DFBA* | Gustav Dahrendorf | Bremerhaven | 806,4 | 284,67 | 1250 |
| DFGI | Gebrüder | Otterndorf | 19,7 | 6,95 | 100 |
| DFGK | Gerhard | Geversdorf | 113,5 | 40,07 | 50 |
| DFGR | Grete | Cuxhaven | 31,3 | 11,04 | 75 |
| DFGX | Hans Friedrich | Oberndorf | 185,9 | 65,61 | 60 |
| *DFHH* | Ilse | Cuxhaven | 5,2 | 1,84 | 40 |
| DFHK | Insulaner | Helgoland | 147,6 | 52,11 | 80 |
| DFHL | Irmgard | Cuxhaven | 20,1 | 7,10 | 75 |
| DFHO | Johann | Oberndorf | 80,3 | 28,33 | 30 |
| DFHQ | Theoja II | Cuxhaven | 108,4 | 38,28 | 120 |
| *DFHS* | Roland von Wedel | Cuxhaven | 80,0 | 28,24 | 150 |
| DFID | Margretha | Ostrhauderfehn | 322,6 | 113,87 | 75 |
| DFIG | Marion | Cuxhaven | 13,8 | 4,87 | 40 |
| DFIO | Nige Oge | Cuxhaven | 20,8 | 7,35 | 80 |
| DFIQ | Nordlicht | Cuxhaven | 19,6 | 6,92 | 100 |
| *DFIZ* | Präsident Freiherr von Maltzahn | Cuxhaven | 49,4 | 17,43 | 120 |
| *DFJC* | Rügen | Cuxhaven | 26,9 | 9,50 | 100 |
| DFJD | Sathurn | Hamburg | 264,5 | 93,36 | 165 |
| DFJL | Seemöwe | Cuxhaven | 18,1 | 6,37 | 70 |
| DFJO | Seestern | Cuxhaven | 16,9 | 5,96 | 75 |
| *DFKD* | Taucher O. Wulf | Cuxhaven | 89,1 | 31,44 | 160 |
| DFKE | Taucher Sievers | Cuxhaven | 63,6 | 22,49 | 150 |
| DFKG | Traute | Neuhaus/Oste | 79,6 | 28,09 | 22 |
| *DFKS* | Schlesien | Cuxhaven | 656,1 | 231,61 | 750 |
| *DFKU* | Sachsen | Cuxhaven | 656,1 | 231,62 | 750 |
| *DFKV* | Koblenz | Cuxhaven | 645,5 | 227,87 | 800 |
| DFKX | Hochsee I | Cuxhaven | 136,7* | 48,25* | 225 |
| *DFKZ* | Seeteufel | Bremen | 975,0 | 344,18 | 300 |
| *DFLA* | Franken | Cuxhaven | 608,4 | 214,78 | 850 |
| DFLB | Hornsriff | Hbg.-Finkenwerder | 60,1 | 21,09 | 120 |
| *DFLC* | Dithmarschen | Cuxhaven | 60,9 | 21,51 | 120 |
| *DFLD* | Jürgen Dieter | Cuxhaven | 61,7 | 21,77 | 120 |
| *DFLE* | Anita | Hbg.-Finkenwerder | 59,0 | 21,08 | 120 |
| DFLF | Bayern | Cuxhaven | 608,4 | 214,78 | 850 |
| *DFLG* | Alte Liebe | Heikendorf | 60,3 | 21,30 | 120 |
| DFLH | Gretchen | Otterndorf | 102,8 | 36,31 | 25 |
| *DFLI* | Butendiek | Haffkrug | 59,7 | 21,09 | 120 |
| DFLJ | Witten | Cuxhaven | 640,1 | 225,95 | 750 |
| *DFLK* | Münster | Cuxhaven | 528,7 | 186,62 | 850 |
| *DFLL* | Schwaben | Cuxhaven | 602,3 | 212,63 | 850 |
| *DFLM* | Pinguin | Cuxhaven | 59,5 | 21,02 | 120 |
| *DFLN* | Karlsruhe | Cuxhaven | 640,1 | 225,95 | 800 |
| *DFLO* | Freiburg i. Br. | Cuxhaven | 509,6 | 178,88 | 900 |

* = Bruttoraumgehalt.

## DFLP — DFSR

| Unter-scheidungs-signale | Namen der Schiffe | Heimathafen der Schiffe | Kubikmeter (Nettoraumgehalt) | Registertons (Nettoraumgehalt) | PS |
|---|---|---|---|---|---|
| *DFLP* | Waltraut | Cuxhaven | 62,9 | 22,21 | 120 |
| DFLQ | Fladengrund | Neustadt/Holst. | 60,1 | 21,23 | 150 |
| *DFLR* | Fischereidirektor Meinken | Cuxhaven | 59,7 | 21,90 | 180 |
| *DFLS* | Ronald | Osten | 405,0 | 142,96 | 250 |
| *DFLT* | Helgoland | Lübeck-Travemünde | 63,2 | 22,31 | 150 |
| DFLV | Günther | Cuxhaven | 86,4 | 30,51 | — |
| *DFLW* | Darmstadt | Cuxhaven | 476,0 | 168,1 | 920 |
| DFLZ | Hermann Fischer | Cuxhaven | 39,6 | 13,09 | 120 |
| *DFMA* | Hildesheim | Cuxhaven | 640,1 | 225,95 | 800 |
| DFMB | John Olbers I | Cuxhaven | 101,6 | 35,87 | 100 |
| DFMD | Helene | Otterndorf | 91,9 | 32,44 | 60 |
| DFME | Hermann | Oberndorf | 42,9 | 15,13 | 12 |
| DFMF | Anita | Oberndorf | 83,4 | 29,45 | 25 |
| *DFMG* | Borkum | Cuxhaven | 548,4 | 193,58 | 850 |
| *DFMH* | Friedrichshafen | Cuxhaven | 548,4 | 193,58 | 850 |
| *DFMI* | Emmy Ottens | Cuxhaven | 2129,4 | 751,67 | 670 |
| *DFMJ* | Heidelberg | Cuxhaven | 506,5 | 178,51 | 900 |
| *DFMK* | Taucher O. Wulf II | Cuxhaven | 68,5 | 24,19 | 290 |
| *DFML* | Lore Ottens | Cuxhaven | 2149,4 | 758,75 | 850 |
| *DFMN* | Kurmark | Cuxhaven | 678,2 | 239,42 | 1000 |
| *DFMO* | Mark Brandenburg | Cuxhaven | 671,6 | 237,06 | 1000 |
| *DFMP* | Duisburg | Cuxhaven | 548,3 | 193,54 | 850 |
| *DFMQ* | Hannover | Cuxhaven | 670,8 | 236,78 | 1000 |
| *DFMR* | Wuppertal | Cuxhaven | 713,4 | 251,82 | 875 |
| *DFMS* | Harald Ottens | Cuxhaven | 2284,6 | 806,48 | 750 |
| *DFMT* | Lörrach | Cuxhaven | 516,4 | 182,29 | 735 |
| *DFMU* | Heimatland | Cuxhaven | 58,1 | 20,55 | 120 |
| DFMV | Margrit | Cuxhaven | 58,2 | 20,55 | 120 |
| DFMW | Uta | Cuxhaven | 62,7 | 22,13 | 120 |
| DFMX | Milan | Hamburg | 180,6* | 63,67* | 290 |
| *DFMY* | Andernach | Cuxhaven | 520,4 | 183,69 | 1000 |
| *DFMZ* | Westfalen | Cuxhaven | 766,8 | 270,66 | 1000 |
| *DFNA* | Württemberg | Cuxhaven | 766,8 | 270,66 | 1000 |
| *DFNB* | Hof | Cuxhaven | 717,2 | 253,17 | 1000 |
| *DFNC* | Baden | Cuxhaven | 753,3 | 265,93 | 1000 |
| DFND | Sperber | Cuxhaven | 27,3 | 9,62 | 120 |
| *DFNE* | Land Hadeln | Otterndorf | 887,2 | 313,19 | 490 |
| DFNF | Taucher Otto Wulf IV | Cuxhaven | 100,3 | 35,41 | 500 |
| *DFRP* | Sabine | Uetersen | 1138,9 | 402,03 | 290 |
| DFSJ | Luci | Barnkrug | 138,7 | 48,96 | 25 |
| DFSK | Henny | Assel | 110,2 | 38,89 | 20 |
| DFSL | Frieda | Assel | 65,6 | 23,15 | 18 |
| *DFSM* | Stadersand+ | Stade | 868,0 | 306,40 | 500 |
| DFSN | Waltraut | Grünendeich | 110,5 | 38,99 | 60 |
| DFSO | Wilhelmine Oltmann | Stade | 464,8 | 164,09 | 250 |
| DFSP | Johanne | Drochtersen | 78,1 | 27,56 | 25 |
| DFSQ | Mary | Barnkrug | 129,5 | 45,73 | 25 |
| DFSR | Emma Fitschen | Assel | 62,7 | 22,14 | 16 |

* = Bruttoraumgehalt.

## DFSS — DFVE

| Unterscheidungssignale | Namen der Schiffe | Heimathafen der Schiffe | Kubikmeter Nettoraumgehalt | Registertons Nettoraumgehalt | PS |
|---|---|---|---|---|---|
| DFSS | Margaretha | Barnkrug | 105,2 | 37,14 | 25 |
| DFST | Anna | Ostendorf | 114,5 | 40,41 | 24/28 |
| DFSU | Adolph | Gauensiek | 79,6 | 28,11 | 28 |
| DFSV | Alwine | Barnkrug | 65,5 | 23,13 | 25 |
| DFSW | Margareta | Assel | 105,5 | 35,47 | 45 |
| DFSX | Katharina Becker | Westmoorende | 67,1 | 23,68 | 25 |
| DFSY | Johanne | Assel | 77,1 | 27,22 | 25 |
| DFSZ | Anne | Assel | 90,8 | 32,06 | 25 |
| *DFTA* | Oste | Stade | 670,7 | 214,52 | 300 |
| DFTB | Anna | Gräpel | 154,6 | 54,57 | 50 |
| DFTC | Undine | Gauensiek | 63,4 | 22,38 | 18 |
| DFTD | Henny | Keitum/Sylt | 24,4 | 8,62 | 25 |
| DFTE | Johanna | Hamburg | 85,1 | 30,03 | 30 |
| DFTF | Alma | Dornbusch | 98,3 | 34,71 | 25 |
| *DFTG* | Heinz Bernhard | Stade | 381,6 | 134,71 | 300 |
| DFTH | Pohlmann II | Assel | 88,2 | 31,13 | 75 |
| DFTI | Germane | Stade | 383,1 | 135,23 | 250 |
| DFTK | Vaterland | Stade | 650,7 | 229,68 | 500 |
| *DFTL* | Gunda | Stade | 376,6 | 132,95 | 290 |
| *DFTM* | Hermann Elsen | Stade | 376,9 | 133,06 | 290 |
| *DFTN* | Jan Suhr | Stade | 510,1 | 180,07 | 300 |
| DFTO | Rita Holst | Stade | 410,3 | 144,85 | 270 |
| *DFTP* | Renate Becker | Stade | 334,5 | 118,06 | 300 |
| *DFTQ* | Atlantis | Stade | 517,2 | 182,59 | 300 |
| *DFTR* | Helga Dehde | Stade | 333,9 | 117,87 | 300 |
| *DFTS* | Agricola | Osten | 612,6 | 216,24 | 500 |
| *DFTT* | Hanngrid | Stade | 519,6 | 183,42 | 450 |
| *DFTU* | Basbeck | Osten | 721,9 | 254,81 | 520 |
| DFUH | Adda | Grünendeich | 355,1 | 125,36 | 160 |
| DFUJ | Adele | Wischhafen | 204,1 | 72,03 | 30 |
| DFUK | Adele | Bützfleth | 96,1 | 33,91 | 66 |
| DFUL | Agnes | Krautsand | 286,1 | 100,98 | 60 |
| DFUM | Alma | Bützfleth | 175,1 | 61,83 | 75 |
| DFUN | Alwine | Assel | 108,0 | 38,11 | 70 |
| DFUO | Amalie | Wischhafen | 121,0 | 42,73 | 50 |
| DFUP | Amalie | Abbenfleth | 121,9 | 43,02 | 80 |
| DFUQ | Amanda | Ritsch/Kehdingen | 128,0 | 45,19 | 80 |
| DFUR | Amanda | Grünendeich | 119,1 | 42,04 | 36 |
| DFUT | Anna | Wischhafen | 262,7 | 92,73 | 48 |
| DFUU | Anna | Krautsand | 110,8 | 39,12 | 60 |
| DFUV | Anna | Assel | 140,3 | 49,51 | 100 |
| DFUW | Anna Dieckmann | Emden | 113,6 | 40,09 | 25 |
| DFUX | Anna-Maria | Dornbusch | 113,0 | 39,88 | 100 |
| DFUY | Anne | Bützfleth | 158,2 | 55,84 | 90 |
| DFUZ | Anni | Wischhafen | 150,0 | 52,93 | 75 |
| DFVB | Marianne Söhl | Ritsch/Kehdingen | 93,3 | 32,95 | 36 |
| DFVC | Bertha | Hamburg | 121,8 | 42,99 | 60 |
| DFVD | Betty | Krautsand | 195,1 | 68,86 | 60 |
| DFVE | Catharina | Abbenfleth | 222,1 | 78,39 | 120 |

## DFVF — DFXJ

| Unter-scheidungs-signale | Namen der Schiffe | Heimathafen | Kubikmeter (Nettoraumgehalt) | Registertons (Nettoraumgehalt) | PS |
|---|---|---|---|---|---|
| DFVF | Comet | Krautsand | 117,6 | 41,52 | 75 |
| DFVG | Contentia | Assel | 106,0 | 37,43 | 35 |
| DFVH | Cremon | Dornbusch | 116,9 | 41,28 | 85 |
| DFVI | Daheim | Krautsand | 166,9 | 58,91 | 50 |
| DFVK | Dora | Dornbusch | 83,2 | 29,36 | 25 |
| DFVL | Edelweiß | Krautsand | 118,8 | 41,94 | 75 |
| DFVM | Elisabeth | Wischhafen | 163,0 | 57,55 | 80 |
| DFVN | Elise | Abbenfleth | 96,5 | 34,07 | 25 |
| DFVO | Ella | Bützfleth | 154,7 | 54,61 | 100 |
| DFVP | Else Marie | Heiligenhafen | 101,4 | 35,78 | 35 |
| DFVR | Jan Reinhold | Nordstrand | 130,2 | 45,97 | 50 |
| DFVS | Frieda | Dornbusch | 91,1 | 32,15 | 50 |
| DFVT | Frieda Elisabeth | Wischhafen | 225,0 | 79,42 | 75 |
| DFVW | Grete | Krautsand | 199,7 | 70,50 | 70 |
| DFVX | Günter | Wischhafen | 154,1 | 54,39 | 50 |
| DFVZ | Hans | Krautsand | 167,8 | 59,22 | 75 |
| DFWA | Walter | Lübeck | 218,7 | 77,19 | 120 |
| DFWB | Heini | Hamburg-Neuenfelde | 260,7 | 92,04 | 150 |
| DFWC | Heinrich | Dornbusch | 109,4 | 38,60 | 75 |
| DFWD | Helios | Stade | 112,9 | 39,84 | 55 |
| DFWE | Elke-Marie | Krautsand | 147,7 | 52,15 | 90 |
| DFWF | Hoffnung | Krautsand | 208,9 | 73,74 | 90 |
| DFWG | Ro. 14 | Hamburg | 124,6 | 43,97 | 36 |
| DFWH | Ida | Krautsand | 254,9 | 89,99 | 50 |
| DFWI | Irma | Gauensiek | 132,0 | 46,60 | 50 |
| DFWJ | Johanna | Gauensiek | 291,5 | 102,90 | 75 |
| DFWK | Johanne | Neuland/Kehdingen | 122,0 | 43,05 | 50 |
| DFWL | Johanne | Bützfleth | 196,6 | 69,38 | 50 |
| DFWM | Johanne | Mühlenhafen | 216,4 | 76,38 | 55 |
| DFWN | Johannes Emil | Krautsand | 108,3 | 38,22 | 40 |
| DFWO | John Friedrich | Krautsand | 153,3 | 54,11 | 80 |
| *DFWQ* | Käte | Hamburg | 334,5 | 118,07 | 200 |
| DFWR | Käthe | Bremervörde | 200,2 | 70,66 | 75 |
| DFWT | Katharina | Mühlenhafen | 191,9 | 67,73 | 70 |
| DFWU | Kehrwieder | Wischhafen | 201,4 | 71,09 | 75 |
| DFWV | Lisa | Oberndorf | 89,4 | 31,55 | 25 |
| DFWW | Magda | Krautsand | 141,6 | 49,98 | 100 |
| DFWX | Margaretha | Stade | 267,8 | 94,53 | 80 |
| DFWY | Margaretha | Gauensiek | 125,8 | 44,42 | 75 |
| DFWZ | Margaretha | Krautsand | 168,7 | 59,54 | 75/95 |
| DFXA | Margrid | Krautsand | 405,6 | 143,19 | 150 |
| DFXB | Maria | Abbenfleth | 98,9 | 34,91 | 35 |
| DFXC | Maria Dorothea | Assel | 77,4 | 27,32 | 25 |
| DFXD | Marie | Bützfleth | 69,4 | 24,49 | 75 |
| DFXE | Marie | Ritsch/Kehdingen | 197,6 | 69,75 | 75 |
| DFXG | Mary | Königreich | 112,8 | 39,83 | 25 |
| DFXH | Mathilde | Wischhafen | 211,4 | 74,62 | 50 |
| DFXI | Merkur | Freiburg/Elbe | 106,0 | 37,41 | 50 |
| DFXJ | Meta Adele | Gauensiek | 159,3 | 56,24 | 75 |

## DFXK — DFZM

| Unterscheidungssignale | Namen der Schiffe | Heimathafen der Schiffe | Nettoraumgehalt Kubikmeter | Nettoraumgehalt Registertons | PS |
|---|---|---|---|---|---|
| DFXK | Norderelbe | Hamburg | 123,0 | 43,43 | 60 |
| *DFXL* | Paul Gährs | Estebrügge | 399,6 | 141,06 | 15 1002 |
| DFXM | Persia | Dornbusch | 158,5 | 55,00 | 75 |
| DFXN | Peter | Krautsand | 130,7 | 46,15 | 45 |
| DFXO | Peter | Ritsch | 144,0 | 50,85 | 55 |
| DFXQ | Rebecka | Barnkrug | 91,9 | 32,45 | 75 |
| DFXR | Ruhr | Bützfleth | 260,5 | 91,97 | 110 |
| DFXS | Seeadler | Wischhafen | 132,0 | 46,60 | 80 |
| DFXU | Sophie | Laboe | 118,8 | 41,95 | 36 |
| DFXV | Süderelbe | Dornbusch | 164,3 | 57,99 | 75 |
| DFXX | Heinz-Georg | Barssel | 214,8 | 75,84 | 75 |
| DFXY | Uta | Stade | 198,8 | 70,19 | 75 |
| DFXZ | Venus | Oberndorf | 215,8 | 76,19 | 90 |
| DFYA | Venus | Gauensiek | 111,1 | 39,20 | 75 |
| DFYB | Vineta | Barnkrug | 116,5 | 41,14 | 60 |
| DFYC | Walter | Estebrügge | 113,6 | 40,10 | 80 |
| DFYD | Windhuk | Assel | 100,7 | 35,54 | 70 |
| DFYE | Windsbraut | Borstel/Jork | 161,8 | 57,11 | 100 |
| DFYF | Windsbraut | Wischhafen | 287,1 | 101,33 | 80 |
| DFYG | Windsbraut | Laboe | 100,5 | 35,51 | 50 |
| DFYH | Keen Tied | Itzehoe | 115,1 | 40,61 | 80 |
| DFYI | Lisa | Krautsand | 77,4 | 27,33 | 15 |
| DFYJ | Adele | Neuland/Kehdingen | 122,7 | 43,32 | 25 |
| DFYK | Trinchen | Barnkrug | 115,2 | 40,67 | 25 |
| DFYL | Johanna | Freiburg | 182,3 | 64,34 | 60 |
| DFYN | Uranus | Abbenfleth | 130,0 | 46,02 | 60 |
| DFYO | Johanna | Freiburg/Elbe | 128,5 | 45,30 | 80 |
| DFYP | Dora | Freiburg/Elbe | 151,0 | 53,31 | 40 |
| DFYQ | Frieda | Bützfleth | 108,4 | 38,27 | 25 |
| DFYR | Sirene | Freiburg/Elbe | 127,6 | 45,03 | 25/28 |
| DFYS | Bertha | Abbenfleth | 170,7 | 60,26 | 80 |
| DFYT | Cäcilie | Freiburg/Elbe | 118,5 | 41,84 | 25 |
| DFYU | Marie | Gauensiek | 85,5 | 30,16 | 25 |
| DFYV | Johanne | Grünendeich | 178,1 | 62,88 | 75 |
| DFYW | Johannes | Estebrügge | 222,1 | 78,39 | 100 |
| DFYX | Frieda | Gräpel | 124,0 | 43,76 | 30 |
| DFYY | Anni | Gräpel | 108,8 | 38,40 | 30 |
| DFYZ | Friedrich | Bremervörde | 86,2 | 30,43 | 25 |
| DFZA | Betty | Gräpel | 94,1 | 33,23 | 30 |
| DFZB | Frieda | Barnkrug | 138,9 | 49,02 | 75 |
| DFZC | Sophie | Wischhafen | 124,6 | 43,98 | 30 |
| *DFZD* | Jürgen | Stade | 405,0 | 142,96 | 250 |
| *DFZE* | Ruth-Dieter | Stade | 508,9 | 179,63 | 200 |
| *DFZF* | Anna Sietas | Grünendeich | 962,4 | 339,72 | 250 |
| DFZH | Fortuna | Wischhafen | 63,3 | 22,36 | 30 |
| DFZJ | Magda Elfers | Assel | 188,0 | 66,37 | 40 |
| DFZK | Heinz | Lühe | 192,6 | 67,99 | — |
| DFZL | Elfriede | Assel | 32,6 | 11,50 | 24 |
| DFZM | Gerda Adele | Elm/Stade | 130,2 | 45,95 | 25 |

## DFZN — DGBM



| Unterscheidungssignale | Namen der Schiffe | Heimathafen der Schiffe | Kubikmeter Nettoraumgehalt | Registertons Nettoraumgehalt | PS |
|---|---|---|---|---|---|
| DFZN | Courier | Dornbusch | 76,4 | 26,95 | 18 |
| DFZO | Ponape | Grünendeich | 180,2 | 63,60 | 40 |
| DFZP | Johannes Leopold | Itzehoe | 111,3 | 39,28 | 25 |
| DFZQ | Johanne-Marie | Bützfleth | 101,8 | 35,92 | 25 |
| DFZR | Claus | Bützfleth | 63,9 | 22,54 | 25 |
| DFZS | Hanni-Lene | Krautsand | 424,2 | 149,75 | 250 |
| DFZT | Anna | Assel | 110,7 | 39,09 | 25 |
| DFZU | Gretchen | Ritsch/Kehdingen | 83,4 | 29,44 | 40 |
| DFZV | Adele | Barnkrug | 54,9 | 19,38 | 22 |
| *DFZW* | Rolf Behrmann | Krautsand | 422,8 | 149,24 | 250 |
| *DFZX* | Schwinge | Stade | 338,5 | 119,49 | 180 |
| *DFZY* | Renate | Stade | 462,6 | 163,30 | 250 |
| DFZZ | Cremona 2 | Dornbusch | 438,0 | 154,52 | 240 |
| DGAA | Heinrich | Stade | 82,0 | 28,96 | 50 |
| DGAB | Aar | Hamburg | 497,6 | 175,64 | 250 |
| DGAC | Achim Griese | Kiel | 422,3 | 149,07 | 200 |
| *DGAD* | Scheersberg | Hamburg | 1507,5 | 532,15 | 1650 |
| DGAE | Adalbert | Hamburg | 282,9 | 99,87 | 165 |
| DGAF | Ulla | Hamburg | 299,9 | 105,88 | 150 |
| *DGAG* | Bernd Leonhardt | Hamburg | 9671,4 | 3414,0 | 3500 |
| DGAH | Adele | Hamburg | 268,4 | 94,75 | 75 |
| DGAI | Adelheid | Hamburg | 277,6 | 97,99 | 80 |
| DGAJ | Adelheid | Hamburg | 111,0 | 39,20 | 75 |
| DGAK | Antje Adelheid | Hamburg | 113,3 | 40,01 | 120 |
| *DGAM* | Dieksand | Hamburg-Finkenwdr. | 60,2 | 21,24 | 130 |
| DGAO | Eckstein | Leer | 372,8 | 131,60 | 145 |
| DGAP | Agnes | Hamburg | 136,5 | 48,20 | 70 |
| *DGAQ* | Neuwied | Hamburg | 1497,1 | 528,27 | 800 |
| DGAR | A. H. Both | Hamburg | 751,3 | 265,19 | 200 |
| DGAS | Albatross | Hamburg-Finkenwdr. | 41,7 | 14,72 | 80 |
| DGAT | Albert | Hamburg | 110,0 | 38,84 | 50 |
| *DGAU* | Sankt Marien | Hamburg | 1851,1 | 653,44 | 1500 |
| DGAV | Eversand | Bremen | 175,1* | 61,81* | 735 |
| DGAW | Albert Gido | Hamburg | 127,2 | 44,90 | 85 |
| DGAX | Alida | Hamburg | 160,4 | 56,64 | 75 |
| *DGAY* | Birgitt | Hamburg | 839,2 | 296,29 | 520 |
| DGAZ | Alita III | Hamburg | 260,3 | 91,88 | 125 |
| DGBA | Fehmarn III | Hamburg | 89,8 | 31,70 | 60 |
| DGBB | Allegro | Hamburg | 213,4 | 75,34 | 110 |
| *DGBC* | Alma | Hamburg | 402,3 | 142,03 | 150 |
| DGBD | Alma | Hamburg | 122,3 | 43,17 | 70 |
| DGBE | Alma | Hamburg | 271,7 | 95,90 | 75 |
| DGBF | Alma | Hamburg | 118,1 | 41,69 | 75 |
| DGBG | Alster | Hamburg | 103,6 | 36,56 | 50 |
| *DGBH* | Pickhuben | Hamburg | 963,7 | 340,18 | 1050 |
| DGBI | Alteland | Hamburg | 238,5 | 84,18 | 72 |
| *DGBK* | Inka Ritscher+ | Hamburg | 925,7 | 326,77 | 300 |
| DGBL | A. M. 1 | Hamburg | 137,8 | 48,64 | 100 |
| DGBM | A. M. 2 | Hamburg | 78,2 | 27,62 | 55 |

* = Bruttoraumgehalt.

## DGBN — DGDO

| Unterscheidungssignale | Namen der Schiffe | Heimathafen der Schiffe | Kubikmeter Nettoraumgehalt | Registertons Nettoraumgehalt | PS |
|---|---|---|---|---|---|
| *DGBN* | Birte Hugo Stinnes | Kiel | 13765,8 | 4859,34 | 6000 |
| DGBP | Amandus | Hamburg | 142,9 | 50,46 | 75 |
| DGBR | Amazone | Hamburg | 353,1 | 124,63 | 150 |
| *DGBS* | Amor | Hamburg-Finkenwdr. | 38,9 | 13,74 | 120 |
| DGBT | Andome | Hamburg | 124,1 | 43,82 | 75 |
| DGBU | Anita | Hamburg | 281,8 | 85,35 | 135 |
| *DGBV* | Ness | Hamburg | 1290,8 | 455,67 | 1530 |
| DGBW | Seefalke III | Hamburg | 174,0 | 61,44 | 130 |
| DGBX | Anna | Hamburg | 196,6 | 69,40 | 90 |
| DGBZ | Cheeta | Hamburg | 109,2 | 38,55 | 60 |
| DGCA | Anna | Hamburg | 98,7 | 34,85 | 50 |
| DGCB | Mittelrhein | Emden | 102,2 | 36,09 | 50 |
| *DGCC* | Anna | Hamburg-Finkenwdr. | 49,7 | 17,54 | 120 |
| *DGCE* | Bilbao | Hamburg | 3436,5 | 1213,07 | 2520 |
| *DGCF* | Ernst G. Russ | Hamburg | 21008,7 | 7416,07 | 7200 |
| DGCG | Anna-Frieda | Hamburg | 285,8 | 100,88 | 90/115 |
| DGCH | Anna-Helene | Hamburg | 250,7 | 88,49 | 90 |
| DGCI | Nordland I | Wyk/Föhr | 128,6 | 45,39 | 50 |
| DGCJ | Anna-Maria | Hamburg | 124,6 | 43,99 | 50 |
| DGCK | Anna Marie | Hamburg | 292,3 | 103,17 | 110 |
| *DGCL* | Anna Marta | Hamburg | 378,7 | 133,67 | 200 |
| DGCM | Anna Thekla | Hamburg | 277,4 | 97,92 | 100 |
| *DGCN* | Anna Woldmann | Hamburg-Finkenwdr. | 70,9 | 25,04 | 200 |
| *DGCO* | Annchen Peters | Hamburg | 971,3 | 342,87 | 350 |
| DGCP | Anne-Elfriede | Hamburg | 156,6 | 55,28 | 100 |
| DGCQ | Anne Helene | Hamburg | 145,5 | 51,38 | 95 |
| *DGCR* | Flensburg | Hamburg | 4045,3 | 1428,00 | 3500 |
| DGCS | Annemarie | Hamburg | 459,1 | 126,06 | 150 |
| DGCT | Anni | Hamburg | 183,9 | 64,93 | 90 |
| DGCU | Anni | Hamburg | 329,2 | 116,21 | 80 |
| DGCV | Anni Lina | Hamburg | 269,2 | 95,04 | 144 |
| DGCW | Antares | Hamburg | 324,9 | 114,70 | 100 |
| *DGCX* | Antje | Hamburg | 735,9 | 259,76 | 180 |
| DGCY | Antje Mahler | Hamburg | 369,9 | 130,58 | 120 |
| DGCZ | Antje Oltmann | Hamburg | 410,1 | 144,75 | 300 |
| DGDA | Aquarius | Emden | 146,6 | 51,74 | 125 |
| DGDB | Argonaut | Hamburg | 236,5 | 83,50 | 80 |
| *DGDC* | Arnolde | Hamburg | 421,3 | 148,74 | 165 |
| DGDE | Astrid | Hamburg | 95,9 | 33,84 | 150 |
| DGDF | Atlantik | Hamburg | 413,1 | 145,82 | 150 |
| *DGDG* | Audieck | Hamburg-Finkenwdr. | 60,9 | 21,51 | 120 |
| DGDH | Auguste | Hamburg | 330,7 | 116,73 | 120 |
| DGDI | Auguste | Hamburg | 4,3 | 1,53 | 525 |
| DGDJ | Aurora | Hamburg | 117,5 | 41,49 | 100 |
| DGDK | Ausdauer | Hamburg | 4905,1 | 731,50 | 2×180 |
| DGDL | Aventura | Hamburg | 275,4 | 97,22 | 150 |
| DGDM | Baldur | Hamburg | 111,4 | 139,31 | 260 |
| *DGDN* | Antje | Hamburg | 3,0 | 1,06 | 15 |
| DGDO | Barnkrug | Hamburg | 159,5 | 56,32 | 120 |

## DGDP — DGFQ

| Unterscheidungssignale | Namen der Schiffe | Heimathafen der Schiffe | Nettoraumgehalt Kubikmeter | Nettoraumgehalt Registertons | PS |
|---|---|---|---|---|---|
| *DGDP* | Jupiter | Hamburg | 37,4 | 13,21 | 250 |
| DGDQ | Baumwall | Hamburg | 10,2 | 3,59 | 525 |
| DGDR | E. u. M. Schwimmkran III | Hamburg | 1253,3 | 442,41 | — |
| *DGDS* | Magnet II | Hamburg | 869,4 | 306,88 | — |
| DGDT | Berger V | Bremerhaven | 906,5 | 319,99 | — |
| DGDU | Berger VII | Hamburg | 907,9 | 320,49 | — |
| DGDV | Berta Louise | Hamburg | 134,8 | 47,59 | 70 |
| DGDW | Bertha | Hamburg | 345,8 | 122,08 | 110 |
| DGDX | Bertha | Hamburg | 192,8 | 68,05 | 105 |
| DGDY | Berta Hermine | Hamburg-Finkenwdr. | 21,5 | 7,59 | 85 |
| DGDZ | Bertha-Johanna | Hamburg | 369,5 | 130,43 | 110 |
| DGEA | Berta Köhlmann | Hamburg | 392,7 | 138,62 | 150 |
| DGEB | Bertha Troles | Hamburg | 226,4 | 79,93 | 115 |
| DGEC | Betty | Hamburg | 156,1 | 55,10 | 50 |
| DGED | Langeoog III | Langeoog | 309,7 | 109,33 | 200 |
| DGEE | Albertine | Hamburg | 57,8 | 20,42 | 25 |
| DGEF | Bugsier 4 | Hamburg | 68,1 | 24,05 | 850 |
| DGEG | Brigitta | Strande | 35,6 | 12,57 | 100 |
| *DGEH* | Brix Hansen | Hamburg-Finkenwdr. | 53,6 | 18,91 | 90 |
| *DGEI* | Traute | Hamburg | 525,0 | 185,33 | 300 |
| DGEJ | Bürgermeister Ross | Hamburg | 1127,1 | 397,88 | 1000 |
| *DGEK* | Naumburg | Hamburg | 4350,7 | 1535,80 | 3600 |
| *DGEL* | Hornbay | Hamburg | 4342,2 | 1532,80 | 5340 |
| *DGEM* | Bussard | Hamburg | 67,1 | 23,69 | 180 |
| DGEN | Bützfleth | Hamburg | 224,7 | 79,34 | 100 |
| *DGEO* | B. & V. Kranich | Hamburg | 526,2 | 185,75 | 1000 |
| *DGEQ* | Capella | Hamburg | 189,7 | 66,95 | 85 |
| *DGES* | Carlshütte | Hamburg | 418,5 | 147,43 | 200 |
| *DGEW* | Balkan+ | Hamburg | 12241,9 | 4321,38 | 4000 |
| *DGEX* | C. A. Woldmann | Hamburg-Finkenwdr. | 50,1 | 17,69 | 120 |
| DGEY | Charlotte | Hamburg | 161,5 | 57,02 | 70 |
| *DGEZ* | Charlotte | Hamburg | 653,8 | 230,81 | 350 |
| *DGFB* | Mary Robert Müller | Hamburg | 2838,5 | 1001,98 | 1800 |
| DGFC | C. H. Kreft | Hamburg-Finkenwdr. | 61,9 | 21,83 | 130 |
| DGFD | Christa | Hamburg | 393,0 | 138,73 | 200 |
| DGFE | Christa Juls | Hamburg | 322,0 | 113,65 | 100 |
| *DGFF* | Martin Friedrichs | Hamburg | 770,4 | 271,95 | 1000 |
| DGFH | Clara | Hamburg | 198,8 | 70,19 | 75 |
| DGFI | Claus | Hamburg | 341,6 | 120,60 | 150 |
| DGFJ | Claus | Hamburg | 276,3 | 97,53 | 110 |
| DGFK | Claus | Friedrichskoog | 57,1 | 20,16 | 18 |
| *DGFL* | Jenny Porr | Hamburg | 637,2 | 224,54 | 360 |
| DGFM | Claus Erich | Hamburg | 336,3 | 118,73 | 100 |
| *DGFN* | Bernd Becker | Hamburg | 781,1 | 277,86 | 300 |
| DGFO | Condor | Hamburg | 233,2 | 82,33 | 100 |
| DGFP | Condor | Hamburg | 88,0 | 31,06 | 30 |
| DGFQ | Condor | Hamburg | 2,0 | 0,72 | 180 |

## DGFR — DGHQ

| Unter-scheidungs-signale | Namen der Schiffe | Heimathafen der Schiffe | Kubik-meter Nettoraumgehalt | Register-tons Nettoraumgehalt | PS |
|---|---|---|---|---|---|
| *DGFR* | Marie-Louise Haltermann | Hamburg | 1132,5 | 399,75 | 840 |
| *DGFS* | Stuttgart | Hamburg | 670,9 | 236,82 | 990 |
| DGFT | Courier | Hamburg | 223,5 | 78,90 | 100 |
| DGFU | Frieda Jonas | Hamburg | 355,4 | 125,46 | 200 |
| DGFV | Ida Kuhlencort | Hamburg | 106,0 | 37,41 | 55 |
| DGFW | Delphin III | Hamburg | 411,0 | 145,08 | 150 |
| DGFX | Delphin IV | Hamburg | 344,4 | 121,58 | 200 |
| *DGFY* | Schauenburg | Hamburg | 6493,5 | 2292,21 | 5400 |
| DGFZ | Derfflinger | Hamburg | 501,7 | 177,10 | 150 |
| *DGGA* | Deutschland | Hamburg | 579,0 | 204,39 | 200 |
| DGGB | Diamant | Neustadt/Holst. | 35,4 | 12,51 | 90 |
| DGGC | Diana | Wyk/Föhr | 111,5 | 39,34 | 80/90 |
| DGGD | Dide | Hamburg | 298,3 | 105,29 | 100 |
| DGGE | Grete Hagenah | Hamburg | 174,1 | 61,46 | 75 |
| DGGF | Dora | Hamburg | 232,0 | 81,90 | 90 |
| DGGG | Dora | Hamburg | 350,2 | 123,62 | 150 |
| DGGH | Dora | Hamburg | 138,3 | 48,81 | 70 |
| DGGJ | Dorotea | Hamburg | 291,4 | 102,87 | 100 |
| DGGK | Dorothea | Hamburg | 276,5 | 97,59 | 75 |
| DGGL | Dorothea | Hamburg | 226,9 | 80,10 | 110 |
| *DGGM* | Stuttgart | Hamburg | 8977,7 | 3169,18 | 8000 |
| *DGGN* | Thorwald | Hamburg | 720,5 | 254,32 | 400 |
| DGGO | Norderelbe II | Hamburg | 280,4 | 98,99 | 65 |
| *DGGP* | Eben Ezer | Hamburg-Finkenwdr. | 31,2 | 11,02 | 85 |
| DGGQ | Edith | Hamburg | 281,2 | 99,27 | 90 |
| *DGGR* | Egerland | Hamburg | 392,8 | 138,76 | 200 |
| DGGT | Odin | Kiel | 73,3 | 25,83 | 320 |
| *DGGU* | Elbe | Hamburg | 416,1 | 146,86 | 200 |
| DGGV | Elbe | Hamburg | 137,8 | 48,65 | 75 |
| *DGGW* | Eric Reckmann | Hamburg | 2382,9 | 841,15 | 1240 |
| DGGX | Elbe | Hamburg | 99,8 | 35,22 | 25 |
| DGGY | Elbe | Hamburg | 697,0 | 246,05 | — |
| DGGZ | Tankleichter Elbe | Hamburg | 2199,9 | 776,55 | — |
| DGHA | Elenore | Hamburg | 215,9 | 76,22 | 90 |
| *DGHB* | Anna Rehder | Hamburg | 433,4 | 153,01 | 750 |
| *DGHC* | Victor | Hamburg | 2376,5 | 838,91 | 600 |
| *DGHF* | Safi | Hamburg | 4332,6 | 1529,41 | 1300 |
| DGHG | Elise | Hamburg | 158,2 | 55,85 | 90 |
| DGHH | Ella | Hamburg | 136,5 | 48,20 | 75 |
| *DGHI* | Ellen | Hamburg | 759,9 | 268,23 | 420 |
| *DGHJ* | Düsseldorf | Hamburg | 11703,8 | 4131,44 | 9000 |
| DGHK | Elsa | Hamburg | 191,4 | 67,55 | 80 |
| DGHL | Elster | Hamburg | 228,2 | 80,54 | 150 |
| DGHM | Emanuel | Hamburg | 269,4 | 95,12 | 100 |
| DGHN | Emanuel | Hamburg | 255,6 | 90,22 | 70 |
| *DGHO* | Darmstadt | Hamburg | 11523,5 | 4067,79 | 9000 |
| DGHP | Emil | Hamburg | 4,4 | 1,55 | 475 |
| DGHQ | Emma | Hamburg | 304,7 | 100,57 | 70 |

## DGHR — DGJR

| Unterscheidungssignale | Namen der Schiffe | Heimathafen der Schiffe | Kubikmeter Nettoraumgehalt | Registertons Nettoraumgehalt | PS |
|---|---|---|---|---|---|
| DGHR | Christa Thielemann | Brake | 103,7 | 36,60 | 50 |
| DGHS | Emma | Hamburg | 223,3 | 78,82 | 150 |
| DGHT | Emma | Hamburg | 166,4 | 58,76 | 120 |
| DGHW | Emma | Hamburg-Altenwdr. | 22,3 | 7,87 | 100 |
| DGHX | Emma | Hamburg | 219,0 | 77,31 | 120 |
| DGHY | Marina | Hamburg | 127,2 | 44,91 | 75 |
| DGHZ | Emma Irene | Hamburg | 300,7 | 106,15 | 125 |
| *DGIA* | Dixy Porr | Hamburg | 1451,4 | 512,36 | 1000 |
| DGIB | Emma Lucie | Hamburg | 203,9 | 71,98 | 75 |
| DGIC | Emma Oltmann | Hamburg | 158,2 | 55,84 | 80 |
| DGID | Energie | Hamburg | 4905,1 | 1731,50 | 800 |
| *DGIE* | Gerd | Hamburg | 415,1 | 146,54 | 235 |
| DGIF | Erich | Hamburg | 191,5 | 67,61 | 60 |
| *DGIG* | Damaskus | Hamburg | 7526,2 | 2656,69 | 2750 |
| *DGIH* | Ferdinandstor | Hamburg | 1907,8 | 673,44 | 1250 |
| DGII | Erika | Hamburg | 168,2 | 59,36 | 85 |
| DGIJ | Erna | Heiligenhafen | 126,6 | 44,68 | 50 |
| DGIK | Blitz | Hamburg | 417,2 | 147,28 | 360 |
| DGIL | Erna Elisabeth | Hamburg | 122,2 | 43,05 | 35 |
| DGIM | Erna Marie | Hamburg | 225,9 | 79,73 | 90 |
| DGIN | Erna Meyer | Hamburg | 314,2 | 110,91 | 100 |
| DGIP | Ernst | Hamburg | 166,1 | 58,65 | 90 |
| *DGIQ* | Tema Palm | Hamburg | 9635,9 | 3401,48 | 2300 |
| *DGIR* | Transatlanta | Hamburg | 9362,5 | 3304,98 | 3350 |
| DGIS | Ernst August | Hamburg | 130,5 | 46,07 | 100 |
| DGIT | Erwin | Hamburg | 148,3 | 52,36 | 50 |
| DGIU | Erwin | Hamburg | 225,1 | 79,45 | 100 |
| DGIV | Esriel | Hamburg | 106,4 | 37,54 | 50 |
| DGIW | Esso 60 | Hamburg | 382,4 | 134,98 | — |
| DGIX | Estetal | Hamburg | 163,4 | 57,67 | 120 |
| *DGIY* | Hermann Blume | Hamburg | 531,3 | 187,54 | 300 |
| *DGIZ* | Oldenburg | Hamburg | 690,2 | 243,64 | 300 |
| DGJA | Ewald Ehlert | Rendsburg | 560,7 | 197,94 | 200 |
| *DGJB* | Adler | Hamburg | 77,9 | 27,50 | 75 |
| DGJC | Fairplay II | Hamburg | 193,5* | 68,31* | 358 |
| *DGJD* | Christianna Pikuritz | Hamburg | 3919,9 | 1383,71 | 3600 |
| DGJF | Ranghild | Hamburg | 193,2* | 68,20* | 353 |
| DGJG | Fairplay VIII | Hamburg | 254,8* | 89,95* | 379 |
| DGJH | Fairplay IX | Hamburg | 209,6* | 73,98* | 349 |
| DGJI | Fairplay X | Hamburg | 140,8 | 49,70 | 650 |
| DGJJ | Fairplay XI | Hamburg | 210,9* | 74,44* | 347 |
| DGJK | Fairplay XII | Hamburg | 230,9* | 81,85* | 312 |
| DGJM | Mabel Violet | Hamburg | 165,8* | 58,53* | 410 |
| DGJN | Fritz | Hamburg | 285,8* | 100,90* | 329 |
| *DGJO* | Falke | Hamburg | 295,0 | 104,12 | 200 |
| DGJP | Falke | Hamburg | 252,9 | 89,28 | 100 |
| DGJQ | Falkenstein | Hamburg | 280,7 | 99,08 | 150 |
| DGJR | Fanto XVIII | Hamburg | 235,8 | 83,24 | 125 |

* = Bruttoraumgehalt.

## DGJS — DGLO

| Unter-scheidungs-signale | Namen der Schiffe | Heimathafen | Kubikmeter (Nettoraumgehalt) | Registertons (Nettoraumgehalt) | PS |
|---|---|---|---|---|---|
| DGJS | Fiducia | Hamburg | 144,7 | 51,07 | 50 |
| *DGJT* | Finkwarder | Hamburg | 406,4 | 143,45 | 180/215 |
| DGJU | Fischland | Hamburg | 317,5 | 112,07 | 120 |
| *DGJV* | Fleiss | Hamburg | 394,8 | 139,38 | 300 |
| *DGJW* | Uni Porr | Hamburg | 1226,8 | 433,03 | 775 |
| DGJX | F. M. Harmstorf | Hamburg | 171,8 | 60,65 | — |
| DGJY | Fortuna | Hamburg | 218,3 | 77,07 | 75 |
| DGJZ | Fortuna | Hamburg | 215,0 | 75,90 | 100 |
| DGKA | Fortuna | Hamburg | 334,2 | 117,96 | 150 |
| DGKB | Fortuna | Hamburg | 314,4 | 110,97 | 200 |
| DGKC | Fortuna | Hamburg | 102,9 | 36,33 | 55 |
| DGKD | Fortuna | Hamburg | 233,5 | 82,42 | 90 |
| DGKE | Franz Holm | Hamburg | 337,8 | 133,37 | 150 |
| DGKF | Franziska | Hamburg | 267,3 | 94,35 | 125 |
| DGKG | Palmyra | Hamburg | 220,8 | 77,95 | 120 |
| DGKH | Freia | Burgstaaken | 147,3 | 52,00 | 50 |
| DGKI | Freia | Hamburg-Finkenwdr. | 22,1 | 7,80 | 96 |
| *DGKJ* | Freia | Hamburg-Finkenwdr. | 331,8 | 11,23 | 120 |
| *DGKK* | Freiherr vom Stein | Hamburg | 435,7 | 135,81 | 150 |
| DGKL | Frida | Hamburg | 91,2 | 32,19 | 25 |
| DGKM | Fridmariwalt | Hamburg | 285,4 | 100,75 | 120 |
| DGKN | Medem | Hamburg | 224,6 | 79,30 | 110 |
| DGKO | Frieda | Hamburg | 328,9 | 116,11 | 110 |
| DGKP | Frieda | Hamburg | 301,6 | 106,46 | 100 |
| DGKQ | Frieda | Hamburg | 185,1 | 65,33 | 100 |
| DGKR | Frieda | Hamburg | 260,9 | 92,09 | 80 |
| DGKS | Frieda | Hamburg | 108,5 | 38,29 | 80 |
| *DGKT* | Heike Schlüter | Rendsburg | 565,2 | 199,52 | 250 |
| *DGKU* | Erich Schröder | Hamburg | 2796,6 | 987,19 | 2800 |
| DGKV | Frieda Mariechen | Hamburg | 113,8 | 40,16 | 50 |
| DGKW | Friedrich Campsen | Hamburg | 161,9* | 57,14* | 240 |
| *DGKX* | Hornberg | Hamburg | 6566,7 | 2318,05 | 3330 |
| DGKY | Friedrich Wilhelm | Hamburg | 293,9 | 103,73 | 100 |
| DGKZ | Fritz Reuter | Hamburg | 86,4 | 30,51 | 120 |
| DGLA | Fritz Schindler | Hamburg | 302,7 | 138,02 | 110 |
| DGLB | Fritz Vollmers | Hamburg | 304,4 | 107,46 | 150 |
| DGLC | Gebrüder | Hamburg | 22,2 | 7,85 | 75 |
| DGLD | Gebrüder | Büsum | 13,8 | 4,88 | 50 |
| DGLE | Heijo | Haren/Ems | 445,8 | 157,36 | 150 |
| DGLF | Gemeinschaft | Bremerhaven | 264,7 | 93,44 | — |
| DGLG | Gerda | Hamburg | 165,2 | 58,33 | 40 |
| DGLH | Gerda II | Hamburg | 345,8 | 122,07 | 150 |
| DGLI | Heros | Hamburg | 378,8 | 133,73 | 200 |
| DGLJ | Gerda Waller | Hamburg | 272,0 | 96,01 | 110 |
| *DGLK* | Gerfried | Hamburg | 456,3 | 161,06 | 150 |
| *DGLL* | Konrad | Hamburg | 59,8 | 21,11 | 120 |
| DGLM | Gertha | Hamburg | 285,8 | 100,87 | 90 |
| DGLN | Gertrud | Hamburg | 498,8 | 176,06 | 329 |
| DGLO | Gertrud | Hamburg | 357,9 | 126,35 | 150 |

* = Bruttoraumgehalt.

## DGLP — DGNN

| Unterscheidungssignale | Namen der Schiffe | Heimathafen der Schiffe | Nettoraumgehalt Kubikmeter | Nettoraumgehalt Registertons | PS |
|---|---|---|---|---|---|
| DGLP | Gertrud | Hamburg | 312,8 | 110,41 | 90 |
| *DGLQ* | Gertrud | Cranz/Elbe | 469,8 | 165,86 | 150 |
| DGLR | Gertrud | Hamburg | 190,7 | 67,30 | 75 |
| DGLS | Gertrud II | Hamburg | 494,4 | 174,53 | 150 |
| *DGLT* | Katharina Kolkmann | Hamburg | 1501,7 | 530,10 | 1000 |
| DGLU | Gesche | Hamburg | 161,1 | 56,92 | 50 |
| DGLV | Gesine | Hamburg | 128,5 | 45,37 | 50 |
| DGLW | Hannchen | Lübeck-Schlutup | 20,1 | 7,08 | 80 |
| *DGLX* | Gloria | Hamburg | 404,1 | 142,64 | 200 |
| DGLY | Glückauf | Hamburg | 63,2 | 22,31 | 150 |
| *DGMA* | Goden Wind | Hamburg-Finkenwdr. | 75,1 | 26,52 | 150 |
| *DGMC* | Angelika I | Düsseldorf | 788,1 | 278,36 | 405 |
| *DGMD* | Gorch Fock | Hamburg | 348,8 | 123,12 | 150 |
| *DGME* | Gorch Fock | Hamburg-Finkenwdr. | 72,6 | 25,82 | 180 |
| DGMF | Anke Grothmann | Hamburg | 176,1 | 62,17 | 50 |
| DGMG | Grauerort | Hamburg | 209,7 | 74,04 | 150 |
| DGMH | Greif | Hamburg | 296,7 | 104,73 | 450 |
| *DGMI* | Gundula+ | Hamburg | 1878,1 | 662,97 | 750 |
| DGMJ | Greta | Hamburg | 136,2 | 48,09 | 60 |
| DGML | Gretchen | Hamburg | 183,5 | 64,77 | 120 |
| DGMM | Gretchen | Hamburg | 211,2 | 74,56 | 60 |
| *DGMN* | Leverkusen | Hamburg | 11361,6 | 4010,65 | 9000 |
| DGMO | Reinhard I | Hamburg | 117,6 | 41,50 | 80 |
| DGMP | Grete | Hamburg | 201,2 | 71,02 | 60 |
| DGMQ | Grete | Hamburg | 229,6 | 81,06 | 90 |
| *DGMR* | Juelsand | Hamburg | 790,3 | 278,97 | 520 |
| *DGMS* | Amazone II | Hamburg | 623,0 | 219,93 | 300 |
| DGMT | Griep | Hamburg | 1905,6 | 672,67 | — |
| *DGMU* | Heino | Hamburg | 348,5 | 123,00 | 500 |
| DGMV | Gudrun | Hamburg | 335,0 | 118,27 | 100/135 |
| *DGMW* | Johann Blumenthal | Hamburg | 2929,2 | 1034,02 | 2200 |
| *DGMX* | Antonia | Hamburg | 1544,8 | 651,21 | 1000 |
| DGMY | Bernd | Hamburg | 247,7 | 87,44 | 105 |
| *DGMZ* | Antares | Hamburg | 62,3 | 21,98 | 120 |
| DGNA | Gustav Adolf | Hamburg | 121,9 | 43,03 | 130 |
| *DGNB* | Halmstad | Hamburg | 1301,0 | 459,26 | 700 |
| DGNC | Hamburg | Hamburg | 226,1 | 79,82 | 150 |
| DGND | Hamburg | Hamburg | 264,3 | 93,30 | 2×300 |
| DGNE | Silesia | Hamburg | 407,8 | 143,97 | 112 |
| DGNF | Hanna | Hamburg | 421,7 | 148,85 | 200 |
| DGNG | Hannchen Allers | Hamburg | 336,7 | 118,87 | 120 |
| *DGNH* | Cranz I | Hamburg-Finkenwdr. | 85,4 | 30,15 | 150 |
| DGNI | Hannover | Hamburg | 214,5 | 75,73 | 120 |
| DGNJ | Hans | Ritsch | 136,7 | 48,26 | 75 |
| DGNK | Hans | Hamburg | 126,3 | 44,58 | 50 |
| DGNL | Hans | Hamburg | 185,5 | 65,50 | 70 |
| DGNM | Erika Reinhold | Hamburg | 139,3 | 49,19 | 60 |
| DGNN | Hans | Hamburg | 352,7 | 124,50 | 175 |

## DGNO — DGPM

| Unterscheidungssignale | Namen der Schiffe | Heimathafen der Schiffe | Nettoraumgehalt Kubikmeter | Nettoraumgehalt Registertons | PS |
|---|---|---|---|---|---|
| DGNO | Hans Albert | Hamburg | 151,1 | 53,34 | 75 |
| *DGNP* | Marxburg | Hamburg | 2028,3 | 716,01 | 1700 |
| DGNQ | Hans Günther | Hamburg | 299,9 | 105,85 | 100 |
| *DGNR* | Kettwig | Hamburg | 4578,2 | 1616,09 | 1096 |
| DGNS | Hans Hinrich | Hamburg | 193,8 | 68,40 | 100 |
| *DGNT* | Gustav Pistor | Hamburg | 9676,5 | 3415,79 | 3000 |
| *DGNU* | Luise Leonhardt | Hamburg | 9287,6 | 3278,52 | 3500 |
| *DGNV* | Essen | Hamburg | 11254,0 | 3972,66 | 9000 |
| DGNW | Hans und Grete | Helgoland | 121,4 | 42,87 | 75 |
| DGNX | Elli | Hamburg | 381,0 | 134,49 | 100 |
| *DGNY* | Hans Werner | Hamburg | 204,3 | 72,12 | 107 |
| *DGNZ* | Hanseat | Hamburg | 185,4 | 65,44 | 150 |
| *DGOA* | Schürbek | Hamburg | 3753,9 | 1325,14 | 1875 |
| *DGOB* | Wittebank | Hamburg | 58,9 | 20,79 | 150 |
| DGOC | Hartwig | Hamburg | 311,3 | 109,89 | 120 |
| *DGOD* | Uwe | Hamburg | 152,6 | 53,86 | 315 |
| DGOE | Hebe | Hamburg | 162,7 | 57,45 | 150 |
| *DGOF* | Cap Roca+ | Hamburg | 15062,4 | 5317,03 | 7000 |
| DGOG | Muschelgrund | Hamburg-Finkenwdr. | 60,1 | 21,20 | 120 |
| *DGOH* | Heidberg | Hamburg | 2279,6 | 804,70 | 1500 |
| *DGOI* | Heimat | Hamburg | 396,2 | 139,86 | 300 |
| *DGOJ* | Heimat | Hamburg | 271,8 | 95,96 | 120 |
| DGOK | Heimatland | Hamburg | 271,9 | 96,00 | 150 |
| DGOL | Heimkehr | Hamburg | 265,9 | 93,85 | 180 |
| DGOM | Heimkehr | Hamburg | 184,6 | 65,16 | 70 |
| DGON | Heimwärts | Hamburg | 187,5 | 66,17 | 100 |
| *DGOO* | Natal+ | Hamburg | 12464,9 | 4400,10 | 4000 |
| DGOP | Hein Godenwind | Hamburg | 163,6 | 57,76 | 50 |
| *DGOQ* | Lugano | Hamburg | 3339,6 | 1178,89 | 3500 |
| DGOR | Heinrich | Cranz | 99,0 | 34,95 | 50 |
| DGOS | Heinrich Block | Hamburg | 397,8 | 140,43 | 225 |
| DGOT | Heinz | Hamburg | 159,5* | 56,45* | 180 |
| DGOU | Heinz-Heino | Krautsand | 189,6 | 66,95 | 100 |
| DGOV | Lotte Nagel | Krautsand | 352,1 | 124,28 | 75 |
| *DGOW* | Heinz Schriewer | Hamburg | 346,2 | 122,20 | 150 |
| DGOX | Helene | Hamburg | 281,8 | 99,49 | 150 |
| DGOY | Helene | Hamburg | 122,7 | 43,31 | 75 |
| DGOZ | Helene | Hamburg-Altenwdr. | 30,6 | 10,80 | 80 |
| *DGPB* | Helene B. Schupp | Hamburg | 1111,9 | 392,50 | 520 |
| DGPC | Helga | Hamburg | 388,0 | 136,97 | 90 |
| DGPD | Helga | Hamburg-Finkenwdr. | 60,9 | 21,48 | 150 |
| DGPE | Helga | Hamburg | 91,0 | 32,12 | 25 |
| *DGPF* | Nanna | Hamburg | 450,7 | 159,09 | 300 |
| *DGPG* | Triglav | Hamburg | 44,0 | 15,53 | 150/180 |
| DGPH | Hertha Henning | Hamburg | 228,2 | 80,56 | 75 |
| DGPI | Helmuth | Hamburg | 321,1 | 113,36 | 180 |
| DGPK | Helmut | Hamburg | 220,3 | 77,78 | 85 |
| *DGPM* | Bussard III | Hamburg-Altenwdr. | 21,4 | 7,57 | 100 |

* = Bruttoraumgehalt.

## DGPN — DGRK

| Unter-scheidungs-signale | Namen der Schiffe | Heimathafen | Kubikmeter (Nettoraumgehalt) | Registertons (Nettoraumgehalt) | PS |
|---|---|---|---|---|---|
| *DGPN* | Euros | Hamburg | 625,1 | 220,67 | 1500 |
| DGPO | Morian | Uetersen | 240,4 | 84,85 | 115 |
| DGPP | Monsun | Hamburg | 223,6* | 78,92* | 280 |
| DGPQ | Herma | Kiel | 133,8 | 47,22 | 75 |
| DGPS | Hermann | Hamburg | 222,8 | 78,65 | 50 |
| DGPT | Hermann | Lübeck-Travemünde | 87,7 | 30,94 | 45 |
| DGPU | Hermine | Hamburg | 167,4 | 59,11 | 90 |
| *DGPV* | Hansestadt Lübeck | Hamburg | 949,5 | 335,19 | 600 |
| *DGPW* | Claus Schriewer | Hamburg | 360,8 | 127,35 | 300 |
| DGPX | Herta | Neuenfelde | 184,2 | 65,02 | 140 |
| DGPY | Elli-Margot | Hamburg | 258,8 | 91,37 | 75 |
| DGPZ | Hertha | Hamburg | 82,9 | 29,25 | 120 |
| DGQA | Hertha | Hamburg | 94,5 | 33,34 | 50 |
| DGQB | Hiev | Hamburg | 1785,3 | 630,22 | — |
| *DGQC* | Hilda | Hamburg-Finkenwdr. | 72,5 | 25,59 | 120 |
| DGQD | Hilda | Hamburg-Harburg | 11,9 | 4,21 | 60 |
| *DGQE* | Hilde Loop | Hamburg-Finkenwdr. | 60,9 | 21,48 | 120 |
| *DGQF* | Deneb+ | Hamburg | 1067,0 | 376,65 | 475 |
| *DGQG* | Käte Boll | Duisburg-Ruhrort | 843,3 | 297,69 | — |
| DGQI | Hinrich Wilhelm | Hamburg | 284,7 | 100,50 | 150 |
| DGQJ | Bugsier 6 | Hamburg | 68,1 | 24,05 | 850 |
| DGQK | Hoffnung | Hamburg | 153,7 | 54,26 | 80 |
| *DGQM* | Gisela Russ | Hamburg | 1727,6 | 609,86 | 1575 |
| *DGQN* | Belgrano | Hamburg | 10173,0 | 3591,07 | 3680 |
| *DGQO* | Hummel | Hamburg | 661,2 | 233,41 | 400 |
| *DGQP* | Stubbenhuk | Hamburg | 3972,1 | 1402,15 | 2880 |
| DGQQ | Ida | Hamburg | 210,7 | 74,36 | 155 |
| *DGQR* | Dammtor | Hamburg | 1880,4 | 663,77 | 1250 |
| DGQS | Immanuel | Hamburg | 378,9 | 133,74 | 180 |
| DGQT | Inge | Rendsburg | 284,4 | 109,39 | 150 |
| DGQU | Ingeborg | Osten | 453,9 | 160,22 | 150 |
| *DGQV* | Adrian+ | Hamburg | 13682,3 | 4829,85 | 6000 |
| DGQW | Ingeborg | Hamburg | 186,8 | 65,94 | 90 |
| DGQX | Ingeborg III | Hamburg | 321,3 | 113,32 | 125 |
| *DGQY* | Irene | Hamburg | 405,9 | 143,28 | 210 |
| *DGQZ* | Irene | Kiel | 34,0 | 12,01 | 150 |
| DGRA | Ingrid Metzendorff | Hamburg | 200,9 | 70,92 | 150 |
| DGRB | Marie-Elise | Flensburg | 163,9 | 57,85 | 80/100 |
| DGRC | Mariechen II | Hamburg | 224,0 | 79,07 | 105 |
| DGRD | Emma Sell | Kiel | 124,6 | 43,98 | 100 |
| DGRE | Irmgard | Hamburg | 282,9 | 99,87 | 100 |
| *DGRF* | Irmgard | Hamburg | 420,5 | 148,42 | 100 |
| DGRG | Isar | Hamburg | 176,9 | 62,46 | 80 |
| DGRH | Jacobus | Hamburg | 308,1 | 108,77 | 150 |
| *DGRI* | Sapele Palm | Hamburg | 7687,6 | 2713,72 | 2850 |
| *DGRJ* | Jason | Cuxhaven | 65,8 | 23,22 | 250 |
| DGRK | J. C. Wriede | Hamburg-Finkenwdr. | 54,7 | 19,31 | 120 |

* = Bruttoraumgehalt.

## DGRL — DGTL

| Unter-scheidungs-signale | Namen der Schiffe | Heimathafen der Schiffe | Kubik-meter Nettoraumgehalt | Register-tons Nettoraumgehalt | PS |
|---|---|---|---|---|---|
| DGRL | Adele+ | Hamburg | 901,6 | 318,27 | 300 |
| *DGRM* | Erlangen | Hamburg | 10313,8 | 3640,76 | 9 000 |
| *DGRN* | Cairo | Hamburg | 4221,0 | 1490,02 | 2750 |
| DGRO | Diana M | Hamburg | 404,4 | 142,76 | 600 |
| DGRP | Anke Tiedemann | Hamburg | 205,3 | 72,47 | 50 |
| *DGRR* | Johanna | Hamburg-Finkenwdr. | 30,4 | 10,73 | 90 |
| DGRS | Johanna Höge | Hamburg | 300,3 | 105,99 | 75 |
| DGRT | Johanne | Hamburg | 294,2 | 103,85 | 75 |
| DGRU | Johanne | Hamburg | 127,3 | 44,95 | 75 |
| DGRV | Falke | Lübeck | 64,4 | 22,72 | 25 |
| DGRW | Johanne Becker | Hamburg | 248,0 | 87,53 | 150 |
| DGRX | Johannes | Hamburg | 235,3 | 83,05 | 75 |
| *DGRY* | Remscheid | Hamburg | 5037,4 | 1778,19 | 4200 |
| DGRZ | Johannes | Hamburg | 268,6 | 94,83 | 90 |
| DGSA | Johannes Matthies | Hamburg | 291,7* | 102,98* | 400 |
| *DGSB* | Windhuk+ | Hamburg | 12463,1 | 4399,49 | 4000 |
| DGSC | Obereider | Rendsburg | 233,8 | 82,54 | 150 |
| *DGSD* | Ahrensburg | Hamburg | 4709,9 | 1662,60 | 5140 |
| DGSF | Jonni Wilhelmine | Hamburg | 244,4 | 86,26 | 110 |
| DGSG | Karin W | Hamburg | 66,6 | 23,51 | 136 |
| *DGSH* | Wuppertal | Hamburg | 5037,5 | 1778,24 | 4200 |
| DGSI | Vriendschap | Hamburg | 48 | 17 | 120 |
| *DGSJ* | Weissenburg | Hamburg | 4344,3 | 1533,53 | 3600 |
| DGSK | Justizia | Hamburg | 147,9 | 52,19 | 50 |
| DGSL | Jutta | Hamburg | 149,8 | 52,89 | 75 |
| DGSM | Jutta | Hamburg | 17,5 | 6,18 | — |
| DGSN | Käte | Hamburg | 168,4 | 95,45 | 50 |
| DGSO | Käte | Hamburg | 252,2 | 88,95 | 80 |
| *DGSP* | Frida Thorborg | Hamburg | 448,7 | 158,39 | 200 |
| DGSQ | Elise Oltmann | Hamburg | 434,5 | 153,37 | 150 |
| DGSS | Käthe | Hamburg | 131,0 | 46,23 | 120 |
| *DGST* | Seefalke | Hamburg | 525,0 | 185,33 | 300 |
| *DGSU* | Unkas | Hamburg | 1348,8 | 476,14 | 1050 |
| DGSV | Käthe Block | Hamburg | 166,6 | 58,81 | 75 |
| *DGSW* | Reibel I | Hamburg | 1918,7 | 677,32 | 700 |
| *DGSX* | Käthe Ritscher | Hamburg | 402,8 | 142,20 | 200 |
| DGSY | Kamerad | Hamburg | 179,9 | 63,50 | 110 |
| DGSZ | Kaptaube | Hamburg | 161,8 | 57,12 | 75 |
| *DGTB* | Frieda Wilckens | Hamburg | 792,0 | 279,57 | 300 |
| *DGTC* | Rugard | Hamburg | 3291,1 | 1161,75 | 990 |
| DGTD | Karla | Burgstaaken | 254,9 | 89,97 | 100 |
| *DGTE* | Georges M. | Hamburg | 6909,9 | 2439,20 | 2800 |
| DGTF | Katerine | Hamburg-Finkenwdr. | 60,9 | 21,48 | 130 |
| DGTG | Katharina | Hamburg | 197,1 | 69,56 | 50 |
| DGTH | Kattegat | Hamburg-Finkenwdr. | 54,9 | 19,38 | 175 |
| DGTI | Kehdingen | Hamburg | 438,7 | 154,86 | 150 |
| *DGTJ* | Hans Oltmann | Hamburg | 830,2 | 293,07 | 700 |
| *DGTK* | Kehrwieder II | Hamburg | 498,3 | 175,90 | 250 |
| *DGTL* | Uhlenhorst | Hamburg | 1773,3 | 625,96 | 450 |

* = Bruttoraumgehalt.

## DGTM — DGVM

| Unterscheidungssignale | Namen der Schiffe | Heimathafen der Schiffe | Kubikmeter Nettoraumgehalt | Registertons Nettoraumgehalt | PS |
|---|---|---|---|---|---|
| DGTM | Königsberg | Hamburg | 280,1 | 98,88 | 145 |
| DGTN | Kondor | Hamburg | 279,6 | 98,70 | 90 |
| *DGTO* | Lori Dreyer | Hamburg | 423,9 | 149,65 | 200 |
| DGTP | Kurt Both | Hamburg | 357,7 | 126,27 | 165 |
| DGTQ | Landkirchen | Hamburg | 281,5 | 99,36 | 150 |
| DGTR | Erna | Hamburg | 13,1 | 4,61 | 70 |
| DGTS | Landrath Küster | Hamburg-Finkenwdr. | 34,1 | 12,03 | 85 |
| *DGTT* | Cord Eckelmann | Hamburg | 1113,6 | 393,11 | 800 |
| DGTU | Leda | Hamburg | 109,6 | 38,68 | 75 |
| DGTV | Lene Reinhold | Hamburg | 140,3 | 49,54 | 75 |
| DGTW | Juist | Hamburg | 468,5 | 165,39 | 200 |
| *DGTX* | Nerissa | Hamburg | 970,4 | 342,56 | 1000 |
| DGTY | Liesbeth | Hamburg | 137,9 | 48,66 | 70 |
| DGTZ | Lilly | Hamburg | 312,4 | 110,28 | 90 |
| DGUA | Wally | Hamburg | 406,7 | 143,55 | 150 |
| DGUB | Line Hinsch | Hamburg | 146,9 | 51,85 | 70 |
| *DGUC* | Lisa | Hamburg | 950,1 | 335,40 | 500 |
| DGUE | Lisa | Wischhafen | 169,7 | 59,91 | 100 |
| DGUF | Lisa | Hamburg-Finkenwdr. | 66,7 | 23,54 | 150 |
| DGUG | Lisa Oltmann | Hamburg | 275,5 | 97,26 | 125 |
| DGUH | Liselotte | Hamburg | 155,1 | 58,27 | 100 |
| DGUI | Lothar | Hamburg | 1215,1 | 428,93 | 450 |
| DGUK | Ursel | Hamburg | 187,6 | 66,21 | 50 |
| DGUL | Hadersleben | Hamburg | 537,3 | 189,67 | 225 |
| DGUM | Luise | Hamburg | 114,5 | 40,41 | 40 |
| DGUN | Luise | Hamburg | 125,7 | 44,38 | 50 |
| DGUO | Gesa | Hamburg | 222,2 | 78,44 | 165 |
| *DGUP* | Magdalena | Hamburg | 123,9 | 43,73 | 70 |
| *DGUQ* | Claere Jung | Hamburg | 3705,9 | 1308,19 | 2520 |
| DGUR | Magret-Inge | Hamburg | 209,2 | 73,84 | 200 |
| DGUS | Maja | Hamburg | 243,1 | 85,83 | 100 |
| DGUT | Marga | Hamburg | 250,8 | 88,53 | 120 |
| DGUU | Margaretha | Hamburg | 279,6 | 98,69 | 75 |
| DGUV | Magaretha | Hamburg | 206,5 | 72,90 | 60 |
| DGUW | Margaretha | Hamburg | 164,8 | 58,18 | 80 |
| *DGUY* | Margaretha Nibbe | Cranz/Elbe | 390,8 | 137,97 | 200 |
| DGUZ | Salmo | Hamburg | 338,8 | 119,60 | 160 |
| DGVA | Carlsson II | Hamburg | 187,2 | 59,01 | 155 |
| *DGVB* | Ingeborg II+ | Hamburg | 1030,9 | 363,89 | 300 |
| *DGVC* | Willi Huber | Hamburg | 4536,9 | 1601,52 | 1650 |
| DGVD | Sintra | Hamburg | 68,2 | 24,13 | 190 |
| *DGVE* | Margit | Hamburg-Finkenwdr. | 68,9 | 24,33 | 180 |
| DGVF | Maria | Hamburg | 105,1 | 37,09 | 75 |
| DGVG | Maria | Hamburg | 135,2 | 47,73 | 110 |
| DGVH | Maria | Hamburg | 115,5 | 40,76 | 50 |
| *DGVI* | Calliope | Hamburg | 4190,9 | 1479,38 | 1250 |
| *DGVK* | Concordia | Hamburg | 2057,5 | 726,31 | 1400 |
| DGVL | Vagabund | Hamburg | 218,7 | 77,21 | 100 |
| *DGVM* | Elisabeth Boll | Haren/Ems | 565,0 | 199,43 | 240 |

## DGVN — DGXP

| Unterscheidungssignale | Namen der Schiffe | Heimathafen der Schiffe | Nettoraumgehalt Kubikmeter | Nettoraumgehalt Registertons | PS |
|---|---|---|---|---|---|
| DGVN | Marianne | Brake | 227,1 | 80,15 | 60 |
| DGVO | Marianne | Hamburg | 208,4 | 73,57 | 80 |
| DGVP | Marianne | Hamburg | 253,8 | 89,58 | 75 |
| DGVQ | Marieanne | Hamburg | 129,2 | 45,63 | 36 |
| DGVR | Marido | Hamburg | 259,0 | 91,41 | 80 |
| DGVS | Marie | Hamburg | 149,1 | 52,62 | 90 |
| DGVT | Marie | Hamburg | 148,7 | 52,49 | 60 |
| DGVU | Jan Hamm | Hamburg | 600,1 | 211,82 | 300 |
| *DGVV* | Dalbek+ | Hamburg | 7266,6 | 2565,11 | 2910 |
| DGVZ | Mariechen | Hamburg | 141,2 | 49,86 | 75 |
| *DGWA* | Josef Joham | Hamburg | 806,3 | 284,61 | 475 |
| DGWB | Mojenhörn | Hamburg | 167,3 | 59,07 | 120 |
| *DGWC* | Elke | Düsseldorf | 670,5 | 36,67 | 400 |
| *DGWD* | Hannah Böge | Hamburg | 2919,3 | 1030,50 | 1850 |
| DGWE | Breiholz | Rendsburg | 247,9 | 87,52 | 95 |
| DGWF | Bugsier 7 | Hamburg | 68,1 | 24,05 | 850 |
| DGWG | Martha | Hamburg | 362,6 | 128,00 | 100 |
| DGWH | Martha | Hamburg | 106,1 | 37,44 | 50 |
| DGWI | Martha | Hamburg | 117,9 | 41,64 | 45 |
| DGWK | Vegesack | Bremen | 42,9 | 15,15 | 555 |
| *DGWL* | Ellerbek | Hamburg | 2899,2 | 1023,43 | 1875 |
| *DGWM* | Martha Ahrens | Hamburg | 342,0 | 120,71 | 200 |
| DGWN | Martha Christine | Hamburg | 223,5 | 78,89 | 120 |
| *DGWO* | August Peters | Hamburg | 1615,4 | 570,25 | 750 |
| DGWP | Emmalies Funk | Hamburg | 210,0 | 74,12 | 150 |
| DGWQ | Mary | Hamburg | 177,3 | 62,67 | 100 |
| DGWR | Matador | Hamburg | 297,4 | 104,98 | 90 |
| DGWS | Matador | Hamburg | 242,0 | 85,41 | 75 |
| DGWT | Matador II | Hamburg | 263,2 | 92,90 | 70 |
| DGWU | Mathilde | Hamburg | 315,3 | 111,32 | 75 |
| *DGWV* | Wilhelm Doerenkamp | Hamburg | 4833,9 | 1706,36 | 2520 |
| *DGWW* | Ozean | Hamburg | 814,1 | 287,36 | 300 |
| DGWX | Max | Hamburg | 79,9 | 28,20 | 60 |
| DGWY | Ernst Gaulke | Hamburg | 278,3 | 98,26 | 150 |
| DGWZ | Melpomene | Hamburg | 321,0 | 113,41 | 120 |
| *DGXA* | Memelland | Hamburg | 489,1 | 172,66 | 240 |
| DGXB | Meridian | Brake | 232,4 | 82,02 | 120 |
| DGXC | Merkur | Hamburg | 181,0 | 63,91 | 100 |
| DGXD | Meta | Hamburg | 273,8 | 96,65 | 75 |
| DGXE | Meta | Hamburg | 114,9 | 40,54 | 75 |
| *DGXF* | J. C. Ertel | Hamburg | 4516,4 | 1594,28 | 1380 |
| DGXH | Meta-Grete | Hamburg | 215,0 | 75,91 | 180 |
| *DGXI* | Meta Holst | Hamburg-Finkenwdr. | 74,1 | 26,15 | 180 |
| DGXJ | Ernst Uwe | Hamburg | 258,7 | 91,32 | 150 |
| DGXK | Meta Schröder | Hamburg-Finkenwdr. | 59,2 | 20,89 | 150 |
| DGXL | Meteor | Hamburg | 233,5 | 82,44 | 85 |
| *DGXN* | Methan | Hamburg | 964,9 | 340,61 | 350 |
| DGXO | Mimi | Hamburg | 219,4 | 77,46 | 75 |
| DGXP | Minna | Hamburg | 179,8 | 63,48 | 120 |

## DGXR — DGZP

| Unterscheidungssignale | Namen der Schiffe | Heimathafen der Schiffe | Kubikmeter Nettoraumgehalt | Registertons Nettoraumgehalt | PS |
|---|---|---|---|---|---|
| DGXR | Minna Catharina ... | Hamburg .......... | 234,6 | 82,81 | 90 |
| DGXS | Minna Marie........ | Hamburg .......... | 163,1 | 57,56 | 50 |
| *DGXT* | Klaus Turowsky .... | Hamburg .......... | 712,6 | 251,53 | 300 |
| DGXV | Möwe............. | Hamburg .......... | 180,4 | 63,68 | 75 |
| DGXW | Aenne Tänzler ...... | Hamburg .......... | 52,0 | 18,36 | 14 |
| *DGXX* | Monica ........... | Warsingsfehn ....... | 503,6 | 117,77 | 400 |
| *DGXY* | Otto.............. | Hamburg .......... | 1042,0 | 367,82 | 1200 |
| DGXZ | Mulli ............. | Hamburg .......... | 184,5 | 65,11 | 90 |
| DGYA | Muschi ........... | Hamburg-Finkenwdr. | 29,1 | 10,27 | 90 |
| DGYB | Najade ........... | Lübeck ........... | 141,2 | 49,83 | 320 |
| *DGYC* | Neckar ........... | Hamburg .......... | 546,9 | 193,07 | 300 |
| DGYD | Neptunes ......... | Hamburg .......... | 142,6 | 50,33 | 60 |
| DGYE | Nessdiek ......... | Hamburg-Finkenwdr. | 57,2 | 20,18 | 120 |
| *DGYF* | Neuenfelde ....... | Hamburg .......... | 281,6 | 99,42 | 200 |
| *DGYG* | Niederelbe ........ | Hamburg .......... | 562,5 | 198,57 | 150 |
| DGYH | Niedersachsen ...... | Hamburg .......... | 376,6 | 132,93 | 165 |
| DGYI | Niobe ............ | Hamburg .......... | 137,4 | 48,52 | 80 |
| DGYJ | Niobe ............ | Hamburg .......... | 199,4 | 70,40 | 75 |
| DGYK | Nixe ............. | Hamburg .......... | 198,0 | 69,91 | 90 |
| DGYL | Nobiskrug......... | Hamburg .......... | 452,4 | 159,69 | 175 |
| *DGYM* | Norden ........... | Hamburg .......... | 472,8 | 166,88 | 180 |
| *DGYN* | Grete Hauschildt ... | Hamburg .......... | 790,9 | 279,17 | 300 |
| *DGYO* | Clara Blumenfeld ... | Hamburg .......... | 4365,1 | 1540,88 | 1200 |
| DGYP | Nordmark......... | Hamburg .......... | 380,4 | 134,28 | 200 |
| *DGYQ* | Nordstern ........ | Hamburg-Finkenwdr. | 60,9 | 21,48 | 125 |
| *DGYR* | Ilse Russ ......... | Hamburg .......... | 1731,9 | 611,38 | 1575 |
| DGYS | Nymphe .......... | Wilhelmshaven ..... | 38,6 | 13,63 | 100 |
| *DGYT* | Nordwind+........ | Hamburg .......... | 2503,8 | 883,84 | 1400 |
| *DGYU* | Leipzig ........... | Hamburg .......... | 11257,2 | 3973,79 | 9000 |
| DGYV | Olga.............. | Hamburg .......... | 477,7 | 168,64 | 200 |
| DGYW | Ingrid Becker ...... | Rendsburg ........ | 394,5 | 139,25 | 108 |
| DGYX | Orion ............ | Hamburg .......... | 315,8 | 111,47 | 200 |
| *DGYY* | Lothareins ........ | Hamburg .......... | 697,4 | 239,83 | 305 |
| DGYZ | Oste ............. | Hamburg .......... | 136,5 | 48,17 | 100 |
| DGZA | Ostetal ........... | Hamburg .......... | 225,6 | 79,65 | 110 |
| *DGZB* | Ostmark .......... | Hamburg .......... | 485,0 | 171,22 | 560 |
| DGZC | Ostsee ........... | Hamburg .......... | 258,9 | 91,41 | 150/155 |
| DGZD | Pallos ............ | Hamburg .......... | 149,5 | 52,76 | 75 |
| *DGZF* | Margarete Peters+ .. | Hamburg .......... | 1804,4 | 636,96 | 800 |
| *DGZG* | Erik Seyd ........ | Hamburg .......... | 728,6 | 257,21 | 300 |
| DGZH | Peter ............ | Warsingsfehn ....... | 124,2 | 43,86 | 25 |
| *DGZI* | Luise Weitert....... | Hamburg .......... | 394,8 | 139,37 | 240/300 |
| DGZJ | Petrolina.......... | Hamburg .......... | 1006,0 | 355,11 | — |
| DGZK | Pinnau ........... | Hamburg .......... | 273,6 | 96,58 | 70 |
| *DGZL* | Nordstern ......... | Hamburg .......... | 13489,5 | 4761,80 | 4200 |
| *DGZM* | Widar ............ | Hamburg .......... | 8639,8 | 3049,86 | 3500 |
| DGZN | Pirat ............. | Hamburg .......... | 538,7 | 190,15 | 200 |
| *DGZO* | Leanna ........... | Hamburg .......... | 3902,8 | 1377,69 | 1400 |
| *DGZP* | Welheim+......... | Hamburg .......... | 14542,0 | 5133,32 | 6000 |

## DGZQ — DHBR

| Unterscheidungssignale | Namen der Schiffe | Heimathafen der Schiffe | Nettoraumgehalt Kubikmeter | Nettoraumgehalt Registertons | PS |
|---|---|---|---|---|---|
| *DGZQ* | Esteburg | Hamburg | 890,9 | 314,49 | 400 |
| DGZR | Polaris | Hamburg | 335,9 | 118,58 | 110 |
| DGZS | Polarstern | Hamburg | 126,2 | 44,54 | 60 |
| *DGZT* | Portia | Hamburg | 1255,1 | 443,04 | 800 |
| DGZU | Preciosa | Hamburg | 121,6 | 42,92 | 70 |
| DGZV | Presto | Hamburg | 39,5 | 13,95 | 85 |
| *DGZW* | Christian Goedeken | Hamburg | 766,3 | 270,52 | 1200 |
| DGZX | Regina | Hamburg | 138,5 | 48,90 | 70 |
| DGZY | Reina | Hamburg | 131,3 | 46,34 | 50 |
| *DGZZ* | Nordlicht | Hamburg | 483,5 | 170,68 | 300 |
| DHAB | Roland | Hamburg | 396,0 | 139,78 | 150 |
| *DHAC* | Peter S | Hamburg | 430,5 | 151,97 | 280/300 |
| DHAD | Rolf Hubert | Hamburg | 202,8 | 71,58 | 100 |
| *DHAE* | Esperanza$^+$ | Hamburg | 8064,6 | 2846,81 | 4200 |
| DHAF | Rügen | Flensburg | 14,0 | 4,99 | 35 |
| DHAG | Rungholt | Hamburg | 566,5 | 199,99 | 200 |
| *DHAI* | Aristid | Hamburg | 18297,2 | 6458,91 | 4500 |
| *DHAJ* | Nordland$^+$ | Hamburg | 13643,2 | 4816,04 | 4200 |
| *DHAL* | Troyburg$^+$ | Hamburg | 6920,0 | 2442,77 | 3600 |
| *DHAM* | Orion II | Hamburg | 930,2 | 328,37 | 430 |
| DHAN | Schlei | Hamburg | 155,9 | 55,04 | 120 |
| DHAO | Schwalbe | Hamburg | 436,5 | 154,08 | 120 |
| DHAP | Schwalbe | Hamburg | 106,9 | 37,73 | 125 |
| DHAQ | Schwalbe | Hamburg | 253,3 | 89,41 | 90 |
| DHAR | Schwalbe | Hamburg-Finkenwdr. | 73,4 | 13,32 | 90 |
| DHAS | Schwalbe II | Hamburg | 237,1 | 83,71 | 150 |
| DHAT | Schwan | Rendsburg | 71,8 | 25,35 | 50 |
| DHAU | Seeadler | Hamburg | 109,9 | 38,78 | 80 |
| *DHAV* | Bayern | Leer | 282,1 | 99,57 | 300 |
| DHAW | Seefalke | Hamburg | 143,6 | 50,71 | 75 |
| *DHAX* | Tübingen | Hamburg | 10302,0 | 3636,60 | 9000 |
| DHAY | Seemöve | Hamburg | 214,9 | 75,85 | 150 |
| DHAZ | Seemöve | Hamburg | 191,8 | 67,70 | 50 |
| DHBA | Seestern | Kiel | 171,7 | 60,62 | 135 |
| DHBD | Selma | Hamburg | 455,7 | 160,87 | 150 |
| DHBE | Borkum | Hamburg | 322,6 | 113,86 | 200 |
| *DHBF* | Hertha Gerdau | Hamburg | 788,3 | 278,28 | 300 |
| DHBG | Siegfried Brey | Hamburg | 293,4 | 103,59 | 110 |
| DHBH | Käte Hinz | Hamburg | 391,9 | 138,36 | 180 |
| DHBI | Sirene | Brake | 243,8 | 86,07 | 70 |
| DHBJ | Sleipner | Hamburg | 249,2 | 87,97 | 80 |
| *DHBK* | Sleipner | Hamburg | 423,4 | 149,46 | 200 |
| *DHBL* | Cap Verde$^+$ | Hamburg | 15054,9 | 5314,36 | 7000 |
| DHBM | Sperber | Hamburg | 55,5 | 19,61 | 150 |
| DHBN | Spika | Hamburg | 157,4 | 55,55 | 60 |
| *DHBO* | Richard Kaselowski | Hamburg | 20683,6 | 7301,32 | 7200 |
| DHBP | Spongia | Hamburg | 97,1 | 34,29 | 90 |
| *DHBQ* | Stade | Hamburg | 428,4 | 151,21 | 590 |
| *DHBR* | Lucie Schulte | Hamburg | 3236,4 | 1142,46 | 1250 |

## DHBS — DHDR

| Unterscheidungssignale | Namen der Schiffe | Heimathafen der Schiffe | Kubikmeter (Nettoraumgehalt) | Registertons (Nettoraumgehalt) | PS |
|---|---|---|---|---|---|
| DHBS | Trude | Rendsburg | 433,3 | 152,94 | 165 |
| *DHBU* | Stör | Hamburg | 399,6 | 141,05 | 150 |
| DHBW | Käthe Brunckhorst | Hamburg | 425,1 | 150,07 | 300 |
| DHBX | Süderilw | Hamburg-Finkenwdr. | 45,8 | 16,16 | 125 |
| DHBY | Sülfmeister | Hamburg | 173,6 | 61,27 | 120 |
| *DHBZ* | Ingeborg | Hamburg | 1870,8 | 660,39 | 750 |
| DHCA | Taube | Hamburg | 134,7 | 47,56 | 40 |
| *DHCB* | Ubena | Hamburg | 8104,6 | 2860,92 | 5340 |
| DHCC | Taucher Flint I | Hamburg | 86,9 | 30,66 | 200 |
| DHCD | Taucher Flint II | Hamburg | 54,7 | 19,29 | 160 |
| DHCE | Taucher Flint III | Hamburg | 60,1 | 21,21 | 180 |
| DHCF | Taucherfahrzeug III | Hamburg | 45,4 | 16,02 | 65 |
| DHCG | Taucher Harmstorf 5 | Hamburg | 47,8 | 16,87 | 75 |
| DHCH | Taucher Harmstorf 6 | Hamburg | 23,2 | 8,20 | 50 |
| DHCI | Taucher Ottar Harmstorf IX | Hamburg | 274,6 | 96,92 | |
| DHCJ | Thea | Hamburg | 125,2 | 44,18 | 120 |
| DHCK | Thea | Hamburg | 300,2 | 105,97 | 100 |
| DHCL | Thomas | Hamburg | 790,8 | 279,16 | 250 |
| DHCO | Tine Schröder | Hamburg | 140,1 | 49,44 | 70 |
| DHCP | Tinka | Hamburg | 313,7 | 110,75 | 150 |
| DHCQ | Pionier | Bensersiel | 71,4 | 25,19 | 100 |
| DHCR | Treue | Hamburg | 394,8 | 139,38 | 214 |
| DHCS | Triton | Hamburg | 121,2 | 42,80 | 60 |
| DHCT | Undine | Hamburg | 422,6 | 149,17 | 150 |
| DHCU | Undine | Hamburg | 269,4 | 95,10 | 75 |
| DHCV | Uranus | Hamburg | 130,1 | 45,92 | 50 |
| *DHCW* | Göttingen | Hamburg | 10311,5 | 3639,94 | 9000 |
| DHCX | Uwe-Ursula | Hamburg | 295,4 | 104,26 | 180 |
| *DHCY* | Valborg | Hamburg | 473,1 | 167,01 | 150 |
| DHCZ | Vertrauen | Hamburg | 237,6 | 83,86 | 50 |
| DHDA | Elke Freese | Hamburg | 465,5 | 164,32 | 250 |
| DHDB | Geier | Hamburg | 78,2 | 27,61 | 250 |
| DHDC | Vorsetzen | Hamburg | 11,8 | 4,17 | 475 |
| DHDD | Vorwärts | Hamburg | 305,3 | 107,76 | 90 |
| DHDE | Vorwärts | Hamburg | 138,3 | 48,83 | 80 |
| *DHDF* | Carl Julius | Hamburg | 9112,3 | 3216,63 | 4000 |
| *DHDG* | Walküre | Hamburg | 279,8 | 98,75 | 120 |
| DHDH | Walter | Hamburg | 127,2 | 44,89 | 90 |
| DHDI | Walter | Hamburg | 122,0 | 43,06 | 100 |
| DHDJ | Marita | Haren/Ems | 385,2 | 135,97 | 200 |
| DHDK | Ane Jess | Rendsburg | 210,8 | 74,42 | 120 |
| DHDL | Wanda | Hamburg | 218,5 | 77,13 | 60 |
| *DHDM* | Urania | Osten | 342,8 | 121,00 | 190 |
| DHDN | Wega | Cuxhaven | 54,6 | 19,26 | 100 |
| DHDO | Weißer Greif | Eckernförde | 389,9 | 137,62 | 150 |
| *DHDQ* | Beate Bolten | Hamburg | 4149,2 | 1464,68 | 2300 |
| *DHDR* | Werner | Hamburg | 1358,0 | 479,39 | 650 |

## DHDS — DHFR

| Unterscheidungssignale | Namen der Schiffe | Heimathafen der Schiffe | Kubikmeter (Nettoraumgehalt) | Registertons (Nettoraumgehalt) | PS |
|---|---|---|---|---|---|
| DHDS | Weser | Hamburg | 749,2 | 264,45 | — |
| *DHDT* | Rothenburg | Hamburg | 4030,0 | 1422,61 | 3500 |
| DHDU | Wilfried | Hamburg | 424,7 | 149,93 | 150 |
| DHDV | Wilfriede Klünder | Hamburg | 292,5 | 103,25 | 100 |
| DHDW | Wilhelmina | Brake | 264,5 | 93,36 | 105 |
| DHDZ | Willida | Kiel | 138,1 | 48,74 | 75 |
| DHEA | Willy Charles | Hamburg | 244,7* | 86,36* | 525 |
| DHEB | Willy Marie | Hamburg | 280,8 | 99,13 | 110 |
| DHEC | Windhund | Hamburg | 322,0 | 113,66 | 150 |
| DHED | Wolf | Hamburg | 515,2 | 181,85 | 150 |
| DHEE | Arkona | Hamburg | 111,5 | 39,36 | 50 |
| DHEF | Wotan | Hamburg | 220,5 | 77,83 | 120 |
| DHEG | Woterküken | Büsum | 15,3 | 5,39 | 75 |
| *DHEH* | Mangan | Hamburg | 1643,4 | 580,12 | 850 |
| *DHEI* | Amalie C. Ertel | Hamburg | 2375,0 | 838,37 | 1370 |
| DHEJ | E. u. M. Schwimmkran IV | Hamburg | 1405,3 | 496,08 | — |
| *DHEK* | Dortmund | Hamburg | 11536,9 | 4072,54 | 9500 |
| DHEL | Pollux | Oldersum | 74,1 | 26,15 | 16/18 |
| DHEM | Fairplay V | Hamburg | 289,0* | 102,01* | 510 |
| *DHEN* | Erika Schulte | Hamburg | 1715,7 | 605,63 | 1470 |
| DHEO | Erna Liebisch | Hamburg | 497,4 | 175,57 | 330 |
| *DHEP* | Süd-West | Hamburg | 726,8 | 256,55 | 250 |
| DHEQ | Asgard | Hamburg | 23,1 | 8,16 | 45 |
| *DHER* | Paul | Hamburg | 660,2 | 233,05 | 250 |
| DHES | Ingeborg | Hamburg | 170,0 | 60,01 | 150 |
| *DHEU* | Stintfang | Hamburg | 4462,2 | 1575,17 | 3500 |
| DHEV | Helmut | Hamburg | 158,1 | 55,82 | 100 |
| DHEW | Aufbau | Hamburg | 408,0 | 141,47 | 300 |
| *DHEX* | Emma Sauber | Hamburg | 4288,5 | 1513,84 | 1320 |
| *DHEY* | Emsriff | Hamburg | 9030,7 | 3187,83 | 1800 |
| DHEZ | Bergungsschute 4 | Hamburg | 246,3 | 86,95 | — |
| DHFA | Bugsier 11 | Hamburg | 68,1 | 24,05 | 850 |
| *DHFB* | Oda | Hamburg | 681,2 | 240,45 | 330 |
| *DHFC* | Martha Russ | Hamburg | 2119,0 | 748,01 | 1200 |
| *DHFD* | Brook | Hamburg | 2252,3 | 795,08 | 1250 |
| DHFE | Adolph | Hamburg | 98,2 | 34,67 | 250 |
| *DHFF* | Dorothea Weber | Hamburg | 691,0 | 243,92 | 250 |
| *DHFG* | Juliane Schröder | Hamburg | 1802,7 | 636,35 | 1500 |
| *DHFH* | Klaus Wilhelm | Hamburg | 513,2 | 181,17 | 360 |
| *DHFI* | Nesserland | Hamburg | 1409,4 | 497,52 | 570 |
| DHFJ | Rothebude | Hamburg | 185,0 | 65,30 | 250 |
| DHFK | Helgoland | Husum | 18,2 | 6,43 | 100 |
| DHFL | Hans | Hamburg | 38,9 | 13,72 | 150 |
| DHFM | Bugsier 9 | Hamburg | 44,9 | 15,86 | 470 |
| DHFN | Meta | Hamburg | 192,1 | 67,80 | 130 |
| *DHFP* | Tanganjika | Hamburg | 7610,6 | 2686,55 | 4600 |
| *DHFQ* | Rudolf Oetker | Hamburg | 20678,3 | 7299,45 | 7200 |
| *DHFR* | Cranz | Hamburg | 610,8 | 215,60 | 250 |

* = Bruttoraumgehalt.

## DHFS — DHHP

| Unterscheidungs-signale | Namen der Schiffe | Heimathafen der Schiffe | Kubikmeter Nettoraumgehalt | Registertons Nettoraumgehalt | PS |
|---|---|---|---|---|---|
| DHFS | Johannes Friedrich . | Hamburg .......... | 294,7 | 104,04 | 120 |
| DHFT | Gertrud.......... | Hamburg .......... | 161,5 | 57,00 | 75 |
| DHFU | Carlshütte IV....... | Rendsburg ......... | 110,4 | 38,96 | 50 |
| *DHFV* | E. Russ ............ | Hamburg .......... | 2102,5 | 742,18 | 1200 |
| *DHFW* | Wilhelmine Essberger ........ | Hamburg .......... | 20579,2 | 7264,54 | 7200 |
| *DHFX* | Ludwigshafen ...... | Hamburg .......... | 11279,4 | 3981,61 | 9000 |
| *DHFY* | Norderney ......... | Cuxhaven ......... | 421,9 | 148,92 | 600 |
| *DHFZ* | Transmichigan ..... | Hamburg .......... | 2423,8 | 855,61 | 700 |
| DHGA | Genius........... | Hamburg .......... | 387,0 | 136,59 | 200 |
| *DHGB* | Hermann-Hans ..... | Hamburg .......... | 521,0 | 183,91 | 250 |
| *DHGC* | Tilly Russ.......... | Hamburg .......... | 2129,0 | 751,53 | 1200 |
| *DHGD* | Charlotte Schröder .. | Hamburg .......... | 3195,2 | 1127,90 | 1250 |
| *DHGE* | Welle ............ | Hamburg .......... | 369,9 | 140,10 | 350 |
| *DHGF* | Garlstorf........... | Hamburg .......... | 1440,9 | 508,65 | 550 |
| DHGG | Cormoran II ....... | Hamburg .......... | 471,0 | 166,27 | 2 × 300 |
| DHGH | Carla ............. | Hamburg .......... | 128,6 | 45,39 | 75 |
| DHGI | Adele ............ | Hamburg .......... | 189,9 | 70,23 | 105 |
| *DHGJ* | Lucy Essberger + .... | Hamburg .......... | 4101,0 | 1447,66 | 1200 |
| DHGK | Berta-Marie ........ | Hamburg .......... | 61,8 | 21,81 | |
| *DHGL* | Friedel ........... | Hamburg .......... | 415,7 | 146,74 | 250 |
| *DHGM* | Este ............. | Hamburg .......... | 566,0 | 199,79 | 250 |
| DHGN | Erna ............. | Hamburg .......... | 139,5 | 49,25 | 30 |
| *DHGO* | Lucetta............ | Hamburg .......... | 460,2 | 162,47 | 300 |
| *DHGP* | Pergamon ......... | Hamburg .......... | 6084,4 | 2147,80 | 4500 |
| DHGQ | Hans Hermann ..... | Hamburg .......... | 559,4 | 197,48 | 250 |
| *DHGR* | Thetis ............ | Hamburg .......... | 765,2 | 270,11 | 250 |
| DHGS | Herta Giese ....... | Hamburg .......... | 471,0 | 166,27 | 2 × 300 |
| *DHGT* | Leopard .......... | Hamburg .......... | 511,9 | 180,71 | 250 |
| *DHGU* | Robert Bornhofen + . | Hamburg .......... | 9614,6 | 3393,96 | 3800 |
| DHGW | Annaliese Wehlen ... | Hamburg .......... | 280,7 | 99,08 | 80 |
| *DHGX* | Esso München ..... | Hamburg .......... | 28594,7 | 10093,92 | 12700 |
| *DHGY* | Sonderburg ........ | Hamburg .......... | 31,3 | 11,04 | 640 |
| *DHGZ* | Hamburg .......... | Hamburg .......... | 724,7 | 255,81 | 250 |
| *DHHB* | Julius Pickenpack... | Hamburg .......... | 627,7 | 221,59 | 800 |
| *DHHC* | Seevogel .......... | Hamburg .......... | 2323,4 | 820,17 | 800 |
| DHHE | Christa Köncke ..... | Hamburg .......... | 471,0 | 166,27 | 2 × 300 |
| *DHHF* | Alfred ............ | Hamburg .......... | 1297,9 | 458,64 | 460 |
| DHHG | Tross ............ | Hamburg .......... | 117,8 | 41,59 | 105 |
| *DHHH* | Elisabeth Arlt ...... | Bremen............ | 2110,0 | 744,83 | 900 |
| *DHHI* | Reinbek .......... | Hamburg .......... | 4449,4 | 1588,29 | 1850 |
| *DHHJ* | Ella Feldtmann..... | Hamburg .......... | 612,7 | 216,27 | 250 |
| DHHK | Triton ............ | Hamburg .......... | 18,1 | 6,39 | 90 |
| *DHHL* | Dörte II .......... | Flensburg ......... | 444,8 | 157,03 | 250 |
| *DHHM* | Rheinland.......... | Hamburg .......... | 4562,4 | 1610 52 | 1200 |
| *DHHN* | Thor ............. | Hamburg .......... | 3440,4 | 1214,48 | 1800 |
| DHHO | Gretchen v. Allwörden ..... | Osten............. | 509,9 | 179,98 | 250 |
| *DHHP* | Edelgard ......... | Hamburg .......... | 391,6 | 138,24 | 250 |

## DHHQ — DHJN

| Unter-scheidungs-signale | Namen der Schiffe | Heimathafen | Kubikmeter (Nettoraumgehalt) | Registertons (Nettoraumgehalt) | PS |
|---|---|---|---|---|---|
| *DHHQ* | Vormann Rass | Hamburg | 1874,8 | 661,79 | 800 |
| *DHHR* | Paul Lübcke | Hamburg | 627,7 | 221,59 | 800 |
| *DHHS* | Doggerbank | Hamburg | 57,3 | 20,21 | 150 |
| *DHHT* | Hamburg | Hamburg | 14951,6 | 5277,93 | 10560 |
| *DHHU* | Wolfsburg | Hamburg | 9318,8 | 3289,53 | 3100 |
| *DHHV* | Mühlheim-Ruhr | Hamburg | 6354,7 | 2243,20 | 2 × 950 |
| DHHW | Anita Hauschildt | Hamburg | 341,5 | 120,54 | 180 |
| *DHHX* | Thüringen | Hamburg | 827,0 | 291,93 | 250 |
| *DHHY* | Harald Schröder | Hamburg | 2241,8 | 791,34 | 1250 |
| *DHHZ* | Transerie | Hamburg | 2389,3 | 843,41 | 1120 |
| *DHIA* | Midgard | Hamburg | 3495,8 | 1234,03 | 1300 |
| *DHIB* | Rügen | Hamburg | 657,2 | 231,98 | 250 |
| DHIC | Simson | Hamburg | 690,7 | 243,81 | — |
| DHID | Klaus | Hamburg | 143,6 | 50,69 | 125 |
| DHIE | Annemarie Renate | Hamburg | 391,0 | 138,01 | 300 |
| *DHIF* | Martha Peters | Hamburg | 1833,6 | 647,23 | 900 |
| *DHIG* | Claus Möller | Hamburg | 627,1 | 221,59 | 800 |
| *DHIH* | Hanseat | Hamburg | 675,9 | 238,60 | 250 |
| *DHII* | Levensau | Hamburg | 1515,6 | 534,99 | 1430 |
| DHIJ | Weser | Hamburg | 566,8 | 200,10 | — |
| *DHIK* | Tetuan | Hamburg | 2365,6 | 835,06 | 1450 |
| *DHIL* | Wiking | Hamburg | 576,7 | 203,57 | 520 |
| *DHIM* | Jan Peter | Hamburg | 415,5 | 146,66 | 300 |
| DHIN | Matador | Hamburg | 149,9* | 52,74* | 280 |
| *DHIO* | Otto Schubert | Hamburg | 691,0 | 243,92 | 800 |
| *DHIP* | Fritz Hugo Stinnes | Hamburg | 2081,5 | 734,78 | 800 |
| DHIQ | Peter | Hamburg | 435,8 | 160,19 | 175 |
| *DHIR* | Maria Numssen | Hamburg | 865,4 | 302,30 | 300 |
| DHIS | Gebina | Haren/Ems | 1061,3 | 374,63 | 300 |
| *DHIT* | Wolfgang Russ | Hamburg | 4523,5 | 1596,81 | 4000 |
| *DHIU* | Holger | Hamburg | 2548,2 | 899,51 | 1165 |
| *DHIV* | Tanga | Hamburg | 9532,7 | 3365,06 | 2× 2000 |
| *DHIW* | Wotan | Hamburg | 177,3 | 62,58 | 2×850 |
| *DHIX* | Joachim Schulte | Hamburg | 9357,1 | 3303,06 | 2800 |
| *DHIY* | Senior | Hamburg | 4056,8 | 1749,74 | 1550 |
| *DHIZ* | Stralsund | Hamburg | 429,9 | 151,74 | 750 |
| *DHJA* | Almut | Hamburg | 2465,4 | 870,29 | 900 |
| *DHJB* | Rita | Hamburg | 678,0 | 239,34 | 250 |
| *DHJC* | Quadriga | Hamburg | 4888,4 | 1724,29 | 5200 |
| *DHJE* | Matthias Föcher | Hamburg | 609,5 | 215,15 | 880 |
| *DHJF* | Alteland | Hamburg | 561,2 | 198,11 | 850 |
| *DHJG* | Esso Baltic | Hamburg | 15764,3 | 5564,80 | 2× 1500 |
| *DHJH* | Bahrenfeld | Hamburg | 428,4 | 151,23 | 970 |
| *DHJI* | Bellatrix | Hamburg | 6877,3 | 2427,70 | 1750 |
| *DHJJ* | Falkenberg | Hamburg | 2622,4 | 925,70 | 750 |
| *DHJK* | Anton Castens | Hamburg | 1693,3 | 597,75 | 700 |
| *DHJL* | Arktis | Hamburg | 291,7 | 102,99 | 550 |
| DHJM | Bertha | Hamburg | 94,1 | 33,33 | 60 |
| *DHJN* | Keitum | Rendsburg | 2549,0 | 899,79 | 1600 |

* = Bruttoraumgehalt.

DHJO — DHLO

| Unterscheidungssignale | Namen der Schiffe | Heimathafen der Schiffe | Kubikmeter Nettoraumgehalt | Registertons Nettoraumgehalt | PS |
|---|---|---|---|---|---|
| *DHJO* | Lühesand | Hamburg | 1232,9 | 435,22 | 700 |
| *DHJP* | Ludwigsburg+ | Hamburg | 6831,9 | 2411,67 | 3600 |
| *DHJQ* | Frieden | Hamburg | 6957,1 | 2455,86 | 1750 |
| *DHJR* | Heinrich Colsmann | Hamburg | 561,2 | 198,11 | 800 |
| *DHJS* | Cordelia | Hamburg | 3140,5 | 1108,59 | 1000 |
| *DHJT* | Burstah | Hamburg | 1841,0 | 649,86 | 2200 |
| *DHJU* | Änne-Ursula | Hamburg | 463,7 | 163,70 | 250 |
| *DHJV* | Antilope | Hamburg | 719,9 | 254,12 | 250 |
| *DHJW* | Harriet Siedler | Hamburg | 3272,3 | 837,42 | 700 |
| *DHJX* | Ursula Schulte | Hamburg | 7018,2 | 2477,43 | 4000 |
| *DHJZ* | Morsum | Rendsburg | 2549,0 | 899,79 | 1600 |
| *DHKA* | Barmbek | Hamburg | 428,4 | 151,23 | 970 |
| *DHKB* | Korbach | Hamburg | 3070,0 | 1083,70 | 1650 |
| *DHKC* | Seeadler | Hamburg | 200,2 | 70,67 | 125 |
| *DHKD* | Claus Böge | Hamburg | 3581,8 | 1264,38 | 1200 |
| *DHKE* | Hilda-Rebecka | Hamburg | 654,2 | 230,94 | 250 |
| *DHKF* | Kapmöwe | Lübeck | 1533,1 | 541,18 | 800 |
| *DHKG* | Glückauf | Hamburg | 8123,3 | 2867,54 | 2900 |
| *DHKH* | Carl | Hamburg | 1556,0 | 549,26 | 600 |
| *DHKI* | Winnetou | Hamburg | 10810,6 | 3816,16 | 3500 |
| DHKJ | Günther Schulte | Hamburg | 7041,3 | 2485,58 | 2240 |
| *DHKK* | MargaretheReckmann | Hamburg | 632,1 | 223,13 | 800 |
| *DHKL* | Saxonia | Hamburg | 3054,0 | 1078,06 | 800 |
| *DHKM* | Najade+ | Hamburg | 2274,9 | 803,02 | 925 |
| DHKN | Bugsier 8 | Hamburg | 68,1 | 24,05 | 850 |
| *DHKO* | Cap Ortegal+ | Hamburg | 14984,8 | 5289,63 | 7200 |
| *DHKP* | Annemarie Krüger | Hamburg | 1898,2 | 670,07 | 850 |
| *DHKQ* | Brunsbüttel | Hamburg | 4588,9 | 1619,88 | 5140 |
| DHKR | Mobil Oil | Hamburg | 88,8 | 31,34 | 90 |
| DHKS | Ägäis | Hamburg | 401,5 | 141,73 | 250 |
| *DHKT* | Otto Porr | Hamburg | 764,3 | 269,79 | 500 |
| *DHKV* | Lystum | Rendsburg | 2552,7 | 901,12 | 1600 |
| *DHKW* | Nobistor+ | Hamburg | 7030,5 | 2481,75 | 3000 |
| *DHKX* | Nordenham+ | Hamburg | 2102,2 | 742,00 | 1000 |
| *DHKY* | Franz Mathies | Hamburg | 1285,8 | 453,90 | 550 |
| *DHLA* | Oldenburg | Hamburg | 1861,9 | 657,24 | 2×700 |
| *DHLB* | W. Th. Stratmann | Hamburg | 463,5* | 163,62* | 1140 |
| *DHLC* | Wilhelm Russ | Hamburg | 1514,4 | 534,58 | 675 |
| *DHLE* | Coburg | Hamburg | 3507,2 | 1238,04 | 1600 |
| *DHLF* | Sylvia | Hamburg | 908,3 | 320,62 | 660 |
| *DHLG* | Martin Lütje | Hamburg | 790,6 | 279,10 | 300 |
| *DHLH* | Günther Russ | Hamburg | 1526,4 | 538,81 | 675 |
| *DHLI* | Glückauf | Hamburg | 491,4 | 173,46 | 250 |
| DHLJ | Pollux | Hamburg | 86,1 | 30,38 | 24 |
| *DHLK* | Krautsand | Hamburg | 399,1 | 137,70 | 250 |
| *DHLL* | John Aug. Essberger | Hamburg | 15190,0 | 5362,06 | 2800 |
| *DHLM* | Las Palmas+ | Hamburg | 4926,6 | 1739,10 | 2×1000 |
| *DHLN* | Holstein | Hamburg | 7454,4 | 2631,40 | 1750 |
| *DHLO* | Berlin | Hamburg | 9179,5 | 3240,38 | 2600 |

* = Bruttoraumgehalt.

| Unterscheidungssignale | Namen der Schiffe | Heimathafen der Schiffe | Kubikmeter Nettoraumgehalt | Registertons Nettoraumgehalt | PS |
|---|---|---|---|---|---|
| *DHLP* | Beteigeuze | Hamburg | 7896,6 | 2777,96 | 1800 |
| *DHLQ* | Rabat | Hamburg | 1860,7 | 656,82 | 2400 |
| *DHLR* | Wilhelm Bornhofen | Hamburg | 5229,3 | 1845,95 | 1450 |
| *DHLS* | Kapt. Jan Reinecke | Hamburg | 1994,5 | 704,06 | 920 |
| *DHLT* | Blinkfuer | Hamburg-Finkenwdr. | 59,3 | 20,92 | 120 |
| *DHLU* | Tenerife+ | Hamburg | 4953,6 | 1748,63 | 2000 |
| *DHLV* | Else Hugo Stinnes | Hamburg | 3873,3 | 1367,27 | 1950 |
| *DHLW* | Köhlfleet | Hamburg | 420,7 | 148,52 | 250 |
| *DHLX* | Maria Weitert | Hamburg | 2739,3 | 966,97 | 700 |
| *DHLY* | Kolonius | Hamburg | 8041,5 | 2838,65 | 1750 |
| *DHLZ* | Tanger+ | Hamburg | 4946,3 | 1746,05 | 2000 |
| *DHMA* | Mai Rickmers | Hamburg | 7909,7 | 2792,14 | 1700 |
| *DHMB* | Irma-Renate | Kiel-Friedrichsort | 61,6 | 21,73 | 150 |
| *DHMC* | Ellen Hugo Stinnes | Hamburg | 6119,2 | 2160,08 | 2000 |
| *DHMD* | Jacob Becker | Hamburg | 903,7 | 319,01 | 300 |
| *DHME* | Hoechst | Hamburg | 11321,3 | 3996,43 | 9000 |
| *DHMF* | Brandenburg | Hamburg | 4146,3 | 1463,64 | 2350 |
| *DHMG* | Messina+ | Hamburg | 3548,8 | 1252,73 | 2000 |
| DHMH | Luise | Hamburg | 17,6 | 6,23 | 40 |
| *DHMI* | Svealand+ | Hamburg | 3484,2 | 1229,93 | 2400 |
| *DHMJ* | Algier+ | Hamburg | 3548,5 | 1252,63 | 2400 |
| *DHMK* | Heinrich Ihde | Hamburg | 546,8 | 193,03 | 750 |
| *DHML* | Lisboa | Hamburg | 1858,6 | 665,10 | 1400 |
| *DHMM* | Manfred Stansfield | Hamburg | 9584,7 | 3383,39 | 2000 |
| DHMN | Bugsier 10 | Hamburg | 44,9 | 15,86 | 470 |
| *DHMO* | Valencia | Hamburg | 3566,0 | 1258,79 | 2400 |
| *DHMP* | Santa Ursula | Hamburg | 11612,6 | 4099,25 | 3600 |
| *DHMQ* | Niedersachsen+ | Hamburg | 6888,2 | 2431,54 | 4540 |
| *DHMR* | Marabu+ | Hamburg | 1380,2 | 487,20 | 540 |
| *DHMS* | Hai | Hamburg | 34,2 | 12,06 | 120 |
| *DHMT* | Hecht | Hamburg | 34,2 | 12,06 | 120 |
| *DHMU* | Timandra | Hamburg | 640,0 | 225,90 | 800 |
| *DHMV* | Palermo+ | Hamburg | 3562,3 | 1257,50 | 2400 |
| *DHMX* | Norrland | Hamburg | 3487,0 | 1230,91 | 1600 |
| *DHMY* | Elbstrom | Hamburg | 555,3 | 196,03 | 300 |
| DHMZ | Marianne | Hamburg | 74,9 | 26,44 | 18 |
| *DHNA* | Sankt Johann | Hamburg | 2848,7 | 1005,58 | 1200 |
| *DHNB* | Atlantic | Hamburg | 12031,2 | 4247,01 | 2250 |
| *DHNC* | Hannover | Leer | 524,7 | 185,21 | 560 |
| *DHND* | Antje | Heiligenhafen | 62,9 | 22,20 | 120 |
| *DHNE* | Jersbek | Hamburg | 2855,4 | 1007,97 | 1850 |
| *DHNF* | Benno | Hamburg | 3631,8 | 1282,02 | 2000 |
| *DHNG* | Planet | Hamburg | 737,9 | 260,46 | 300 |
| *DHNH* | Ruhrland | Hamburg | 1277,4 | 450,94 | 760 |
| DHNI | Helga I | Hamburg | 136,9 | 48,33 | 35 |
| *DHNJ* | Steinhöft | Hamburg | 1428,4 | 504,21 | 1500 |
| *DHNK* | Esther Schulte | Hamburg | 8078,9 | 2851,87 | 2100 |
| *DHNL* | Santa Elena | Hamburg | 11607,5 | 4097,45 | 4000 |
| *DHNM* | Burkhard Bröhan+ | Hamburg | 3716,4 | 1311,90 | 1650 |

## DHNN — DHPK

| Unterscheidungssignale | Namen der Schiffe | Heimathafen | Kubikmeter Nettoraumgehalt | Registertons Nettoraumgehalt | PS |
|---|---|---|---|---|---|
| *DHNN* | Titania | Hamburg | 640,0 | 225,92 | 800 |
| *DHNO* | Käthe Jonas+ | Hamburg | 947,3 | 334,39 | 300 |
| DHNP | Helene | Kiel | 52,7 | 18,62 | 18 |
| *DHNQ* | Medemsand | Hamburg | 1873,5 | 661,34 | 1200 |
| DHNR | Leichter 1 | Hamburg | 943,8 | 333,17 | — |
| *DHNS* | Klaus Schoke | Hamburg | 9241,4 | 3262,22 | 3000 |
| *DHNT* | Lina Robert Müller | Hamburg | 2185,1 | 771,35 | 1480 |
| *DHNU* | Petra | Hamburg | 1111,9 | 392,49 | 1040 |
| *DHNV* | Aegir | Hamburg | 8520,90 | 3007,88 | 3500 |
| *DHNW* | Achilles | Hamburg | 814,7 | 287,59 | 300 |
| DHNX | Ganges | Hamburg | 16257,0 | 5738,74 | 3300 |
| *DHNY* | Duisburg | Hamburg | 4180,7 | 1475,78 | 2350 |
| *DHNZ* | Elisabeth Bornhofen | Hamburg | 3387,0 | 1195,63 | 2300 |
| *DHOA* | L. F. Mathies | Hamburg | 1931,5 | 681,83 | 750 |
| *DHOB* | Liselotte Essberger | Hamburg | 3604,9 | 1272,54 | 1200 |
| *DHOC* | Proteus | Hamburg | 4284,1 | 1512,28 | 4100 |
| *DHOD* | Hans Hinnick | Hamburg | 65,9 | 23,28 | 1500 |
| *DHOE* | Odenwald | Hamburg | 8043,1 | 2839,21 | 4200 |
| *DHOF* | Neuwerk | Hamburg | 398,2 | 140,57 | 300 |
| *DHOG* | Rehhorst | Hamburg | 2142,4 | 756,26 | 900 |
| *DHOH* | Wittorf | Hamburg | 2028,2 | 715,97 | 900 |
| *DHOI* | Heluan | Hamburg | 2423,4 | 855,46 | 1200 |
| *DHOJ* | Ostpreussen+ | Hamburg | 8523,1 | 3008,64 | 2000 |
| *DHOK* | Atlanta | Hamburg | 1389,7 | 490,58 | 1400 |
| *DHOL* | Scharhörn | Hamburg | 1460,7 | 515,64 | 1250 |
| *DHOM* | Cremon | Hamburg | 642,8 | 226,89 | 800 |
| DHON | Eider | Hamburg | 1076,5 | 380,00 | — |
| *DHOO* | Hermes | Hamburg | 679,9 | 240,01 | 300 |
| *DHOP* | Herta Johanne III | Hamburg | 416,0 | 146,85 | 300 |
| *DHOR* | Stör I | Hamburg | 603,6 | 213,08 | 500 |
| DHOS | Pollux | Hamburg | 77,9* | 27,50* | 200 |
| *DHOT* | Paula | Hamburg | 396,6 | 140,00 | 250 |
| *DHOU* | Perseus | Hamburg | 4284,1 | 1512,28 | 4100 |
| *DHOV* | Bernd Wesch | Hamburg | 2336,5 | 824,79 | 900 |
| DHOW | Ocean | Hamburg | 138,2 | 48,79 | 75 |
| *DHOX* | Spreewald | Hamburg | 8120,9 | 2866,66 | 4200 |
| DHOY | Esso 61 | Hamburg | 88,4 | 31,21 | 88 |
| *DHOZ* | Krautsand | Hamburg | 917,0 | 323,70 | 750 |
| *DHPA* | Fairplay I. | Hamburg | 19,7 | 6,95 | 970 |
| *DHPB* | Adolf Leonhardt | Hamburg | 11272,8 | 3379,28 | 3500 |
| *DHPC* | Santa Catarina | Hamburg | 11651,6 | 4113,01 | 3520 |
| *DHPD* | Seefalke | Hamburg | 60,5 | 21,36 | 125 |
| *DHPE* | Vangard | Hamburg | 2660,2 | 939,06 | 840 |
| *DHPF* | Frieda Peters | Hamburg | 1877,1 | 662,60 | 1050 |
| *DHPG* | Hornfels | Hamburg | 6386,8 | 2254,53 | 2700 |
| *DHPH* | Stadeland | Bremen | 763,4 | 269,50 | 300 |
| *DHPI* | Pinguin | Hamburg | 37,6 | 13,26 | 150 |
| *DHPJ* | Max Bornhofen | Hamburg | 8241,2 | 2909,16 | 1740 |
| *DHPK* | Reinhart Lorenz Russ | Hamburg | 4261,2 | 1504,19 | 2800 |

* = Bruttoraumgehalt.

## DHPL — DHRG

| Unterscheidungssignale | Namen der Schiffe | Heimathafen der Schiffe | Kubikmeter Nettoraumgehalt | Registertons Nettoraumgehalt | PS |
|---|---|---|---|---|---|
| *DHPL* | August Bolten | Hamburg | 4236,6 | 1495,50 | 2300 |
| *DHPM* | Heimo Reckmann | Hamburg | 958,2 | 338,35 | 1200 |
| *DHPN* | Gretchen Müller | Hamburg | 1496,4 | 528,22 | 1100 |
| DHPO | Kaltehofe | Hamburg | 268,4 | 94,75 | 150 |
| *DHPP* | Transvaal | Hamburg | 6202,1 | 2189,34 | 3300 |
| DHPQ | Esso 65 | Hamburg | 93,2 | 32,89 | 120 |
| DHPR | Diana | Hamburg | 75,6 | 26,70 | 108 |
| *DHPS* | Continent | Hamburg | 9491,7 | 3350,57 | 3360 |
| *DHPT* | Hornsund | Hamburg | 6392,4 | 2256,53 | 2700 |
| DHPU | Bruno | Hamburg | 136,1 | 48,03 | 40 |
| *DHPV* | Amrum | Hamburg | 1714,9 | 605,37 | 1200 |
| DHPW | Flensburg | Flensburg | 208,7* | 73,66* | 350 |
| *DHPX* | Athen | Hamburg | 4270,1 | 1507,34 | 2750 |
| *DHPY* | Hermann Sauber | Hamburg | 3942,6 | 1391,73 | 1700 |
| *DHPZ* | Angelburg | Hamburg | 4298,6 | 1517,42 | 4800 |
| *DHQA* | Monika | Hamburg | 1450,8 | 512,15 | 1000 |
| *DHQC* | Flottbek | Hamburg | 3723,7 | 1314,48 | 2200 |
| *DHQD* | Kamerun | Hamburg | 6163,9 | 2186,45 | 3330 |
| DHQE | Anni | Hamburg | 106,0 | 37,42 | 36 |
| *DHQF* | Hildegard Peters | Hamburg | 2727,7 | 962,87 | 950 |
| *DHQG* | Tarpenbek | Hamburg | 3694,0 | 1303,98 | 1875 |
| *DHQH* | Ernst Blumenfeld+ | Hamburg | 7869,2 | 2777,83 | 2400 |
| *DHQI* | Ehrenfeld | Hamburg | 3334,6 | 1177,11 | 1400 |
| *DHQJ* | Burg Sparrenberg | Hamburg | 6699,8 | 2365,02 | 3500 |
| *DHQK* | Kapitän Schröder | Hamburg | 477,4 | 168,54 | 750 |
| *DHQL* | Pegasus | Hamburg | 4295,3 | 1516,28 | 5100 |
| *DHQM* | Eifeltal | Bremen | 1461,8 | 516,02 | 750 |
| DHQN | Jan | Hamburg | 144,4 | 50,99 | 750 |
| *DHQO* | Hildegard Z. Nimtz+ | Hamburg | 5849,5 | 2064,86 | 2300 |
| *DHQP* | Konsul Nimtz | Hamburg | 7144,7 | 2522,09 | 2300 |
| *DHQQ* | Otterberg | Cuxhaven | 2830,5 | 999,16 | 900 |
| *DHQR* | Santa Isabel | Hamburg | 11618,1 | 4101,19 | 3520 |
| DHQS | Onabe | Hamburg | 110,2 | 36,89 | 250 |
| *DHQT* | Heinrich Grammerstorf | Kiel | 7649,6 | 2700,30 | 2×1200 |
| *DHQU* | Nady | Hamburg | 2607,0 | 920,26 | 1000 |
| *DHQV* | Assel | Hamburg | 787,5 | 277,98 | 300 |
| *DHQW* | Oste I | Hamburg | 603,1 | 212,90 | 2×250 |
| *DHQX* | Moseltal | Hamburg | 1461,8 | 516,02 | 800 |
| *DHQY* | Anita | Hamburg | 6702,5 | 2365,97 | 4000 |
| *DHQZ* | Helga Böge | Hamburg | 3730,4 | 1316,83 | 1450 |
| *DHRA* | Otto Blumenfeld | Hamburg | 4698,8 | 1658,69 | 1500 |
| *DHRB* | Teutonia | Hamburg | 2161,2 | 762,89 | 655 |
| *DHRC* | Magdeburg | Hamburg | 4183,2 | 1476,67 | 2350 |
| *DHRD* | Nigeria | Hamburg | 6188,2 | 2184,45 | 2750 |
| *DHRE* | Else Müller | Hamburg | 1493,7 | 527,27 | 1150 |
| *DHRF* | Marga | Hamburg | 7674,9 | 2709,23 | 2200 |
| *DHRG* | Johann Haltermann | Hamburg | 3203,2 | 1130,73 | 1680 |

* = Bruttoraumgehalt.

## DHRH — DIBE

| Unterscheidungssignale | Namen der Schiffe | Heimathafen der Schiffe | Kubikmeter Nettoraumgehalt | Registertons Nettoraumgehalt | PS |
|---|---|---|---|---|---|
| *DHRH* | Eilenau | Hamburg | 8874,2 | 3132,59 | 2800 |
| *DHRI* | Poseidon | Hamburg | 9287,9 | 3275,63 | 4000 |
| *DHRJ* | Porto+ | Hamburg | 2383,0 | 841,21 | 1470 |
| DHRK | Sarrius | Hamburg | 76,9 | 27,16 | 25 |
| *DHRL* | Holnis | Hamburg | 7654,4 | 2702,03 | 2000 |
| *DHRM* | Jacob Rüsch+ | Hamburg | 1479,1 | 522,11 | 300 |
| DHRN | Albert | Hamburg | 161,1 | 56,88 | 120 |
| *DHRO* | Claus Bischoff | Hamburg | 7473,3 | 2638,08 | 1700 |
| DHRP | Klara Köpke | Hamburg | 94,2 | 33,25 | 40 |
| *DHRQ* | Transontario | Hamburg | 2150,0 | 758,96 | 1400 |
| *DHRR* | Niedermehnen | Hamburg | 635,4 | 224,28 | 850 |
| *DHRS* | Steinberg | Hamburg | 1792,1 | 632,62 | 660 |
| *DHRT* | Rolf | Hamburg | 423,9 | 149,64 | 250 |
| *DHRU* | Rügen | Hamburg | 1228,4 | 433,63 | 860 |
| DHRV | Habicht | Lübeck | 144,7* | 51,06* | 400 |
| *DHRW* | Olga | Hamburg | 11082,6 | 3912,15 | 2000 |
| *DHRX* | Isebek | Hamburg | 764,9 | 270,00 | 520 |
| DHRZ | Taucher Ottar Harmsdorf IV | Hamburg | 94,9* | 33,50* | 325 |
| *DIAA* | Desdemona | Hamburg | 3296,5 | 1163,68 | 1470 |
| *DIAB* | Atlantik | Hamburg | 6076,9 | 2145,14 | 3000 |
| *DIAC* | Helga Bolten | Hamburg | 14813,7 | 5229,23 | 2200 |
| DIAD | Esso 62 | Hamburg | 78,5 | 27,72 | 90 |
| *DIAE* | Peter Frese | Hamburg | 410,3 | 144,83 | 250 |
| *DIAF* | Schwinge I | Hamburg | 599,7 | 211,69 | 500 |
| DIAG | Electra | Bremen | 1461,8 | 516,02 | 800 |
| *DIAH* | Osterbek | Hamburg | 765,1 | 270,08 | 520 |
| *DIAI* | Galata | Hamburg | 4266,0 | 1505,00 | 2750 |
| *DIAJ* | St. Michael | Hamburg | 3110,9 | 1098,15 | 2100 |
| *DIAK* | Hans Bröhan+ | Hamburg | 1817,4 | 641,56 | 1000 |
| DIAL | Koblenz | Hamburg | 56,2 | 19,83 | 400 |
| *DIAM* | Cleopatra | Hamburg | 3296,5 | 1163,68 | 1470 |
| *DIAN* | Baldur | Hamburg | 8630,6 | 3046,62 | 3500 |
| DIAO | Transportör II | Hamburg | 534,1 | 188,54 | 300 |
| DIAP | Komet | Hamburg | 46,6 | 16,44 | — |
| DIAQ | Paul Hoop | Hamburg | 526,2 | 185,73 | 300 |
| *DIAR* | Irmgard Pleuger+ | Hamburg | 3082,5 | 1088,13 | 1500 |
| *DIAS* | Amazonas | Hamburg | 3928,1 | 1386,64 | 2700 |
| DIAT | Mok Wi | Hamburg | 959,9 | 338,84 | 360 |
| *DIAU* | Roland Russ | Hamburg | 4292,0 | 1515,08 | 2750 |
| *DIAV* | Agnes Essberger | Hamburg | 801,4 | 282,91 | 360 |
| *DIAW* | Robert Weitert | Hamburg | 1923,3 | 678,94 | 1500 |
| *DIAY* | Fatima | Hamburg | 3110,9 | 1098,15 | 2680 |
| DIAZ | Helene | Hamburg | 127,0 | 44,84 | 36 |
| DIBA | Käthe-Marie | Hamburg | 685,0 | 241,81 | 300 |
| *DIBB* | Heilbronn | Hamburg | 1220,9 | 430,98 | 700 |
| *DIBC* | Leada | Hamburg | 3766,6 | 1329,60 | 1400 |
| DIBD | Martha | Hamburg-Finkenwdr. | 31,7 | 11,20 | 120 |
| DIBE | Hermann Tiedemann | Hamburg-Finkenwdr. | 53,7* | 18,96* | — |

* = Bruttoraumgehalt

## DIBF — DIDG

| Unterscheidungssignale | Namen der Schiffe | Heimathafen der Schiffe | Nettoraumgehalt Kubikmeter | Nettoraumgehalt Registertons | PS |
|---|---|---|---|---|---|
| *DIBF* | Vulkan | Hamburg | 6820,3 | 2407,55 | 4200 |
| *DIBH* | Pazifik | Hamburg | 6145,5 | 2169,35 | 3000 |
| *DIBI* | Esso Bolivar | Hamburg | 17100,6 | 6036,51 | 3600 |
| *DIBJ* | Werratal | Hamburg | 3546,4 | 1251,87 | 2560 |
| *DIBK* | Mercur | Flensburg | 1471,3 | 519,86 | 900 |
| *DIBL* | Hinrich Hey | Hamburg | 627,5 | 221,49 | 1100 |
| *DIBM* | Kaspir Robert Müller | Hamburg | 2839,9 | 1002,49 | 1800 |
| DIBO | Sturmvogel | Hamburg | 170,7 | 60,26 | 65 |
| DIBP | Otto Kamm II | Hamburg | 169,2 | 59,74 | 150 |
| *DIBQ* | Alstertor | Hamburg | 3808,9 | 1344,53 | 4670 |
| DIBR | Mathilde | Hamburg | 219,4 | 77,45 | 100 |
| *DIBS* | Heinrich Lorenz+ | Hamburg | 2702,1 | 953,83 | 2500 |
| DIBT | Günther | Hamburg | 103,8 | 36,65 | 45 |
| DIBU | Usedom | Hamburg | 120,08 | 42,43 | 200 |
| *DIBV* | Libanon | Hamburg | 7448,4 | 2629,27 | 2750 |
| *DIBW* | Augsburg | Hamburg | 4268,1 | 1506,64 | 3600 |
| *DIBX* | Hein Hoyer | Hamburg | 10107,0 | 3567,77 | 2600 |
| *DIBY* | Christa | Hamburg | 3865,9 | 1364,67 | 1400 |
| *DIBZ* | Quartole | Hamburg | 3969,8 | 1401,32 | 4200 |
| DICA | Flottbek | Hamburg | 107,9 | 38,07 | 180 |
| *DICB* | Spitzerdorf+ | Hamburg | 1095,1 | 386,57 | 475 |
| *DICC* | Grimm | Hamburg | 654,5 | 230,98 | 800 |
| DICD | Heinrich Erich | Hamburg | 82,3 | 29,05 | 18 |
| DICE | Marie | Hamburg | 49,8 | 17,58 | 18 |
| DICF | Helmuth | Hamburg | 59,6 | 21,05 | 150 |
| *DICG* | Eduard Becker | Hamburg | 2047,1 | 722,64 | 1050 |
| *DICH* | Alstertal | Hamburg | 3546,4 | 1251,87 | 2560 |
| *DICI* | Marie Rüsch | Hamburg | 790,9 | 279,18 | 300 |
| *DICJ* | William | Hamburg | 381,0 | 134,48 | 180 |
| *DICK* | Peka | Hamburg | 1171,3 | 413,49 | 700 |
| *DICL* | Werner Felter | Hamburg | 588,7 | 207,82 | 300 |
| *DICM* | Georg Russ | Hamburg | 3531,6 | 1246,66 | 2400 |
| *DICN* | Julin | Hamburg | 1614,3 | 569,84 | 750 |
| *DICO* | Köln | Hamburg | 670,9 | 236,82 | 1000 |
| *DICP* | Alsterdamm+ | Hamburg | 1623,1 | 572,94 | 800 |
| *DICR* | Frankfurt | Hamburg | 14857,9 | 5444,84 | 10560 |
| *DICS* | Würzburg | Düsseldorf | 1549,6 | 547,03 | 700 |
| *DICT* | Eduard Schupp | Hamburg | 1844,2 | 651,01 | 1000 |
| *DICU* | Pamela | Hamburg | 895,9 | 316,27 | 1000 |
| *DICV* | Quadrivium | Hamburg | 3926,1 | 1385,91 | 4200 |
| DICW | Bugsier 1 | Hamburg | 68,0 | 23,99 | 600 |
| DICX | Hansestadt Hamburg | Hamburg | 1182,0 | 417,23 | 700 |
| *DICY* | Lautertal+ | Hamburg | 1456,6 | 514,19 | 900 |
| *DIDA* | Värmland | Hamburg | 971,6 | 342.99 | 1000 |
| *DIDB* | Simplon | Hamburg | 794,3 | 280,40 | 886 |
| *DIDC* | Anni Ahrens | Hamburg | 1507,6 | 532,18 | 1000 |
| *DIDD* | St. Patrick | Hamburg | 527,5 | 186,21 | 500 |
| *DIDE* | Fina | Hamburg | 1804,6 | 637,03 | 1000 |
| DIDG | Ausdauer | Hamburg | 10,7 | 3,78 | 25 |

## DIDH — DIFG

| Unterscheidungssignale | Namen | Heimathafen | Kubikmeter | Registertons | PS |
|---|---|---|---|---|---|
| | der Schiffe | | Nettoraumgehalt | | |
| DIDH | Trostbrücke+ | Hamburg | 1424,8 | 502,94 | 720 |
| DIDI | Elsa Essberger | Hamburg | 18731,9 | 6612,35 | 6650 |
| DIDJ | Johannes Schupp | Hamburg | 1863,8 | 657,92 | 650 |
| DIDK | Bugsier 2 | Hamburg | 68,2 | 24,06 | 850 |
| DIDL | Anna Catharina | Hamburg | 3490,1 | 1232,00 | 1800 |
| DIDM | Andrea | Hamburg | 4153,7 | 1466,26 | 3600 |
| DIDN | Anneliese Porr | Hamburg | 717,3 | 253,21 | 660 |
| DIDO | Pelion+ | Hamburg | 3325,5 | 1173,90 | 1500 |
| DIDP | Kassel | Hamburg | 8967,1 | 3165,40 | 8000 |
| DIDQ | Johanna | Hamburg | 3827,2 | 1351,01 | 1400 |
| DIDS | Helene Mathies | Hamburg | 2017,0 | 712,01 | 900 |
| DIDT | Steckelhörn | Hamburg | 3866,7 | 1364,49 | 2700 |
| DIDU | Passau | Bremerhaven | 670,9 | 236,82 | 990 |
| DIDV | Santa Teresa+ | Hamburg | 18928,8 | 6681,88 | 4000 |
| DIDW | Energie | Hamburg | 99,7 | 35,19 | 90 |
| DIDX | Serena | Hamburg | 1419,7 | 501,15 | 800 |
| DIDY | Cressida | Hamburg | 953,5 | 336,59 | 1000 |
| DIEA | Margaret C. Ertel | Hamburg | 1951,3 | 547,60 | 928 |
| DIEB | Hans Gosch | Hamburg | 676,8 | 238,90 | 1000 |
| DIEC | Lucie Vollmers | Hamburg | 983,1 | 347,02 | 430 |
| DIED | von Beckerath | Hamburg | 422,4 | 149,10 | 750 |
| DIEE | Jan Keiken+ | Hamburg | 1135,5 | 400,84 | 300 |
| DIEF | Württemberg | Hamburg | 13694,9 | 4834,28 | 6400 |
| DIEG | Lissy Schulte | Hamburg | 1074,2 | 379,20 | 1250 |
| DIEH | Jutta Schröder | Hamburg | 3061,2 | 1080,59 | 1500 |
| DIEI | Bugsier 3 | Hamburg | 68,1 | 24,05 | 850 |
| DIEJ | Berlin | Hamburg | 6062,0 | 2139,89 | 3360 |
| DIEK | Tarbek | Hamburg | 679,0 | 239,70 | 520 |
| DIEL | Heidelberg+ | Hamburg | 15757,7 | 5562,47 | 9000 |
| DIEM | Alsterpark | Hamburg | 1646,3 | 581,14 | 800 |
| DIEN | Babitonga | Hamburg | 7631,2 | 2693,81 | 2750 |
| DIEO | Waldeck | Hamburg | 4839,8 | 1708,44 | 2800 |
| DIEP | Santa Inés+ | Hamburg | 18877,1 | 6663,63 | 4000 |
| DIEQ | Roland II | Hamburg | 63,1 | 22,27 | 18 |
| DIER | Billetal | Hamburg | 3573,6 | 1261,48 | 2560 |
| DIES | Palma | Hamburg | 1132,5 | 399,76 | 840 |
| DIET | Hinrich | Hamburg | 2512,8 | 887,04 | 1600 |
| DIEV | Hermann Schulte | Hamburg | 1836,7 | 648,36 | 1470 |
| DIEW | Köln | Hamburg | 8976,6 | 3168,74 | 8000 |
| DIEX | Eduard Rusche | Hamburg | 1520,6 | 536,79 | 750 |
| DIEY | Transatlantic+ | Hamburg | 9110,4 | 3215,96 | 3335 |
| DIEZ | Amalie Essberger | Hamburg | 593,0 | 209,32 | 400 |
| DIFA | Paula Rahmann | Hamburg | 597,8 | 211,02 | 300 |
| DIFB | Falkenstein | Hamburg | 8896,9 | 3140,59 | 5600 |
| DIFC | Barbara | Hamburg | 6839,8 | 2414,47 | 3600 |
| DIFD | Rodenbek | Hamburg | 3627,8 | 1280,61 | 2700 |
| DIFE | Harald Becker | Hamburg | 2053,4 | 724,84 | 1045 |
| DIFF | Malaga+ | Hamburg | 2928,4 | 1033,74 | 1280 |
| DIFG | Warendorp | Lübeck | 1572,1 | 554,95 | 1000 |

## DIFH — DIHC

| Unterscheidungssignale | Namen der Schiffe | Heimathafen der Schiffe | Kubikmeter Nettoraumgehalt | Registertons Nettoraumgehalt | PS |
|---|---|---|---|---|---|
| *DIFH* | Puck | Hamburg | 341,7 | 120,62 | 360 |
| *DIFI* | Trave | Hamburg | 2041,5 | 720,67 | — |
| *DIFJ* | Freundschaft | Hamburg | 58,5 | 20,47 | 65 |
| *DIFK* | Parnass | Hamburg | 3336,9 | 1177,91 | 1500 |
| *DIFL* | Wiedenborstel | Hamburg | 2875,1 | 1014,91 | 1400 |
| DIFM | Freya | Hamburg | 106,7 | 37,66 | 28 |
| *DIFN* | Ferdia | Hamburg | 2849,0 | 1005,69 | 1400 |
| *DIFO* | Braunschweig | Hamburg | 11218,3 | 3960,06 | 9000 |
| *DIFP* | Ophelia | Hamburg | 3397,8 | 1199,43 | 1470 |
| *DIFQ* | Alca | Hamburg | 351,3 | 124,00 | 440 |
| *DIFR* | Heimat | Hamburg-Finkenwdr. | 61,5 | 21,71 | 130 |
| *DIFS* | Nicola | Hamburg | 1302,7 | 459,85 | 850 |
| *DIFT* | Bussard | Hamburg Finkenwerder | 61,9 | 21,86 | 120 |
| DIFU | Käte | Hamburg-Finkenwerder | 61,9 | 21,86 | 120 |
| *DIFV* | Ingrid Leonhardt | Hamburg | 8955,3 | 3161,23 | 3500 |
| *DIFW* | Alk | Hamburg | 112,7 | 39,79 | 460 |
| *DIFX* | Hermann Krone | Hamburg | 539,3 | 190,37 | 1440 |
| *DIFY* | Michael M | Hamburg | 1413,2 | 498,85 | 800 |
| *DIFZ* | Mönkedamm | Hamburg | 2017,0 | 712,01 | 1200 |
| *DIGA* | Egon Wesch | Hamburg | 725,2 | 255,98 | 1000 |
| *DIGB* | Butt | Hamburg | 593,3 | 209,44 | 300 |
| *DIGC* | Transpacific+ | Hamburg | 8822,6 | 3114,39 | 3335 |
| *DIGD* | Julius Hugo Stinnes | Hamburg | 2928,1 | 1033,64 | 950 |
| *DIGE* | Santa Rita+ | Hamburg | 17078,2 | 6028,62 | 4000 |
| *DIGF* | Alsen | Hamburg | 500,3 | 176,60 | 560 |
| *DIGG* | Boreas | Hamburg | 719,6 | 254,02 | 1500 |
| *DIGH* | Nordmeer | Hamburg | 13475,0 | 4756,74 | 4200 |
| *DIGI* | Hüxter | Hamburg | 942,6 | 332,75 | 1050 |
| *DIGJ* | Simon von Utrecht | Hamburg | 9254,8 | 3266,95 | 3000 |
| *DIGL* | Helga | Hamburg | 447,9 | 158,13 | 300 |
| *DIGN* | Perikles | Hamburg | 4281,9 | 1511,51 | 4670 |
| *DIGO* | Konstanz | Hamburg | 689,4 | 243,37 | 1000 |
| *DIGP* | Marie Boettger | Hamburg | 2180,3 | 769,65 | 1465 |
| *DIGQ* | Katharina | Hamburg | 631,4 | 222,89 | 300 |
| *DIGR* | Karen Bolten | Hamburg | 2922,6 | 1031,67 | 1850 |
| *DIGS* | Mainz | Hamburg | 689,4 | 243,37 | 875 |
| *DIGT* | Gelsenkirchen | Hamburg | 739,6 | 261,07 | 875 |
| *DIGU* | Inge-Ursula+ | Hamburg | 883,5 | 311,88 | 250 |
| *DIGV* | Transozean Hugo Stinnes | Hamburg | 15252,4 | 5384,10 | 3600 |
| *DIGW* | Santa Rosa+ | Hamburg | 16970,8 | 5990,71 | 4000 |
| DIGX | Humor | Hamburg | 174,1 | 61,45 | 280 |
| DIGY | Karl | Hamburg | 227,2 | 80,19 | 350 |
| *DIGZ* | Furka | Hamburg | 1069,0 | 377,36 | 590 |
| *DIHA* | Muansa | Hamburg | 6311,6 | 2227,99 | 3800 |
| DIHB | Hans August | Hamburg | 80,0 | 28,23 | 18 |
| *DIHC* | Winnie Lattmann | Hamburg | 3468,7 | 1224,46 | 1200 |

## DIHD — DIJA

| Unterscheidungssignale | Namen der Schiffe | Heimathafen der Schiffe | Kubikmeter Nettoraumgehalt | Registertons Nettoraumgehalt | PS |
|---|---|---|---|---|---|
| *DIHD* | Hornkliff | Hamburg | 6458,4 | 2279,83 | 3300 |
| DIHE | Albatross | Hamburg | 75 | 26 | 275 |
| *DIHF* | Marwa | Hamburg | 448,5 | 158,32 | 300 |
| *DIHG* | Grönnebek | Hamburg | 3866,1 | 1364,72 | 2000 |
| DIHH | Navico III | Hamburg | 188,3 | 66,47 | 275 |
| DIHI | Leichter III | Hamburg | 1022,2 | 360,85 | — |
| *DIHJ* | Charles Eckelmann | Hamburg | 1165,0 | 411,24 | 750 |
| *DIHK* | Heimdal | Hamburg | 5309,5 | 1874,26 | 1775 |
| *DIHL* | Valda Ahrenkiel | Hamburg | 4391,0 | 1550,01 | 1650 |
| *DIHM* | Annie Hugo Stinnes | Hamburg | 3057,5 | 1079,29 | 850 |
| *DIHN* | Jan Jonas | Hamburg | 607,0 | 214,26 | 300 |
| *DIHO* | Hildegard Doerenkamp+ | Hamburg | 7808,9 | 2756,55 | 3800 |
| DIHP | Fairplay IV | Hamburg | 110,5 | 39,00 | 800 |
| DIHQ | Max S | Hamburg | 295,6 | 104,33 | 330 |
| *DIHR* | Hansa | Hamburg | 392,5 | 138,54 | 300 |
| DIHT | Navico IV | Hamburg | 127,6 | 45,06 | 250 |
| *DIHU* | Esso Düsseldorf | Hamburg | 28382,4 | 10019,00 | 12672 |
| *DIHV* | Alsterufer | Hamburg | 4191,1 | 1479,45 | 4670 |
| DIHW | Bugsier 12 | Hamburg | 44,8 | 15,88 | 470 |
| *DIHY* | Anke Henrici | Hamburg | 930,1 | 328,31 | 300 |
| *DIHZ* | Uwe | Hamburg | 446,4 | 157,57 | 300 |
| DIIA | Borkumriff | Hamburg | 60,1 | 21,23 | 120 |
| *DIIB* | Hedwig Lünstedt | Hamburg | 701,1 | 247,49 | 300 |
| *DIIC* | Karin | Hamburg-Finkenwdr. | 63,5 | 22,43 | 120 |
| DIID | Seilmoker | Hamburg-Finkenwdr. | 59,5 | 21,02 | 150 |
| *DIIE* | Urundi | Hamburg | 8067,6 | 2847,86 | 4900 |
| *DIIF* | Frank Leonhardt | Hamburg | 9501,9 | 3354,19 | 4200 |
| *DIIG* | Vogesen | Hamburg | 10701,5 | 3777,64 | 7200 |
| DIIH | Bravo | Hamburg | 198,8 | 70,18 | 350 |
| *DIII* | Cap Blanco | Hamburg | 9676,4 | 3415,77 | 7200 |
| *DIIJ* | Günther | Hamburg | 619,8 | 218,80 | 300 |
| *DIIK* | Steendiek | Hamburg-Finkenwdr. | 60,2 | 21,48 | 120 |
| *DIIL* | Bismarckstein | Hamburg | 509,9 | 179,99 | 300 |
| DIIM | Hamburg | Hamburg | 37,4 | 13,19 | 120 |
| *DIIN* | Heinrich Hugo Stinnes | Bremen | 4327,7 | 1527,69 | 1600 |
| *DIIO* | Botilla Russ | Hamburg | 1177,7 | 415,73 | 1530 |
| DIIP | Juno | Hamburg | 107,2 | 37,83 | 2×150 |
| *DIIQ* | Paul Rickmers+ | Hamburg | 12857,9 | 4538,33 | 5400 |
| *DIIR* | Piräus | Hamburg | 4085,7 | 1442,27 | 4650 |
| *DIIS* | Jupiter | Hamburg | 508,0 | 179,34 | 280 |
| *DIIT* | Hannover | Hamburg | 14866,2 | 5247,76 | 10560 |
| *DIIU* | Cap Frio | Hamburg | 9606,1 | 3390,96 | 7200 |
| *DIIV* | Congo | Hamburg | 6076,0 | 2144,82 | 2700 |
| *DIIW* | Ellen M | Hamburg | 407,5 | 143,84 | 300 |
| *DIIY* | Quartett | Hamburg | 4523,1 | 1596,66 | 5340 |
| DIIZ | Michel | Hamburg | 461,7* | 162,98* | 1140 |
| DIJA | Johann Petersen | Hamburg | 189,6* | 66,94* | 378 |

* = Bruttoraumgehalt.

## DIJB — DIKY

| Unterscheidungssignale | Namen der Schiffe | Heimathafen | Kubikmeter Nettoraumgehalt | Registertons Nettoraumgehalt | PS |
|---|---|---|---|---|---|
| DIJB | Hasselwerder ....... | Hamburg .......... | 599,8 | 211,73 | 300 |
| *DIJC* | Klaus Leonhardt .... | Hamburg .......... | 9671,4 | 3414,00 | 3500 |
| DIJD | Falke ............ | Hamburg .......... | 25,2 | 8,91 | 300 |
| *DIJE* | Theresia Russ ...... | Hamburg .......... | 1182,1 | 417,29 | 1500 |
| *DIJF* | Klaus+ ........... | Hamburg .......... | 2463,4 | 869,59 | 1250 |
| *DIJG* | Pagensand ......... | Hamburg .......... | 2045,9 | 722,20 | 1200 |
| *DIJH* | Geert Howaldt ..... | Hamburg .......... | 8735,4 | 3083,61 | 4000 |
| DIJJ | Portunus .......... | Hamburg .......... | 4647,8 | 1640,67 | 5140 |
| *DIJK* | Nordkap .......... | Hamburg .......... | 774,8 | 273,50 | 300 |
| *DIJL* | Jörn Witt ......... | Hamburg .......... | 1110,2 | 391,89 | 600 |
| *DIJM* | Commerz .......... | Hamburg .......... | 9266,4 | 3271,06 | 3360 |
| *DIJN* | Trotzenburg ....... | Hamburg .......... | 602,4 | 212,65 | 450 |
| DIJO | Nord ............. | Hamburg .......... | 97,2* | 34,32* | 250 |
| *DIJP* | Wappen von Hamburg ........ | Hamburg .......... | 3245,1 | 1145,54 | 5×1200 |
| *DIJQ* | Voline ............ | Hamburg .......... | 615,4 | 217,23 | 300 |
| DIJR | Kondor .......... | Hamburg .......... | 351,1* | 47,68* | 275 |
| *DIJS* | John Schröder ...... | Hamburg .......... | 1905,6 | 672,66 | 1650 |
| *DIJT* | Ditmar Koel ........ | Hamburg .......... | 11425,4 | 4033,16 | 2500 |
| *DIJU* | Horncap .......... | Hamburg .......... | 4360,3 | 1539,18 | 5340 |
| *DIJV* | Hedwig Henning ... | Hamburg .......... | 621,0 | 219,23 | 300 |
| *DIJW* | Marschenland ...... | Hamburg .......... | 417,0 | 147,20 | 280 |
| *DIJX* | Gilda ............ | Hamburg .......... | 450,1 | 158,89 | 300 |
| DIJY | Heidenau ......... | Hamburg .......... | 368,9 | 130,23 | 300 |
| *DIJZ* | Gisela Essberger .... | Hamburg .......... | 857,4 | 302,66 | 520 |
| *DIKA* | Esso Hamburg ..... | Hamburg .......... | 28596,2 | 10094,44 | 12500 |
| DIKB | Plato ............ | Hamburg .......... | 525,7 | 185,57 | 300 |
| *DIKC* | Hunneberg ........ | Hamburg .......... | 1946,3 | 687,03 | 1250 |
| *DIKD* | Ulanga ........... | Hamburg .......... | 6133,8 | 2165,23 | 3800 |
| *DIKE* | Cap Norte ........ | Hamburg .......... | 10607,6 | 3744,69 | 7200 |
| *DIKF* | Brunshausen ....... | Hamburg .......... | 4586,0 | 1618,85 | 5140 |
| *DIKG* | Faust ............ | Hamburg .......... | 18870,8 | 6661,39 | 6500 |
| *DIKH* | Henry Böge ....... | Hamburg .......... | 3098,0 | 1093,59 | 1200 |
| *DIKI* | Quo vadis ........ | Hamburg .......... | 480,4 | 169,58 | 280 |
| *DIKJ* | Klaus Block ....... | Hamburg .......... | 609,7 | 215,24 | 300 |
| *DIKK* | Millerntor ........ | Hamburg .......... | 8890,4 | 3138,30 | 4000 |
| *DIKL* | Esso Frankfurt ..... | Hamburg .......... | 28227,4 | 9964,26 | 12500 |
| *DIKM* | Saturn ........... | Hamburg .......... | 35,2 | 12,41 | 300 |
| *DIKN* | Ravensberg+ ....... | Hamburg .......... | 3952,2 | 1395,11 | 3600 |
| *DIKO* | Birka ............ | Hamburg .......... | 1451,6 | 512,43 | 600 |
| *DIKP* | Solveig Rickertsen .. | Hamburg .......... | 10027,0 | 3539,53 | 2800 |
| DIKQ | Ingrid ............ | Hamburg .......... | 450,5 | 159,04 | 300 |
| DIKR | Greif ............ | Hamburg .......... | 168,7* | 59,57* | 300 |
| *DIKT* | Julius Schindler .... | Hamburg .......... | 20593,0 | 6269,33 | 7200 |
| DIKU | Elisabeth ......... | Elsfleth ......... | 606,6 | 214,13 | 185 |
| *DIKV* | Cap Vilano ........ | Hamburg .......... | 10619,4 | 3748,65 | 7200 |
| *DIKW* | Fairplay XIV ...... | Hamburg .......... | 109,3 | 38,60 | 800 |
| *DIKX* | Solingen .......... | Hamburg .......... | 5005,9 | 1767,09 | 4200 |
| *DIKY* | Rita Bartels ....... | Hamburg .......... | 450,7 | 159,09 | 300 |

* = Bruttoraumgehalt.

## DIKZ — DIMX

| Unterscheidungssignale | Namen der Schiffe | Heimathafen | Kubikmeter (Nettoraumgehalt) | Registertons (Nettoraumgehalt) | PS |
|---|---|---|---|---|---|
| DIKZ | Wiltrud-Beatrice.... | Hamburg .......... | 484,5 | 171,22 | — |
| *DILA* | Borkum ........... | Hamburg .......... | 1470,7 | 519,15 | 1100 |
| *DILB* | Hinrich Peters ..... | Hamburg .......... | 1936,2 | 683,47 | 650 |
| *DILC* | Leabeth+ .......... | Hamburg .......... | 4085,6 | 1442,23 | 1680 |
| *DILD* | Selma Nimtz ....... | Hamburg .......... | 3622,5 | 1278,74 | 3800 |
| *DILE* | Ammerland ........ | Hamburg .......... | 16060,2 | 5669,27 | 4100 |
| *DILF* | Usaramo........... | Hamburg .......... | 8103,6 | 2860,58 | 5335 |
| *DILG* | Usambara+ ........ | Hamburg .......... | 12810,6 | 4522,14 | 5000 |
| *DILH* | Cap Finisterre+ .... | Hamburg .......... | 14989,2 | 5291,17 | 7200 |
| *DILI* | Eilenburg.......... | Hamburg .......... | 530,0 | 187,09 | 300 |
| *DILJ* | Krefeld ............ | Hamburg .......... | 5037,5 | 1778,23 | 4200 |
| DILK | Kuhwerder......... | Hamburg .......... | 69,9 | 24,66 | 850 |
| *DILL* | Hedwigshütte ...... | Hamburg .......... | 14394,7 | 5081,82 | 2500 |
| *DILM* | Sleipner II ......... | Hamburg .......... | 670,1 | 263,53 | 460 |
| *DILN* | Fairwind+ ......... | Hamburg .......... | 5335,5 | 1883,42 | 2000 |
| DILO | Helmuth Hardekopf | Hamburg .......... | 156,1 | 55,11 | 120 |
| *DILP* | Parthenon ......... | Hamburg .......... | 4095,5 | 1445,70 | 4670 |
| *DILQ* | Bökelnburg ........ | Hamburg .......... | 962,6 | 339,78 | 430 |
| *DILR* | August Thyssen .... | Hamburg .......... | 11927,0 | 4210,23 | 2500 |
| *DILS* | Augusta ........... | Hamburg .......... | 446,5 | 157,61 | 180 |
| *DILT* | Lissabon+.......... | Hamburg .......... | 7768,5 | 2742,27 | 3340 |
| *DILU* | Holsten............ | Hamburg .......... | 3850,0 | 1359,07 | 1850 |
| *DILV* | Passajes+.......... | Hamburg .......... | 2391,0 | 844,03 | 1470 |
| DILW | Rudolf Karstens .... | Hamburg .......... | 403,4 | 142,39 | 300 |
| *DILX* | Ortrud Müller ...... | Hamburg .......... | 1626,2 | 574,04 | 1000 |
| *DILY* | Elbe.............. | Hamburg .......... | 6057,8 | 2138,41 | 2700 |
| *DILZ* | Hilda Wesch+ ...... | Hamburg .......... | 3097,7 | 1093,47 | 1250 |
| *DIMA* | Dithmarschen ...... | Hamburg .......... | 671,3 | 276,96 | 300 |
| *DIMB* | Ebba Blumenfeld ... | Hamburg .......... | 8232,0 | 2905,91 | 3400 |
| *DIMC* | Hanna Dreier ...... | Hamburg .......... | 671,8 | 237,13 | 300 |
| *DIMD* | Klaus Buck ........ | Hamburg .......... | 513,3 | 181,21 | 300 |
| *DIME* | Westfalen+......... | Hamburg .......... | 14778,5 | 5216,81 | 6750 |
| *DIMH* | Brunswick ......... | Hamburg .......... | 4600,4 | 1623,94 | 4200 |
| *DIMI* | Helge.............. | Hamburg .......... | 475,7 | 167,92 | 300 |
| *DIMJ* | Beate.............. | Hamburg .......... | 963,3 | 340,04 | 300 |
| *DIMK* | Heinz-Helmut ...... | Hamburg .......... | 517,1 | 182,54 | 300 |
| *DIML* | Nordstern.......... | Hamburg .......... | 786,3 | 277,56 | 300 |
| *DIMM* | Cläre Hugo Stinnes+. | Hamburg .......... | 15290,1 | 5397,36 | 6300 |
| *DIMN* | Nelly Haltermann... | Hamburg .......... | 1078,0 | 380,54 | 520 |
| DIMO | Kirchwerder ....... | Hamburg .......... | 69,9 | 24,66 | 850 |
| DIMP | Finkenwerder....... | Hamburg .......... | 69,9 | 24,66 | 850 |
| *DIMQ* | Tilly Böge.......... | Hamburg .......... | 3149,9 | 1112,85 | 1950 |
| *DIMR* | Bonita+ ........... | Hamburg .......... | 2808,7 | 991,47 | 1350 |
| DIMS | Glückauf .......... | Hamburg .......... | | 238 | 800 |
| *DIMT* | Alsterkamp ........ | Hamburg .......... | 4968,1 | 1753,73 | 4450 |
| *DIMU* | Lealott+ .......... | Hamburg .......... | 7795,3 | 2751,74 | 4200 |
| *DIMV* | Frieda Russ ....... | Hamburg .......... | 787,8 | 278,10 | 300 |
| *DIMW* | Luise Bornhofen .... | Hamburg .......... | 9789,4 | 3455,66 | 3800 |
| *DIMX* | Silvana ........... | Hamburg .......... | 596,9 | 210,72 | 300 |

## DIMY — DIRE

| Unterscheidungssignale | Namen der Schiffe | Heimathafen der Schiffe | Kubikmeter (Nettoraumgehalt) | Registertons (Nettoraumgehalt) | PS |
|---|---|---|---|---|---|
| *DIMY* | H.-Günther Bülow | Hamburg | 978,9 | 345,55 | 520 |
| DIMZ | Austria | Hamburg | 30,3 | 10,70 | 150 |
| *DINA* | Augustenburg | Hamburg | 5699,2 | 2011,82 | 4200 |
| *DINB* | Heike | Hamburg | 559,2 | 197,40 | 300 |
| *DINC* | Frauke | Hamburg | 786,3 | 277,56 | 300 |
| *DIND* | Hermann Langreder+ | Hamburg | 1720,9 | 607,49 | 1000 |
| *DINE* | Marie Steffens | Hamburg | 178,8 | 63,10 | 80 |
| *DINF* | Heinrich Christian Oetker | Hamburg | 17556,7 | 6197,50 | 5500 |
| *DING* | Ernst Schröder | Hamburg | 2823,2 | 996,58 | 2800 |
| *DINH* | Carlota Bolten | Hamburg | 2921,4 | 1031,27 | 1850 |
| *DINI* | Zephyros | Hamburg | 850,1 | 300,07 | 1800 |
| *DINJ* | Gerd Freese | Hamburg | 775,0 | 273,56 | 300 |
| *DINK* | Montan+ | Hamburg | 14069,3 | 4966,45 | 6300 |
| *DINL* | Nessand+ | Hamburg | 1041,4 | 367,63 | 700 |
| DINM | Stubbenhuk | Hamburg | 67,4* | 23,78* | 320 |
| *DINN* | Togo | Hamburg | | 2813 | 5100 |
| *DINO* | Kelon | Hamburg | 69,8 | 24,63 | 170 |
| DINP | Griesenwerder | Hamburg | 69,9 | 24,66 | 850 |
| DINQ | Verano II | Hamburg | 29,2 | 10,31 | 190 |
| DINR | Ursula Peters | Hamburg | 2147,2 | 757,97 | 1140 |
| *DINS* | Fleth | Hamburg | 968,3 | 341,82 | 500 |
| DINT | Süllberg | Hamburg | | 892 | 1000 |
| *DINU* | Kormoran | Hamburg | 2385,6 | 842,12 | 850 |
| *DINV* | Anna-Marie | Hamburg | 77,7* | 27,42* | 360 |
| DINW | Elmo | Hamburg | | 70 | 120 |
| *DINX* | Athlet | Hamburg | 491,0 | 173,31 | 1600 |
| *DINY* | Brite | Hamburg | 780,5 | 275,52 | 300 |
| *DINZ* | Urania | Hamburg | 2527,3 | 892,12 | 1250 |
| *DIOA* | Eilbek+ | Hamburg | 5998,2 | 2117,37 | 2200 |
| DIOB | Magda Wegener | Hamburg | 779,1 | 275,01 | 300 |
| *DIOC* | Thorstein | Hamburg | 821,7 | 290,07 | 450 |
| *DIOD* | Brage | Hamburg | 8556,3 | 3020,36 | 3500 |
| DIOE | Bugsier 14 | Hamburg | 68,9 | 24,31 | 850 |
| *DIOF* | Heinrich Knüppel | Hamburg | 596,0 | 210,38 | 300 |
| *DIOG* | Margaretha Bischoff+ | Hamburg | 3104,6 | 1095,92 | 1320 |
| DIOH | Carl Levers | Hamburg | 1995,6 | 704,43 | 1208 |
| *DIOI* | Imperator | Hamburg | 409,1 | 144,41 | 300 |
| *DIOJ* | Braunsfeld | Hamburg | 2297,8 | 811,14 | 1250 |
| *DIOK* | Emsen | Hamburg | 1961,6 | 693,05 | 1250 |
| *DIOL* | Corona | Hamburg | 8070,2 | 2830,07 | 5400 |
| *DIOM* | Hoheneichen | Hamburg | 974,5 | 344,00 | 675 |
| *DION* | Sagitta | Hamburg | 968,9 | 342,03 | 750 |
| DIOO | Continental | Hamburg | 453,9 | 160,23 | 270 |
| *DIQI* | Adelheid | Uetersen | 274,9 | 97,06 | 150 |
| DIQU | Anna | Bützfleth | 194,4 | 68,64 | 50 |
| DIQW | Anna | Schulau | 30,3 | 10,69 | 90 |
| DIRD | Astarte | Wilhelmshaven | 32,6 | 11,52 | 50 |
| DIRE | Bernd | Hamburg | 322,4 | 113,81 | 150 |

* = Bruttoraumgehalt

DIRI — DIXR

| Unterscheidungssignale | Namen der Schiffe | Heimathafen | Nettoraumgehalt Kubikmeter | Nettoraumgehalt Registertons | PS |
|---|---|---|---|---|---|
| DIRI | F. Werner | Uetersen | 427,9 | 151,04 | 200 |
| DIRL | Eleonore | Uetersen | 411,4 | 145,24 | 240 |
| DIRP | Condor | Schulau | 66,2 | 23,37 | 150 |
| DIRS | Diamant | Friedrichskoog | 14,3 | 5,05 | 50 |
| DIRX | Düneck | Uetersen | 343,5 | 121,25 | 160 |
| DISH | Ernst Heinrich | Moorege | 109,0 | 38,49 | 72 |
| DISI | Ernte | Oberndorf | 129,0 | 45,53 | 35 |
| *DISL* | Falke | Schulau | 59,6 | 21,04 | 135 |
| *DISM* | Fortuna | Glückstadt | 300,7 | 106,16 | 150 |
| DISQ | Frieda | Schulau | 36,6 | 12,90 | 100 |
| *DISU* | Frija | Glückstadt | 251,7 | 88,86 | 150 |
| DISW | Alfred Hinsch | Hamburg | 199,2 | 70,31 | 75 |
| *DITG* | Holstein | Uetersen | 420,7 | 148,51 | 200 |
| DITI | Ida Joerk | Hamburg | 1524,7 | 538,22 | 550 |
| DITN | Ingerta | Hamburg | 39,9 | 14,08 | 145 |
| DITO | Irmgard | Wischhafen | 180,6 | 63,76 | 60 |
| DITS | Käte | Seesteraudeich | 34,5 | 12,19 | 100 |
| DITT | Nova | Stade | 374,4 | 132,17 | 200 |
| DITX | Kehrwieder | Burg/Dithm. | 111,3 | 39,29 | 50 |
| DITY | Kehrwieder | Seester | 35,5 | 12,53 | 105 |
| *DIUI* | Adlergrund | Lübeck-Travemünde | 32,3 | 11,40 | 150 |
| DIUJ | Marie-Eleonore | Helgoland | 247,9 | 87,52 | 85 |
| DIUK | Marie Falk | Möltenort | 21,1 | 7,45 | 100 |
| DIUN | Hannchen Staeglich | Schulau | 35,5 | 12,53 | 75 |
| DIVB | Odin | Glückstadt | 252,0 | 88,86 | 150 |
| DIVC | Orion | Burg/Dithm. | 248,2 | 87,63 | 40 |
| DIVE | Paloma | Hallig Hooge | 15,7 | 5,55 | 12 |
| DIVK | Rheingold | Hamburg | 277,6 | 98,00 | 120 |
| DIVU | Seestern | Burg/Dithm. | 98,4 | 34,75 | 36 |
| *DIVV* | Sirius | Seester | 28,5 | 10,06 | 90 |
| DIWE | Thea | Kollmar/Holstein | 258,9 | 91,37 | 120 |
| *DIWH* | Traute | Glückstadt | 275,5 | 97,25 | 250 |
| DIWI | Urania | Friedrichskoog | 45,9 | 11,10 | 40 |
| DIWK | Walter | Hamburg | 133,2 | 47,01 | 50 |
| DIWO | Windsbraut | Dieksanderkoog | 20,4 | 7,20 | 24 |
| DIWP | Zukunft | Uetersen | 345,6 | 122,0 | 150 |
| *DIWT* | Widder | Bremen | 415,9 | 146,81 | 250 |
| *DIWU* | Saxnot | Friedrichskoog | 416,3 | 146,98 | 550 |
| DIWW | Erna | Elmshorn | 283,1 | 99,95 | 120 |
| DIWX | Frieda | Elmshorn | 272,0 | 96,02 | 100 |
| *DIWZ* | Gretchen Vollmers | Uetersen | 412,6 | 146,64 | 250 |
| DIXF | Hildegard Bülow | Kollmar/Holstein | 423,8 | 149,61 | 180 |
| *DIXH* | Nordsee | Schulau | 57,3 | 20,21 | 120 |
| DIXM | Berta | Elmshorn | 276,0 | 97,42 | 110 |
| DIXN | Thyra | Elmshorn | 265,2 | 93,63 | 120 |
| DIXO | Kiel | Kiel | 33,6 | 11,86 | 60 |
| DIXP | Marta | Elmshorn | 266,0 | 83,89 | 110 |
| DIXQ | Zita | Elmshorn | 229,9 | 81,16 | 65 |
| *DIXR* | Antje Jansen | Uetersen | 411,1 | 145,12 | 250 |

## DIXT — DJAV

| Unter-scheidungs-signale | Namen der Schiffe | Heimathafen der Schiffe | Kubikmeter Nettoraumgehalt | Registertons Nettoraumgehalt | PS |
|---|---|---|---|---|---|
| *DIXT* | Anke Christa | Glückstadt | 62,4 | 22,04 | 150 |
| DIXU | Grete | Itzehoe | 58,1 | 20,52 | — |
| *DIXW* | Amigo | Glückstadt | 67,2 | 23,73 | 200 |
| *DIXX* | Julianka | Itzehoe | 950,9 | 335,67 | 250 |
| *DIXY* | Edelweiß | Seester | 18,1 | 6,39 | 105 |
| *DIXZ* | Elbe | Elmshorn | 58,9 | 20,80 | 180 |
| *DIYA* | Ingrid | Uetersen | 436,9 | 154,21 | 250 |
| DIYD | Hans Bülow | Kollmar | 682,4 | 240,88 | 520 |
| *DIYE* | Bishorst | Haseldorf | 616,9 | 217,76 | 300 |
| DIYF | Schwalbe | Lägerdorf | 125,2 | 44,19 | 66 |
| DIYG | Albatros | Beidenfleth | 92,4 | 32,63 | 40 |
| *DIYH* | Anke | Niendorf | 58,4 | 20,66 | 150 |
| DIYK | Luise | Friedrichskoog | 16,6 | 5,88 | 90 |
| DIYL | Ernst Sturm | Glückstadt | 159,1 | 56,15 | 120 |
| *DIYM* | Anita Schütt | Itzehoe | 430,5 | 151,96 | 300 |
| *DIYP* | Rosita Maria | Uetersen | 478,4 | 168,86 | 300 |
| *DIYQ* | Peter Meyer | Uetersen | 353,6 | 124,8 | 350 |
| DIYR | Hinrich Koppelmann | Schulau | 412,5 | 145,62 | 300 |
| *DIYS* | Seerose | Schulau | 57,2 | 20,18 | 120 |
| DIYT | Adler | Schulau | 61,2 | 21,59 | 120 |
| *DIYU* | Mittelriff | Schulau | 60,3 | 21,28 | 150 |
| *DIYV* | Käte | Schulau | 59,5 | 21,02 | 120 |
| *DIYW* | Bussard | Schulau | 59,1 | 20,86 | 120 |
| DIYX | Wotan | Glückstadt | 375,5 | 132,56 | 600 |
| *DIYY* | Hödur | Glückstadt | 375,5 | 132,56 | 600 |
| DIZA | Quellental | Pinneberg | 84,7 | 29,88 | — |
| *DIZY* | Ingrid Weide | Flensburg | 3632,0 | 1282,11 | 1400 |
| DIZZ | Albatros | Flensburg | 211,9 | 74,81 | 260 |
| *DJAA* | Harnis | Flensburg | 1118,0 | 394,65 | 560 |
| DJAB | Alexandra | Flensburg | 155,5 | 54,90 | 420 |
| DJAC | Ambronia | Amrum | 23,7 | 8,35 | 100 |
| DJAD | Ägir | Hamburg | 275,2 | 97,15 | 150 |
| DJAE | Annemarie | Keitum/Sylt | 32,8 | 11,59 | 25 |
| DJAF | Astrea | List/Sylt | 110,8 | 39,20 | 86 |
| *DJAG* | Carsten Witt | Bremen | 1726,4 | 609,42 | 1200 |
| DJAH | En Attendent | Dagebüll | 32,6 | 11,52 | 35 |
| DJAI | Christel | Neustadt/Holstein | 21,1 | 7,44 | 75 |
| DJAJ | Christine | Wyk/Föhr | 97,9 | 34,57 | 100 |
| DJAK | Doris | Flensburg | 776,6 | 274,15 | 340 |
| DJAL | Henriette | Munkmarsch | 19,4 | 6,84 | 35/45 |
| DJAM | Schleswig | Flensburg | 246,3* | 86,94* | 380 |
| *DJAP* | Inge R.-Christophersen | Flensburg | 2925,0 | 1032,53 | 950 |
| *DJAQ* | Seestern II | Kiel | 60,9 | 21,51 | 125 |
| DJAR | Föhr-Amrum | Wyk/Föhr | 239,1 | 84,39 | 240 |
| *DJAS* | Hilligenlei | Wyk/Föhr | 184,9 | 65,28 | 320 |
| DJAT | Forelle | Flensburg | 63,3 | 22,33 | 125 |
| DJAU | Frisia | Wyk/Föhr | 123,9 | 43,73 | 80 |
| *DJAV* | Magdalene | Flensburg | 782,1 | 276,08 | 300 |

* = Bruttoraumgehalt.

## DJAW — DJDG

| Unterscheidungssignale | Namen der Schiffe | Heimathafen | Kubikmeter (Nettoraumgehalt) | Registertons (Nettoraumgehalt) | PS |
|---|---|---|---|---|---|
| *DJAW* | Annik | Flensburg | 2076,3 | 732,98 | 1100 |
| DJAX | Grete | Flensburg | 80,9 | 28,55 | 50 |
| DJAY | Uthlande | Wyk/Föhr | 520,4 | 183,71 | 400 |
| DJAZ | Habicht | Flensburg | 176,1 | 62,17 | 250 |
| DJBA | Maria Elise | Flensburg | 40,1 | 14,15 | 130 |
| DJBB | Hedwig Pannbacker | Flensburg | 529,5 | 168,91 | 300 |
| DJBC | Hermine | Wyk/Föhr | 92,5 | 32,64 | 50 |
| DJBD | Venus | Flensburg | 529,0 | 186,72 | 300 |
| DJBE | Irmgard | Amrum | 18,2 | 6,43 | 100 |
| DJBF | Käthe Marie | Amrum | 71,1 | 25,10 | 70 |
| *DJBG* | Pollux | Flensburg | 4640,6 | 1638,12 | 2000 |
| DJBH | Karl Friedrich | Dagebüll | 43,9 | 15,49 | 95 |
| DJBI | Libelle | Flensburg | 63,3 | 22,33 | 100 |
| DJBJ | Lina | Amrum | 130,3 | 46,00 | 50 |
| *DJBK* | Edith N.-Christophersen | Flensburg | 1311,4 | 462,92 | 860 |
| DJBL | Marie Ursula | Flensburg | 310,0 | 109,42 | 150 |
| DJBM | Nordfriesland | Wyk/Föhr | 423,4 | 149,46 | 300 |
| DJBN | Oste | Wyk/Föhr | 83,6 | 29,52 | 120 |
| DJBO | Rolf Verhey | Dagebüll | 23,4 | 8,27 | 75 |
| DJBP | Rungholt | Wyk/Föhr | 35,3 | 12,48 | 72 |
| *DJBQ* | Rimberg | Flensburg | 1649,8 | 582,36 | 1000 |
| *DJBR* | Jul | Wyk/Föhr | 143,9 | 90,81 | 120 |
| DJBT | Siegfried | Neustadt/Holst. | 20,0 | 7,06 | 90 |
| *DJBU* | Neptun+ | Flensburg | 7398,8 | 2611,78 | 2400 |
| DJBV | Stern vom Osten | Neustadt/Holst. | 18,4 | 6,49 | 100 |
| DJBW | Kapitäne Christiansen | Wyk/Föhr | 182,9 | 64,56 | 200 |
| *DJBX* | Liselotte | Flensburg | 695,0 | 245,33 | 700 |
| DJBY | Käthe | Wyk/Föhr | 31,9 | 11,25 | 16 |
| DJBZ | Liberty | Munkmarsch | 48,2 | 17,03 | |
| DJCA | Pommern | Flensburg | 615,9 | 217,41 | 500 |
| DJCE | Hubert | Langballigholz | 18,1 | 6,38 | 120 |
| *DJCI* | Arkona | Hamburg | 2221,0 | 784,03 | 650 |
| DJCL | Anna | Amrum | 18,2 | 6,43 | |
| DJCP | Bianka | Heiligenhafen | 18,0 | 6,37 | 105 |
| *DJCS* | Venus | Flensburg | 6125,0 | 2162,12 | 1500 |
| *DJCT* | Flensau | Flensburg | 2151,3 | 759,39 | 1200 |
| DJCV | Charlotte Bohl | Flensburg | 418,4 | 147,71 | 250 |
| *DJCW* | Jupiter | Flensburg | 2116,6 | 747,16 | 1200 |
| *DJCX* | Schwennau | Flensburg | 2120,8 | 748,63 | 1200 |
| *DJCY* | Jan Meeder | Flensburg | 768,5 | 271,30 | 250 |
| *DJCZ* | Pallas | Flensburg | 2085,9 | 736,31 | 1200 |
| *DJDC* | Hochmeister | Flensburg | 829,8 | 291,91 | 360 |
| *DJDD* | Merkur | Flensburg | 780,1 | 275,38 | 250 |
| *DJDE* | Krusau | Flensburg | 2324,7 | 820,61 | 1200 |
| *DJDF* | Schleswig-Holstein | Flensburg | 724,7 | 255,83 | 250 |
| DJDG | Hilligenlei | Langeness | 21,2 | 7,48 | 68 |

## DJDH — DJKB

| Unter-scheidungs-signale | Namen der Schiffe | Heimathafen | Kubikmeter (Nettoraumgehalt) | Registertons (Nettoraumgehalt) | PS |
|---|---|---|---|---|---|
| *DJDH* | Meteor II | Hamburg | 90,1 | 31,82 | 150 |
| *DJDJ* | AnnelisChristophersen | Flensburg | 1402,4 | 495,05 | 830 |
| *DJDK* | Münster | Flensburg | 755,4 | 266,67 | 250 |
| *DJDL* | Maria Althoff | Flensburg | 712,8 | 251,61 | 390 |
| *DJDM* | Bernhard Howaldt | Flensburg | 9216,4 | 3253,40 | 3000 |
| *DJDN* | Hermann Althoff | Flensburg | 711,8 | 251,25 | 250 |
| *DJDO* | Birknack | Flensburg | 4232,1 | 1493,93 | 1600 |
| *DJDQ* | Amisia | Flensburg | 1576,2 | 556,39 | 520 |
| *DJDR* | Diana | Flensburg | 4230,0 | 1493,17 | 1600 |
| *DJDS* | Holstein+ | Glücksburg | 2307,9 | 814,69 | 1000 |
| DJDT | Ada | Maasholm | 15,7 | 5,53 | 50 |
| DJDU | Heinrich | Pellworm | 49,3 | 17,40 | 55 |
| DJDZ | Albert | Cuxhaven | 97,2 | 34,32 | 50 |
| DJEA | Mars | Büsum | 16,0 | 5,65 | 60 |
| *DJEB* | Miranda | Büsum | 451,3 | 159,32 | 300 |
| DJED | Anna | Pellworm | 43,6 | 15,37 | 95 |
| DJEE | Anna | Büsum | 14,5 | 5,10 | 25 |
| DJEI | Anni | Pellworm | 91,8 | 32,41 | 25 |
| *DJEK* | Arn VII | Arnis/Schlei | 863,6 | 304,84 | 300 |
| DJEM | Bertha | Flensburg | 19,3 | 6,83 | 120 |
| DJES | Carl Jensen | Kiel | 149,6 | 52,88 | 120 |
| DJEU | Catrina | Friedrichstadt | 138,9 | 49,03 | 100 |
| DJEW | Christine | Pellworm | 75,5 | 26,65 | 56 |
| DJFG | Seefalke I | Büsum | 21,1 | 7,45 | 100 |
| DJFJ | Eider | Süderstapel | 184,2 | 65,02 | 100 |
| *DJFO* | Sliesand | Maasholm | 59,7 | 21,09 | 150 |
| DJFQ | Orion | Büsum | 20,9 | 7,39 | 90 |
| DJFW | Feuerland | Büsum | 14,8 | 5,22 | 100 |
| DJGB | Frida | Büsum | 18,8 | 6,63 | 75 |
| DJGF | Fürchtenicht | Tönning | 14,7 | 5,19 | 90 |
| DJGM | Günther | Lübeck-Travemünde | 23,5 | 8,30 | 100 |
| DJGN | Gustav | Pellworm | 101,2 | 35,71 | 55 |
| *DJGS* | Hedi Engels | Büsum | 31,3 | 11,05 | 120 |
| DJHB | Herta | Arnis/Schlei | 148,5 | 52,41 | 120 |
| DJHD | Hildegard-Marie | Husum | 21,7 | 7,66 | 75 |
| DJHO | Karl-Heinz | Hamburg | 127,7 | 45,06 | 75 |
| *DJHP* | Kehrwieder | Büsum | 60,1 | 21,21 | 150 |
| DJHR | Klaus Groth | Büsum | 21,2 | 7,48 | 80 |
| DJHX | Nordmeer | Büsum | 60,0 | 21,20 | 150 |
| DJIC | Lucia | Kiel | 89,0 | 31,42 | 65 |
| DJIG | Marie | Husum | 57,5 | 20,31 | 65 |
| DJII | Rungholt | Husum | 30,5 | 10,76 | 50 |
| DJIO | Martha | Hamburg | 103,5 | 36,54 | 100 |
| DJIU | Fairplay III | Hamburg | 12,3 | 4,34 | 400 |
| DJIW | Frieda | Pellworm | 26,2 | 9,24 | 45 |
| DJJL | Pellworm | Pellworm | 135,7 | 47,90 | 2×165 |
| DJJM | Pellworm | Pellworm | 389,7 | 137,55 | 150 |
| DJJR | Heimat | Kappeln | 22,9 | 8,09 | 150 |
| DJKB | Sturmvogel | Büsum | 18,6 | 6,57 | 100 |

## DJKG — DJOC

| Unter-scheidungs-signale | Namen der Schiffe | Heimathafen | Kubikmeter (Nettoraumgehalt) | Registertons (Nettoraumgehalt) | PS |
|---|---|---|---|---|---|
| DJKG | Paulina | Büsum | 469,9 | 175,41 | 245 |
| *DJKH* | Paloma | Büsum | 58,0 | 20,46 | 150 |
| DJKO | Wilhelm Külper | Büsum | 34,1 | 12,02 | 120 |
| DJKQ | Wilhelmine II | Büsum | 37,1 | 10,00 | 50 |
| DJKR | Herma Ohle | Hamburg | 115,3 | 40,69 | 75 |
| DJKS | Rudolf Engels | Büsum | 59,2 | 20,89 | 150 |
| DJKV | Nordwest | Maasholm | 16,7 | 5,91 | 120 |
| DJKX | Zukunft | Büsum | 24,29 | 7,5 | 75 |
| DJLA | Elsa | Maasholm | 18,1 | 6,37 | 105 |
| DJLB | Nordlicht | Büsum | 16,7 | 5,91 | 75 |
| *DJLD* | Annemarie | Kappeln | 26,5 | 9,36 | 150 |
| DJLG | Meteor | Pellworm | 92,8 | 32,76 | |
| DJLK | Gebrüder | Büsum | 19,7 | 6,95 | 20 |
| DJLM | Stadt Husum | Husum | 67,9 | 23,95 | 100 |
| *DJLO* | Mariana | Büsum | 495,4 | 174,89 | 300 |
| DJLT | Capella | Husum | 15,7 | 5,5 | 100 |
| DJLU | Wiking | Büsum | 16,1 | 5,68 | |
| *DJLZ* | Tamora | Büsum | 452,4 | 59,69 | 470 |
| DJMB | Barbara | Büsum | 25,4 | 8,96 | 75 |
| DJMF | Concordia | Kappeln/Schlei | 31,5 | 11,10 | |
| DJMG | Puck | Kappeln/Schlei | 38,0 | 13,40 | |
| DJMH | Nöck | Kappeln/Schlei | 84,8 | 29,94 | 100 |
| DJMK | Seehund | Maasholm | 19,5 | 6,88 | 15 |
| DJMM | Antje | Kappeln/Schlei | 15,3 | 5,39 | 100/120 |
| DJMO | Pidder Lüng | Hallig Hooge | 31,7 | 11,18 | 15 |
| *DJMQ* | Anne Ohl | Ulsnis | 389,5 | 137,51 | 250 |
| *DJMR* | Marga | Maasholm | 29,3 | 10,35 | |
| DJMS | Wik | Kiel | 86,5 | 30,53 | 117 |
| DJMY | Condor | Kappeln/Schlei | 22,4 | 7,91 | 120 |
| DJNB | Nordmeer | Burgstaaken | 18,7 | 6,61 | 150 |
| DJNC | Sturmvogel | Kappeln/Schlei | 26,9 | 9,33 | 120 |
| DJND | Adler | Kappeln/Schlei | 20,7 | 7,32 | |
| DJNE | Bussard II | Büsum | 20,2 | 7,12 | 80 |
| DJNG | Greif | Kappeln/Schlei | 15,8 | 5,58 | |
| DJNH | Vorwärts | Arnis/Schlei | 17,1 | 6,02 | |
| *DJNL* | Norderholm+ | Kiel | 4284,0 | 1512,27 | 3300 |
| DJNM | Anna | Kiel | 102,2 | 36,08 | 200 |
| DJNN | Anna-Elise | Varelerhafen | 112,9 | 39,84 | 75 |
| DJNO | Annemarie | Leer | 373,8 | 131,54 | 195 |
| DJNP | Antje | Kiel | 15,2 | 5,35 | 75 |
| DJNQ | August | Kiel | 119,6 | 42,22 | 160 |
| *DJNR* | Käte Grammerstorf | Kiel | 4061,1 | 1433,60 | 1275 |
| *DJNT* | Bülk | Kiel | 89,3 | 31,53 | 350 |
| *DJNU* | Bungsberg | Hamburg | 680,3 | 240,10 | 360 |
| DJNW | Heikendorf | Kiel | 616,6 | 217,7 | 1120 |
| DJNZ | Dorathea | Kiel | 48,1 | 16,95 | 120 |
| DJOA | Schleswig-Holstein | Kiel | 50,1 | 17,68 | 150 |
| *DJOB* | Geheimrat Sartori | Kiel | 1408,4 | 497,15 | 1000 |
| DJOC | Eckholt | Eckernförde | 12,7 | 4,46 | 100 |

## DJOD — DJQS

| Unter-scheidungs-signale | Namen der Schiffe | Heimathafen der Schiffe | Kubikmeter Nettoraumgehalt | Registertons Nettoraumgehalt | PS |
|---|---|---|---|---|---|
| DJOD | Edith Becker | Kiel | 96,2 | 33,97 | 50 |
| DJOF | Emil | Kiel | 509,2 | 179,73 | 150 |
| DJOG | Emma Dorothea | Schilksee-Strande | 13,0 | 4,57 | 80 |
| *DJOH* | Glücksburg | Kiel | 613,5 | 216,55 | 1530 |
| *DJOI* | Fehmarn | Hamburg | 579,8 | 204,69 | 330 |
| *DJOJ* | Elisabeth Entz | Rendsburg | 16057,4 | 5668,54 | 2×2250 |
| DJOK | Friedrichsort | Kiel | 339,0 | 119,67 | 280 |
| DJOL | Georg | Kiel | 121,1 | 42,76 | 100 |
| DJOM | Hans-Helmut | Schilksee-Strande | 13,6 | 4,77 | 90 |
| *DJOO* | Seeadler | Kiel | 31,1 | 10,9 | 120 |
| DJOR | Heinrich | Kiel | 126,7 | 44,72 | 120 |
| DJOS | Henni | Rendsburg | 134,5 | 47,56 | 75 |
| *DJOT* | Falkenstein | Kiel | 612,8 | 216,33 | 1530 |
| DJOU | Hertha | Kiel | 136,7 | 48,25 | 150 |
| *DJOV* | Heimkehr | Eckernförde | 65,1 | 22,98 | 120 |
| *DJOW* | Hilda | Kiel | 515,2 | 181,86 | 150 |
| DJPA | Hohwacht | Kiel | 86,0 | 30,25 | 300 |
| DJPB | Holsatia | Kiel | 277,5 | 97,97 | 380 |
| DJPC | Elch | Hamburg | 172,3* | 60,83* | 550 |
| *DJPD* | Holtenau | Kiel | 202,2* | 71,73* | 350 |
| DJPF | Ilse | Kiel | 159,5 | 56,30 | 130 |
| DJPG | Ingrid | Kiel | 331,7 | 117,08 | 150 |
| DJPH | Phönix | Heikendorf | 15,6 | 5,49 | 100 |
| *DJPI* | Christian Sartori+ | Kiel | 3733,5 | 1317,93 | 2250 |
| *DJPJ* | Karin | Kiel | 381,6 | 134,69 | 180 |
| DJPK | Mönkeberg | Kiel | 206,0 | 72,55 | 240 |
| *DJPM* | Laboe | Kiel | 687,7 | 242,76 | 950 |
| *DJPO* | Dieter Waltraud | Rendsburg | 363,0 | 128,14 | 350 |
| DJPP | Willi | Kiel | 124,0* | 43,76* | 180 |
| DJPS | Esso Nordenham | Hamburg | 287,7 | 98,38 | 240 |
| *DJPU* | Neuende | Hamburg | 660,0 | 232,99 | 300 |
| DJPV | Hei 31 | Heikendorf | 15,7 | 5,54 | 80 |
| *DJPZ* | Editha | Eckernförde | 797,5 | 281,52 | 460 |
| *DJQA* | Ernst Friesecke | Kiel | 961,4 | 339,37 | 450 |
| DJQB | Iltis | Kiel | 430,1 | 153,95 | — |
| DJQC | Edith | Heikendorf | 34,0 | 12,00 | 120 |
| *DJQD* | Maria | Heikendorf | 24,0 | 8,47 | 120 |
| *DJQE* | Clemens Sartori | Kiel | 3820,8 | 1348,76 | 1800 |
| *DJQG* | Claus Grimbart | Kiel | 909,3 | 320,97 | 1000 |
| *DJQI* | Schwan | Möltenort | 23,8 | 8,39 | 150 |
| *DJQJ* | Schwansen | Kiel | 1140,1 | 402,44 | 360 |
| DJQK | Seeadler | Rendsburg | 230,6* | 81,42* | 330 |
| DJQL | Sonja | Kiel | 38,1 | 13,46 | 80 |
| *DJQM* | Theoja I | Cuxhaven | 36,7 | 12,95 | 125 |
| DJQO | Maria Fr. Joerk | Kiel | 416,3 | 146,96 | 250/270 |
| DJQP | Christa Griese | Kiel | 550,6 | 194,35 | 230 |
| *DJQQ* | Eva | Heikendorf | 31,8 | 11,24 | 96 |
| *DJQR* | Gaarden | Kiel | 169,5 | 59,84 | 500 |
| DJQS | Sucher | Rendsburg | 405,5 | 143,13 | 200 |

* = Bruttoraumgehalt.

## DJQU — DJTJ

| Unter-scheidungs-signale | Namen der Schiffe | Heimathafen der Schiffe | Kubik-meter Nettoraumgehalt | Register-tons Nettoraumgehalt | PS |
|---|---|---|---|---|---|
| *DJQU* | Flensburg | Kiel | 564,9 | 199,42 | 850 |
| DJQV | Ute | Kiel | 39,3 | 13,87 | 100 |
| DJQW | Veritas | Kiel | 137,8 | 48,65 | 75 |
| *DJQX* | Viktoria | Kiel | 121,0 | 42,73 | 240 |
| *DJQY* | Ellerbek | Kiel | 203,2 | 71,73 | 190 |
| DJQZ | Käte Oltmann | Hamburg | 328,0 | 115,77 | 200 |
| DJRA | Rudolf | Norderney | 100,7 | 35,54 | 175 |
| *DJRB* | Kronsberg | Hamburg | 993,2 | 350,59 | 1000 |
| DJRC | Stadtrat Suhr | Eckernförde | 16,9 | 5,96 | 72 |
| *DJRE* | Wogram | Heikendorf | 38,2 | 13,51 | 120 |
| DJRG | Möwe | Neustadt/Holst. | 14,2 | 5,02 | 120 |
| DJRH | Mamsell | Kiel | 21,7 | 7,64 | 170 |
| *DJRI* | Seestern | Heikendorf | 17,6 | 6,21 | 80 |
| DJRL | Karl-Heinz | Heiligenhafen | 19,5 | 6,90 | 100 |
| *DJRN* | Biomaris-Atlantic | Bremen | 45,1 | 15,91 | 120 |
| DJRP | Kronsort | Eckernförde | 22,2 | 7,85 | 90 |
| *DJRQ* | Christa | Heikendorf | 28,7 | 10,15 | 100 |
| *DJRS* | Johann Böhnke | Strande | 46,2 | 16,29 | 180 |
| *DJRU* | Marianne J. Nimtz | Hamburg | 4518,3 | 1594,95 | 1200 |
| *DJRX* | Hedwig-Elisabeth | Heikendorf | 36,1 | 12,75 | 125 |
| *DJRZ* | Heimatland | Eckernförde | 36,9 | 13,02 | 120 |
| DJSA | Einigkeit | Neufeld | 17,2 | 6,09 | 120 |
| DJSB | Hermann Tiessen | Kiel | 138,1 | 48,75 | 120 |
| *DJSC* | Hanne Scarlett | Kiel | 880,6 | 310,84 | 2000 |
| *DJSD* | Lilli Scarlett | Kiel | 926,4 | 327,03 | 2000 |
| *DJSE* | Nordmeer | Neustadt/Holst. | 29,9 | 10,24 | 120 |
| DJSH | Frie 4 | Kiel-Friedrichsort | 14,1 | 4,99 | 100 |
| DJSI | Doris | Kiel | 110,1 | 38,88 | 60 |
| *DJSK* | Wellingdorf | Kiel | 564,9 | 199,42 | 850 |
| *DJSL* | Duburg | Kiel | 2468,0 | 871,20 | 1200 |
| DJSN | Emmi | Laboe | 49,1 | 17,34 | |
| DJSO | Felsen | Eckernförde | 52,9 | 18,68 | 110 |
| DJSP | Sabine | Kiel | 24,9 | 8,81 | 120 |
| DJSQ | Frisch Auf | Eckernförde | 23,9 | 8,43 | 100 |
| *DJSR* | Bonanza | Kiel | 8157,8 | 2879,72 | 1520 |
| DJST | Grete-Herta | Möltenort | 16,2 | 5,73 | 100 |
| DJSU | Söte Deern | Eckernförde | 21,1 | 7,45 | |
| *DJSX* | Glücksburg | Kiel | 2468,4 | 871,34 | 1200 |
| *DJSY* | Heikendorf | Kiel | 284,6 | 100,45 | 300 |
| *DJSZ* | Knurrhahn | Kiel | 23,2 | 8,19 | 75 |
| *DJTA* | Strande | Kiel | 480,9* | 169,75* | 1150 |
| DJTC | Martha Elfriede | Kiel | 58,3 | 20,56 | 150 |
| DJTB | Schwalbe | Eckernförde | 14,6 | 5,15 | 90/120 |
| DJTE | Frie 2 | Friedrichsort | 16,4 | 5,75 | 75 |
| DJTF | Peter | Heikendorf | 26,4 | 9,31 | 120 |
| DJTG | Brigitte | Eckernförde | 27,5 | 9,70 | 120 |
| *DJTH* | Hei 28 | Heikendorf | 21,9 | 7,75 | 100 |
| *DJTI* | Ruth | Kiel | 61,7 | 21,80 | 150 |
| *DJTJ* | Elisabeth | Eckernförde | 37,6 | 13,29 | 120 |

* = Bruttoraumgehalt.

## DJTK — DJWA

| Unterscheidungssignale | Namen der Schiffe | Heimathafen der Schiffe | Nettoraumgehalt Kubikmeter | Nettoraumgehalt Registertons | PS |
|---|---|---|---|---|---|
| *DJTK* | Blidum | Rendsburg | 2417,2 | 853,80 | 1200 |
| DJTL | Kehrwieder | Kiel | 11,0 | 3,88 | 95 |
| DJTM | Kitzeberg | Kiel | 221,3 | 78,00 | 300 |
| *DJTN* | Neumünster | Kiel | 487,6 | 172,12 | 925 u. 180 |
| DJTO | Pillau | Heikendorf | 59,6 | 21,04 | 180 |
| *DJTS* | Elfriede+ | Kiel | 3065,5 | 1082,13 | 800 |
| *DJTV* | Annemarie+ | Kiel | 3036,5 | 1071,90 | 800 |
| DJTZ | Marie Luise | Strande | 36,6 | 12,91 | 120 |
| *DJUA* | Martin | Heikendorf | 47,5 | 16,77 | 150 |
| DJUC | Möltenort | Kiel | 265,1 | 93,50 | 300 |
| DJUE | Roland | Kiel | 871,5 | 307,65 | 250 |
| DJUF | Annchen Felter+ | Lübeck | 1044,9 | 368,86 | 500 |
| DJUH | Rendsburg | Kiel | 489,5 | 172,80 | 1205 |
| *DJUK* | Heimat | Laboe | 19,3 | 6,83 | 85 |
| DJUL | Claus S | Hamburg | 210,7 | 74,39 | 125 |
| *DJUM* | Heimatland | Möltenort | 59,6 | 21,04 | 150 |
| *DJUO* | Hei 24 | Heikendorf | 38,6 | 13,63 | 150 |
| *DJUP* | Einigkeit | Möltenort | 41,8 | 14,00 | 150 |
| *DJUR* | Trave | Kiel | 505,0 | 190,70 | 850 |
| DJUS | Spüler Friedrich | Rendsburg | 914,9* | 322,95* | 125 |
| *DJUT* | Freya | Kiel | 40,8 | 14,40 | 150 |
| DJUV | Schwalbe | Kiel | 154,3* | 54,48* | 120 |
| DJUW | Schwan | Neumühlen/Kiel | 210,1 | 74,17 | — |
| *DJUY* | Stadt Kiel | Kiel | 410,6 | 144,94 | 520 |
| DJUZ | Steffen | Kiel | 208,4* | 73,58* | 250 |
| *DJVA* | Stein | Kiel | 5,0 | 1,78 | 550 |
| DJVB | Bussard I | Hamburg | 92,0* | 32,49* | 281 |
| DJVC | Heimat | Rendsburg | 23,4 | 8,28 | 150 |
| *DJVE* | Husum | Kiel | 536,4 | 189,33 | 850 |
| *DJVF* | Eider | Kiel | 540,2 | 190,70 | 850 |
| *DJVG* | Konsul Sartori | Kiel | 1426,8 | 503,66 | 1000 |
| DJVH | St. S. 80 | Kiel | 685,4 | 241,95 | 312 |
| DJVI | St. S. 81 | Kiel | 685,0 | 241,70 | 312 |
| *DJVJ* | Christian | Kiel | 20,4 | 7,20 | 120 |
| *DJVL* | Vorwärts | Brunsbüttelkoog | 279,2* | 98,57* | 450 |
| *DJVN* | Schwentine | Kiel | 540,2 | 190,70 | 850 |
| *DJVQ* | Karin | Heikendorf | 32,8 | 11,59 | 150 |
| *DJVR* | Karl Grammerstorf | Kiel | 3932,3 | 1197,48 | 2300 |
| DJVS | Kiel 30 | Kiel | 23,5 | 8,30 | 105 |
| DJVT | Günter | Büsum | 9,9 | 3,48 | 36 |
| *DJVU* | Hei 47 | Arnis/Schlei | 23,5 | 8,29 | 85 |
| DJVV | Herbert | Rendsburg | 147,5 | 52,08 | 75 |
| *DJVW* | Büsum | Kiel | 536,4 | 189,33 | 850 |
| *DJVX* | Waltraut Behrmann | Rendsburg | 835,1 | 294,78 | 250 |
| DJVY | Inge | Laboe | 16,1 | 5,69 | 100 |
| *DJVZ* | Cläre Grammerstorf | Kiel | 6192,9 | 2186,09 | 1800 |
| *DJWA* | Catharina Oldendorff+ | Lübeck | 13460,6 | 4751,60 | 5340 |

* = Bruttoraumgehalt.

## DJWB — DJYN

| Unterscheidungssignale | Namen der Schiffe | Heimathafen der Schiffe | Kubikmeter (Nettoraumgehalt) | Registertons (Nettoraumgehalt) | PS |
|---|---|---|---|---|---|
| *DJWB* | Nordland | Lübeck | 2811,5 | 992,49 | 1600 |
| DJWC | Altstadt | Lübeck | 92,3 | 32,58 | 160 |
| DJWD | Uwe | Lübeck-Travemünde | 24,5 | 8,65 | 120 |
| DJWE | Anne Gret | Lübeck-Gothmund | 18,1 | 6,40 | 75 |
| DJWF | Antje | Niendorf | 25,0 | 8,84 | 150 |
| *DJWG* | Lübeck+ | Lübeck | 14733,9 | 5201,05 | 5340 |
| DJWH | Kurfürst | Burgstaaken | 117,0 | 40,96 | 150 |
| DJWI | Brandenburg | Hamburg | 265,8 | 93,82 | 150 |
| *DJWJ* | Hans Matthias | Burgstaaken | 439,1 | 154,99 | 220 |
| DJWL | Flamingo | Flensburg | 181,3 | 64,01 | 350 |
| DJWN | Anneliese | Lübeck-Schlutup | 25,5 | 9,02 | 95 |
| *DJWP* | Möwe II | Lübeck-Travemünde | 2002,3 | 706,81 | 920 |
| *DJWQ* | Käthe Heisler | Heiligenhafen | 60,9 | 21,51 | 120 |
| *DJWR* | Hinrich Oldendorff | Lübeck | 9492,8 | 3350,97 | 4180 |
| *DJWS* | Assen | Lübeck | 1877,9 | 662,91 | 1000 |
| DJWT | Dora | Burgstaaken | 103,8 | 36,65 | 100 |
| *DJWU* | Wolfram | Lübeck | 902,3 | 318,39 | 400 |
| DJWW | Navico V | Lübeck | 151,6 | 53,51 | 230 |
| DJWX | Elbing II | Lübeck | 1267,4 | 447,40 | 570 |
| DJWY | Motorfisch | Hamburg | 508,8 | 179,62 | 300 |
| DJWZ | Ostpreußen | Heiligenhafen | 60,2 | 21,41 | 125 |
| DJXB | Hella | Haffkrug | 63,6 | 22,44 | 150 |
| *DJXC* | Asella | Lübeck | | 2841 | 2000 |
| *DJXD* | Christoffer Oldendorff | Lübeck | 8291,5 | 2926,89 | 1750 |
| DJXE | Hedwig | Lübeck-Travemünde | 25,3 | 8,93 | 150 |
| DJXG | Jutta | Lübeck-Travemünde | 63,5 | 22,43 | 150 |
| DJXH | Hans Peter | Lübeck-Travemünde | 65,3 | 23,05 | 150 |
| *DJXJ* | Urania | Heiligenhafen | 59,7 | 21,09 | 125 |
| *DJXM* | Sturmvogel | Heiligenhafen | 58,9 | 20,78 | 120 |
| *DJXN* | Kehrwieder | Burgstaaken | 61,3 | 21,63 | 150 |
| DJXL | Margarethe | Lübeck-Schlutup | 31,3 | 7,51 | 120 |
| *DJXO* | Gemma | Lübeck | 325,0 | 114,74 | 500 |
| DJXQ | Gertrud | Kiel | 23,4 | 8,26 | 160 |
| DJXR | Heidi | Friedrichskoog | 15,8 | 5,59 | 100 |
| DJXS | Gorch Fock | Niendorf | 20,2 | 7,13 | 90 |
| DJXW | Griep to | Lübeck-Travemünde | 29,7 | 10,47 | 100 |
| DJXX | Elsbeth | Lübeck-Schlutup | 19,6 | 6,91 | 75 |
| *DJXY* | Habicht | Lübeck-Travemünde | 23,0 | 8,11 | 150 |
| DJXZ | Hanna Frida | Kiel | 78,8 | 27,83 | 36 |
| DJYA | Heita | Lübeck-Travemünde | 63,5 | 22,42 | 200 |
| DJYB | Hai | Timmendorferstrand | 18,7 | 6,62 | 120 |
| DJYD | Heimat | Lübeck-Schlutup | 17,6 | 6,20 | 100 |
| DJYE | Heimat | Niendorf | 16,1 | 5,67 | 70 |
| *DJYG* | Venus | Lübeck-Travemünde | 60,9 | 21,49 | 120 |
| *DJYK* | Helgoland | Lübeck | 687,1 | 242,54 | 460 |
| DJYL | Fona | Lübeck | 1114,8 | 393,54 | 1000 |
| DJYM | Glückauf | Hamburg | 658,0 | 232,27 | 250 |
| DJYN | Holl fast | Brake | 29,7 | 10,47 | 120 |

## DJYO — DKBG

| Unterscheidungssignale | Namen der Schiffe | Heimathafen der Schiffe | Kubikmeter Nettoraumgehalt | Registertons Nettoraumgehalt | PS |
|---|---|---|---|---|---|
| DJYO | Ingrid | Lübeck-Travemünde. | 16,5 | 5,84 | 90 |
| DJYP | Irjo | Niendorf | 18,4 | 6,50 | 75 |
| *DJYR* | Columbus | Lübeck-Travemünde | 62,4 | 20,03 | 120 |
| DJYS | Hoffnung | Lübeck-Travemünde | 61,0 | 21,53 | 120 |
| *DJYT* | Johannes | Lübeck | 528,8 | 185,62 | 300 |
| DJYU | Hans Werner | Lübeck-Travemünde. | 17,4 | 6,15 | 150 |
| DJYV | Sirius II | Neustadt/Holst. | 16,7 | 5,70 | 75 |
| DJYW | Lissy | Emden | 298,9 | 105,53 | 230 |
| DJYX | Lore | Lübeck-Travemünde. | 20,7 | 7,30 | 150 |
| DJZA | Marie | Lübeck | 211,6 | 74,70 | 150 |
| DJZB | Mariechen | Heiligenhafen | 144,3 | 50,95 | 125 |
| DJZD | Anke II | Glückstadt | 61,9 | 21,85 | 150 |
| DJZF | Möwe | Hamburg | 380,8 | 134,48 | 250 |
| DJZG | Christine | Großenbrode | 17,3 | 6,10 | 125 |
| DJZJ | Astrid II | Orth/Fehmarn | 19,1 | 6,76 | 120 |
| DJZK | Elmshorn | Elmshorn | 304,8 | 107,60 | 200 |
| DJZL | Nordstern | Lübeck-Travemünde. | 15,9 | 5,63 | 100 |
| DJZM | Vineta | Lübeck-Travemünde | 60,2 | 21,25 | 120 |
| DJZN | Orion | Hamburg | 420,3 | 148,36 | 125 |
| DJZO | Ost | Hamburg | 78,8* | 27,83* | 140 |
| DJZP | Ostwacht | Burg/Fehmarn | 98,1 | 34,62 | 600 |
| *DJZQ* | Perseus | Burgstaaken | 26,1 | 9,21 | 150 |
| *DJZR* | Ursula Heinemeier | Lübeck | 1354,8 | 478,24 | 900 |
| DJZS | Polyp | Lübeck | 65,3 | 23,05 | 120 |
| DJZU | Pregel | Hamburg | 298,4 | 105,33 | 150 |
| DJZV | Preußen | Lübeck-Travemünde. | 17,7 | 6,36 | 105 |
| DJZW | Reni | Eckernförde | 26,5 | 9,37 | 90 |
| DJZY | Richard | Kiel | 119,1 | 42,05 | 60 |
| *DJZZ* | Seemöwe | Lübeck-Travemünde | 1410,9 | 498,04 | 1000 |
| DKAA | Roswitha | Neustadt/Holst. | 16,6 | 5,86 | 150 |
| DKAB | Trotz | Büsum | 15,2 | 5,35 | 75 |
| *DKAC* | Fjordmöwe | Lübeck-Travemünde | 2221,6 | 724,23 | 2000 |
| *DKAF* | Liebe | Heiligenhafen | 34,1 | 12,03 | 150 |
| *DKAG* | Gretke Oldendorff | Lübeck | 2024,3 | 714,58 | 900 |
| DKAH | Seeadler | Maasholm | 16,3 | 5,74 | 70 |
| DKAK | Seeschwalbe | Lübeck | 25,2 | 8,91 | 35 |
| *DKAL* | Tete Oldendorff | Lübeck | 1523,7 | 537,86 | 600 |
| DKAN | Wodan | Lübeck | 628,1 | 221,73 | 350 |
| DKAO | Skandia | Flensburg | 522,0 | 184,26 | 360 |
| DKAP | Steinbutt | Heiligenhafen | 27,5 | 9,69 | 100 |
| DKAS | Swea | Lübeck-Travemünde | 22,1 | 7,82 | 50 |
| DKAX | Travemünde | Lübeck | 87,9 | 31,01 | 340 |
| DKAY | Ursula | Lübeck-Travemünde | 21,8 | 7,69 | 95 |
| *DKAZ* | Stella+ | Lübeck | 3351,7 | 1183,15 | 1840 |
| *DKBA* | Eversen | Niendorf | 82,5 | 29,12 | 240 |
| *DKBB* | Erna Oldendorff | Lübeck | 3232,8 | 1141,19 | 1200 |
| *DKBE* | Dorthe Oldendorff | Lübeck | 3527,4 | 1245,16 | 850 |
| *DKBF* | Birte Oldendorff | Lübeck | 3277,7 | 1157,05 | 1250 |
| *DKBG* | Venus | Burgstaaken | 30,4 | 10,75 | 120 |

* = Bruttoraumgehalt.

## DKBJ — DKEF

| Unterscheidungssignale | Namen der Schiffe | Heimathafen | Kubikmeter Nettoraumgehalt | Registertons Nettoraumgehalt | PS |
|---|---|---|---|---|---|
| DKBJ | Hermann .......... | Neustadt/Holst. .... | 22,2 | 7,85 | 120 |
| DKBK | Pfadfinder ......... | Niendorf .......... | 15,9 | 5,62 | 100 |
| *DKBM* | Henning Oldendorff . | Lübeck ........... | 6499,4 | 2294,24 | 1800 |
| DKBP | Herkules........... | Heiligenhafen....... | 18,3 | 6,44 | 90 |
| DKBQ | Emma............. | Burgstaaken........ | 20,5 | 7,23 | 75 |
| DKBR | Dievenow .......... | Lübeck-Travemünde | 23,4 | 8,25 | 70 |
| DKBS | Falke ............ | Kappeln/Schlei ..... | 21,5 | 7,58 | 150 |
| DKBT | Waltraut........... | Heiligenhafen....... | 19,6 | 6,93 | 150 |
| DKBU | Nordland .......... | Niendorf........... | 16,8 | 5,95 | 70 |
| DKBW | Heimwärts ......... | Neustadt/Holst...... | 18,9 | 6,68 | 105 |
| DKBY | C. K. 11 .......... | Neustadt/Holst. .... | 567,1 | 200,20 | 3×130 |
| DKBZ | C. K. 10 .......... | Neustadt/Holst. .... | 567,1 | 200,20 | 3×130 |
| DKCA | Carrara ........... | Rendsburg ......... | 252,5 | 89,14 | 190 |
| *DKCB* | Auriga ........... | Lübeck ........... | 3931,4 | 1387,79 | 1415 |
| *DKCC* | Stettiner Haff ...... | Lübeck-Travemünde | 59,9 | 21,14 | 180 |
| *DKCD* | Werner ........... | Burgstaaken........ | 59,5 | 21,02 | 150 |
| *DKCF* | Hoffnung .......... | Neustadt/Holst. .... | 27,5 | 9,70 | 120 |
| DKCG | Eduard ........... | Lübeck ........... | 215,8* | 76,18* | 375/450 |
| *DKCH* | Möwe III .......... | Lübeck-Travemünde | 1986,0 | 701,05 | 1000 |
| *DKCI* | Südheide ......... | Niendorf .......... | 92,9 | 32,80 | 300 |
| DKCJ | Sturmvogel ........ | Büsum ........... | 23,8 | 8,39 | 75 |
| DKCK | Lübeck ........... | Lübeck ........... | 282,7* | 99,77* | 390 |
| DKCL | Clara ............ | Lübeck ........... | 119,4* | 42,13* | 300 |
| DKCN | Frida............. | Heiligenhafen....... | 23,3 | 8,21 | 150 |
| *DKCO* | Baltic ............ | Heiligenhafen....... | 25,7 | 9,06 | 115 |
| *DKCQ* | Margarethe III ..... | Lübeck-Travemünde | 23,4 | 8,25 | 70 |
| DKCR | Mobil ............ | Lübeck ........... | 98,1* | 34,63* | 160 |
| *DKCS* | Klaus Oldendorff ... | Lübeck ........... | 6218,2 | 2195,04 | 1250 |
| *DKCT* | Forelle ........... | Burgstaaken........ | 19,8 | 6,98 | 120 |
| DKCW | Gertrud-Marta...... | Kiel ............. | 32,4 | 11,34 | 90 |
| *DKDB* | Magdalena Reith.... | Hamburg .......... | 3897,6 | 1375,85 | 1200 |
| DKDC | Brüsterort.......... | Lübeck-Travemünde | 14,1 | 4,98 | 70 |
| DKDG | Gerda ............ | Großenbrode ....... | 17,9 | 6,32 | |
| DKDJ | Unverzagt ......... | Lübeck ........... | 23,0 | 8,05 | 95 |
| *DKDN* | Castorp .......... | Lübeck ........... | 2119,6 | 748,22 | 1200 |
| *DKDP* | Signal ............ | Lübeck ........... | 1568,1 | 553,55 | 550 |
| *DKDS* | Seemöve .......... | Lübeck-Travemünde | 66,7 | 23,56 | 125 |
| *DKDT* | Hugo Oldendorff.... | Lübeck ........... | 2449,6 | 864,70 | 900 |
| *DKDV* | Breitenburg ........ | Hamburg .......... | 4352,5 | 1536,43 | 1500 |
| *DKDW* | Wickede .......... | Lübeck ........... | 1254,4 | 442,80 | 900 |
| DKDX | Charlotte ......... | Niendorf........... | 32,6 | 11,52 | 150 |
| DKDY | Paula Helling....... | Niendorf .......... | 32,6 | 11,52 | 190 |
| DKDZ | Anna ............ | Heiligenhafen....... | 21,1 | 7,43 | 150 |
| DKEA | Christa ........... | Lübeck-Travemünde | 27,7 | 9,77 | 100 |
| *DKEB* | Rüm Hart ......... | Seester ........... | 37,7 | 13,30 | 150 |
| DKEC | Doris ............ | Lübeck-Travemünde | 34,6 | 12,31 | 150 |
| DKED | Christa ........... | Lübeck-Travemünde | 26,5 | 9,36 | 250 |
| *DKEE* | Emil Berger. ...... | Lübeck ........... | 3553,8 | 1254,50 | 2×650 |
| *DKEF* | Pamir ............ | Lübeck ........... | 7108,4 | 2502,27 | 1100 |

* = Bruttoraumgehalt.

## DKEG — DKGZ

| Unterscheidungssignale | Namen der Schiffe | Heimathafen | Kubikmeter (Nettoraumgehalt) | Registertons (Nettoraumgehalt) | PS |
|---|---|---|---|---|---|
| *DKEG* | Passat | Lübeck | 7179,8 | 2534,48 | 1100 |
| DKEH | Seeadler | Lübeck-Travemünde | 16,2 | 5,71 | |
| DKEI | Seeadler | Niendorf | 19,2 | 6,77 | 150 |
| DKEJ | Gerhard | Neustadt/Holst. | 26,5 | 9,36 | 150 |
| *DKEK* | Karl-Christian | Lübeck | 3931,1 | 1387,69 | 1300 |
| *DKEL* | Nordlicht | Burgstaaken | 27,5 | 9,71 | 100 |
| *DKEM* | Örtze | Niendorf | 142,0 | 50,13 | 290 |
| DKEN | Luchs | Neustadt/Holst. | 17,2 | 6,06 | 50 |
| DKEO | Europa II | Kappeln/Schlei | 24,0 | 8,46 | 120 |
| *DKEP* | Spika | Lübeck | 644,9 | 227,63 | 775 |
| DKEQ | Columbus | Burgstaaken | 17,7 | 6,26 | 120 |
| DKER | Carola | Rendsburg | 406,0 | 143,37 | 300 |
| *DKES* | Calla | Rendsburg | 414,4 | 146,27 | 250 |
| *DKET* | Cimbria | Rendsburg | 406,2 | 143,37 | 250 |
| *DKEU* | Louise Schupp | Hamburg | 1909,9 | 674,21 | 600 |
| *DKEV* | Wera Böhrnsen | Rendsburg | 834,5 | 294,59 | 360 |
| *DKEW* | Margot Entz | Rendsburg | 11915,4 | 4206,13 | 3510 |
| *DKEX* | Pelikan | Rendsburg | 1083,9 | 382,63 | 520 |
| *DKEY* | Albert Friesecke | Rendsburg | 391,3 | 138,14 | 300 |
| *DKEZ* | Nordwind | Rendsburg | 539,0 | 190,26 | 300 |
| DKFA | Rantum+ | Rendsburg | 6929,2 | 2410,73 | 3600 |
| *DKFC* | Bertha Entz | Rendsburg | 7161,7 | 2528,08 | 8000 |
| DKFD | Hannchen Vollmers | Rendsburg | 463,7 | 163,70 | 250 |
| *DKFE* | Wera | Rendsburg | 507,8 | 179,24 | 300 |
| *DKFF* | Reinhold Krusemark | Rendsburg | 540,1 | 190,79 | 300 |
| DKFG | Marlies | Rendsburg | 605,9 | 213,88 | 150 |
| *DKFH* | Anne Catharina | Rendsburg | 529,0 | 186,72 | 300 |
| *DKFI* | Frisches Haff | Rendsburg | 62,7 | 22,14 | 150 |
| *DKFJ* | Detlef Schmidt | Rendsburg | 924,9 | 326,48 | 360 |
| *DKFK* | Wilhelm | Breiholz | 749,8 | 264,59 | 390 |
| *DKFL* | Stadt Essen | Rendsburg | 951,2 | 335,76 | 500 |
| DKFM | Avena | Breiholz | 478,8 | 169,01 | 270 |
| *DKFN* | Tinnum+ | Rendsburg | 8323,2 | 2938,11 | 4425 |
| *DKGE* | Silbermöve | Kiel | 40,6 | 14,33 | 120 |
| *DKGI* | Reibel II | Hamburg | 1959,7 | 691,79 | 600 |
| *DKGJ* | Hannes | Kiel | 24,6 | 8,67 | 120 |
| *DKGK* | Michael | Kiel | 6127,8 | 2163,13 | 2000 |
| *DKGL* | Johanna | Heikendorf | 30,5 | 10,76 | 105 |
| *DKGM* | Donar | Lübeck | 456,3 | 161,09 | 850 |
| *DKGN* | Berta Kienass | Rendsburg | 853,0 | 301,12 | 850 |
| DKGP | Kehrheim | Kiel | 26,4 | 9,32 | 90 |
| *DKGR* | Lahn | Duisburg-Ruhrort | 431,3 | 152,26 | 360/390 |
| *DKGS* | Zukunft | Heikendorf | 44,2 | 15,60 | 150 |
| *DKGT* | Glaube | Kiel | 22,6 | 7,98 | |
| DKGU | Vorwärts | Laboe | 22,2 | 7,82 | 90 |
| *DKGV* | Walküre | Kiel | 40,4 | 14,26 | 160 |
| DKGX | Grüß Gott | Eckernförde | 15,8 | 5,59 | 140 |
| DKGY | Delphin | Strande | 23,1 | 8,17 | 100 |
| *DKGZ* | Blumenau | Kiel | 9400,0 | 3318,18 | 4000 |

## DKHA — DKJC

| Unterscheidungssignale | Namen der Schiffe | Heimathafen der Schiffe | Kubikmeter Nettoraumgehalt | Registertons Nettoraumgehalt | PS |
|---|---|---|---|---|---|
| DKHA | Hannelore | Heikendorf | 31,4 | 11,08 | 105 |
| *DKHB* | Waltraut | Heikendorf | 34,7 | 12,24 | 150 |
| *DKHC* | Lina | Möltenort | 23,2 | 8,18 | 90 |
| *DKHD* | Adler | Heikendorf | 34,7 | 12,26 | 150 |
| *DKHE* | Adriana | Kiel | 3087,0 | 1089,70 | 1000 |
| *DKHF* | Lucianna | Kiel | 3085,2 | 1089,06 | 1000 |
| DKHG | Wolf | Kiel | 499,5 | 176,81 | |
| DKHH | St. S. 82 | Kiel | 966,8 | 341,27 | — |
| DKHI | St. S. 83 | Kiel | 966,8 | 341,27 | — |
| DKHK | Rudi Klaus | Möltenort | 16,9 | 5,95 | 150 |
| *DKHL* | Dietmar | Kiel | 39,0 | 13,77 | 150 |
| *DKHM* | Schwalbenberg | Heikendorf | 63,6 | 22,46 | 120 |
| DKHN | Pil 35 | Möltenort | 15,6 | 5,51 | 70 |
| DKHO | Klaus Dieter | Kiel | 26,9 | 9,48 | 60 |
| DKHQ | Silbermöve | Eckernförde | 65,4 | 23,09 | 120 |
| *DKHR* | Labor et Fides | Kiel | 390,1 | 137,69 | 300 |
| *DKHT* | Capella | Heikendorf | 59,8 | 21,12 | 150 |
| *DKHU* | Ingrid | Laboe | 59,1 | 20,86 | 150 |
| DKHV | Hans | Kiel | 55,4* | 19,57* | 130/150 |
| *DKHW* | Hoffnung | Heikendorf | 60,5 | 21,36 | 150 |
| *DKHX* | Belmonte | Kiel | 7359,5 | 2597,89 | 3000 |
| *DKIA* | Catherine Sartori+ | Kiel | 4533,3 | 1600,25 | 2400 |
| *DKIB* | Sigrid | Kiel | 60,9 | 21,51 | 120 |
| DKIC | Jupiter | Kiel | 25,1 | 8,86 | 120 |
| DKID | Helga | Kiel | 57,3 | 20,21 | 120 |
| *DKIE* | Einigkeit | Kiel | 59,6 | 21,04 | 120 |
| *DKIF* | Alexandra Sartori | Kiel | 3408,9 | 1203,34 | 2400 |
| DKIG | Helmut | Möltenort | 35,4 | 12,50 | 130 |
| DKIH | Sigrid | Kiel | 62,4 | 22,01 | 120 |
| DKII | St. S. 48 | Kiel | 656,6 | 231,80 | — |
| *DKIJ* | Störtebecker | Laboe | 59,5 | 20,99 | 180 |
| *DKIK* | Kahlberg-Liep | Kiel | 59,5 | 21,02 | 150 |
| DKIL | Johanna | Kiel | 58,2 | 20,53 | 135 |
| *DKIM* | Sperber | Kiel | 59,9 | 21,05 | 150 |
| *DKIN* | Delphin | Kiel | 59,7 | 21,09 | 150 |
| *DKIO* | Holtenau | Kiel | 572,0 | 201,90 | 1530 |
| *DKIP* | Kehrwieder | Kiel | 60,0 | 21,20 | 150 |
| *DKIQ* | Laboe | Kiel | 587,5 | 207,38 | 1530 |
| DKIS | Karin Christa | Kiel | 61,7 | 21,88 | 180 |
| DKIT | Bleibtreu | Heiligenhafen | 59,2 | 20,90 | 110 |
| DKIU | Forelle | Heikendorf | 60,5 | 21,36 | 150 |
| *DKIV* | Francisca Sartori | Kiel | 3410,5 | 1203,91 | 2400 |
| *DKIW* | Theo Grammerstorf | Kiel | 1799,5 | 635,22 | 530 |
| *DKIY* | Heimat | Eckernförde | 59,1 | 21,15 | 150 |
| DKIZ | Werner Martin Krüger | Heikendorf | 32,7 | 11,53 | 180 |
| DKJA | Helgoland | Hamburg | 79,0 | 27,88 | 120 |
| DKJB | Navico I | Hamburg | 73,0 | 25,76 | 70 |
| *DKJC* | Silbermöve | Hamburg | 405,3 | 143,07 | 220 |

* = Bruttoraumgehalt.

## DKJD — DKLD

| Unterscheidungssignale | Namen der Schiffe | Heimathafen der Schiffe | Kubikmeter Nettoraumgehalt | Registertons Nettoraumgehalt | PS |
|---|---|---|---|---|---|
| *DKJD* | Johanna Katz | Lübeck | 639,0 | 225,58 | 520 |
| DKJE | Alte Liebe | Niendorf | 28,1 | 9,91 | 150 |
| DKJG | Anni | Laboe | 15,8 | 5,56 | 120 |
| *DKJH* | Senator Possehl+ | Lübeck | 14703,7 | 5190,41 | 5340 |
| *DKJI* | Erika | Neustadt/Holst. | 41,8 | 14,75 | 150 |
| *DKJJ* | Annemarie | Lübeck-Travemünde | 26,9 | 9,48 | 150 |
| *DKJK* | Carina | Lübeck | 2436,6 | 860,13 | 810 |
| DKJL | Lotte | Neustadt/Holst. | 17,6 | 6,21 | 80 |
| DKJM | Twee Breeder | Heiligenhafen | 27,2 | 9,62 | 120 |
| DKJN | Herrenwyk | Lübeck | 713,1 | 251,71 | — |
| DKJO | Glückauf | Lübeck | 713,4 | 251,82 | — |
| DKJP | Alfred | Neustadt/Holst. | 36,4 | 12,85 | 120 |
| *DKJQ* | Antje von Sylt | Neustadt/Holst. | 60,7 | 21,43 | 120 |
| *DKJR* | Fredenhagen | Lübeck | 1558,3 | 550,08 | 100 |
| *DKJS* | Seemöve | Burgstaaken | 21,6 | 7,63 | 150 |
| *DKJT* | Melilla | Hamburg | 2441,9 | 862,0 | 2400 |
| *DKJU* | Ludolf Oldendorff | Lübeck | 3512,0 | 1239,74 | 2700 |
| DKJV | Alfred Porr | Lübeck | 1081,7 | 381,85 | 520 |
| DKJW | Neptun | Burgstaaken | 19,8 | 6,99 | 150 |
| *DKJX* | Dania | Lübeck | 1863,4 | 657,78 | 1500 |
| *DKJY* | Hans Lehmann+ | Lübeck | 1267,8 | 447,52 | 370 |
| DKJZ | Seeadler | Niendorf | 23,3 | 8,21 | 150 |
| *DKKA* | Travemünde | Lübeck | 3660,4 | 1292,13 | 1700 |
| DKKB | Lotte | Niendorf | 23,1 | 8,15 | 100 |
| *DKKD* | Imme Oldendorff | Lübeck | 2615,2 | 923,15 | 1600 |
| DKKE | Gertrud II | Niendorf | 23,1 | 8,15 | 150 |
| *DKKF* | Johannes Voss | Lübeck | 359,5 | 126,90 | 225 |
| DKKG | Fritz | Niendorf | 24,7 | 8,73 | 150 |
| *DKKH* | Nettelbeck | Lübeck-Travemünde. | 28,0 | 9,87 | 120 |
| DKKI | Seelöwe | Timmendorfer Strand | 18,6 | 6,65 | 80 |
| DKKJ | Seestern | Niendorf | 32,1 | 8,15 | 120 |
| DKKL | Störtebecker | Niendorf | 20,4 | 7,19 | 120 |
| DKKM | Sturmvogel | Timmendorfer Strand | 18,5 | 6,53 | 150 |
| *DKKN* | Möwe I | Lübeck-Travemünde. | 1983,6 | 700,23 | 1000 |
| *DKKO* | Memel | Niendorf | 57,9 | 20,44 | 120 |
| DKKP | Almut | Lübeck | 652,3 | 230,88 | 180 |
| *DKKQ* | Helga-Anni | Burgstaaken | 36,4 | 12,85 | 175 |
| *DKKR* | Rudolf-Hermann | Heiligenhafen | 55,0 | 19,42 | 150 |
| DKKS | Godenwind | Heiligenhafen | 33,6 | 11,84 | 150 |
| *DKKT* | Neukuhren | Niendorf | 32,4 | 11,44 | 150 |
| *DKKV* | Anneliese | Lübeck-Travemünde | 28,3 | 9,97 | 150 |
| *DKKW* | Dietrich Oldendorff | Lübeck | 5274,6 | 1861,93 | 1600 |
| DKKX | Ursula | Lübeck-Travemünde | 34,7 | 12,24 | 120 |
| *DKKY* | Dora Oldendorff+ | Lübeck | 7189,7 | 2537,96 | 2700 |
| *DKKZ* | Alfred | Burgstaaken | 30,3 | 10,71 | 150 |
| *DKLA* | Eibe Oldendorff | Lübeck | 9513,6 | 3358,29 | 4180 |
| DKLB | Zukunft | Neustadt/Holst. | 16,7 | 5,91 | 120 |
| DKLC | Thedje | Lübeck-Travemünde | 23,2 | 8,19 | 150 |
| *DKLD* | Regina | Lübeck | 3195,4 | 1127,96 | 1250 |

## DKLE — DLAO

| Unterscheidungssignale | Namen der Schiffe | Heimathafen der Schiffe | Kubikmeter (Nettoraumgehalt) | Registertons (Nettoraumgehalt) | PS |
|---|---|---|---|---|---|
| DKLE | Seeadler | Heikendorf | 58,1 | 20,51 | 150 |
| DKLF | Irene | Lübeck-Travemünde | 54,9 | 19,37 | 120 |
| DKLG | Kehrwieder | Lübeck-Travemünde | 60,9 | 21,51 | 150 |
| DKLH | Loreley | Heiligenhafen | 59,7 | 21,09 | 150 |
| DKLI | Lieschen | Haffkrug | 60,9 | 21,49 | 150 |
| DKLJ | Nordcap | Lübeck-Travemünde | 59,7 | 21,09 | 125 |
| DKLK | Wiltrud | Lübeck-Travemünde | 61,8 | 21,82 | 150 |
| DKLL | Finkwarder | Lübeck-Travemünde | 59,6 | 21,05 | 120 |
| DKLM | Utsire | Niendorf | 62,9 | 22,20 | 150 |
| DKLN | Renate | Niendorf | 60,0 | 21,20 | 150 |
| DKLO | Venus | Niendorf | 59,5 | 21,02 | 150 |
| DKLP | Stolper Bank | Lübeck-Travemünde | 45,3 | 15,98 | 150 |
| DKLQ | Zufriedenheit | Lübeck-Travemünde | 59,7 | 21,09 | 150 |
| DKLR | Ostbries | Haffkrug | 67,6 | 23,86 | 150 |
| DKLS | Oderbank | Burgstaaken | 31,4 | 11,10 | 150 |
| DKLT | Gerda | Lübeck-Travemünde | 62,6 | 22,11 | 150 |
| DKLU | Mira+ | Lübeck | 3421,4 | 1207,75 | 1500 |
| DKLV | Christa | Heiligenhafen | 61,9 | 21,85 | 130 |
| DKLW | Condor | Lübeck | 222,7 | 78,62 | 300 |
| DKLX | Samland | Niendorf | 60,9 | 21,51 | 150 |
| DKLY | Elfriede | Heiligenhafen | 59,4 | 20,97 | 135 |
| DKLZ | Annemarie | Heiligenhafen | 62,7 | 22,13 | 125 |
| DKMA | Mercator+ | Walsum | 3543,0 | 1250,68 | 1260 |
| DKMB | Imperial | Uerdingen | 286,3 | 94,72 | 300 |
| DKMC | Glückauf II | Düsseldorf | 67,5 | 23,85 | 300 |
| DKMD | Niederrhein | Duisburg-Ruhrort | 500,5 | 176,68 | 300 |
| DKME | Neckar | Duisburg-Ruhrort | 656,7 | 231,81 | 515 |
| DKMF | Main | Duisburg-Ruhrort | 829,5 | 292,82 | 500 |
| DKMG | Lippe | Duisburg-Ruhrort | 522,3 | 184,37 | 300 |
| DKMH | Traude | Düsseldorf | 613,6 | 216,60 | 295 |
| DKMM | Pirola | Lübeck-Travemünde | 63,6 | 22,44 | 120 |
| DKQA | Gertraud | Heikendorf | 40,5 | 14,29 | 150 |
| DKQB | Süderholm+ | Kiel | 4284,0 | 1512,27 | 2430 |
| DKQC | Wangenstein | Strande | 56,1 | 19,81 | 125 |
| DLAA | Ravenstein | Bremen | 12989,4 | 4585,27 | 12000 |
| DLAB | Schütting | Bremen | 8698,0 | 3070,39 | 5400 |
| DLAC | Frauenfels | Bremen | 8636,1 | 3048,55 | 4650 |
| DLAD | Gertrud+ | Bremen | 4711,7 | 1663,22 | 2500 |
| DLAE | Casablanca+ | Bremen | 5160,7 | 1821,73 | 2520 |
| DLAF | Fink+ | Bremen | 1225,7 | 432,66 | 590 |
| DLAG | Jason | Bremen | 1550,9 | 547,47 | 1600 |
| DLAH | Renata Schröder | Bremen | 5454,6 | 1925,47 | 1650 |
| DLAI | Soneck | Bremen | 2292,5 | 809,25 | 1380 |
| DLAJ | Travestein | Bremen | 11260,7 | 3975,01 | 9000 |
| DLAK | Rothenstein | Bremen | 12628,9 | 4457,99 | 12000 |
| DLAL | Clivia+ | Bremen | 10619,0 | 3748,51 | 3920 |
| DLAM | Adolf Vinnen+ | Bremen | 7448,8 | 2629,42 | 3000 |
| DLAN | Klosterfrau | Bremen | 950,2 | 335,42 | 1250 |
| DLAO | Franz Doerenkamp | Bremen | 950,2 | 335,42 | 1250 |

## DLAP — DLCL

| Unterscheidungssignale | Namen der Schiffe | Heimathafen der Schiffe | Nettoraumgehalt Kubikmeter | Nettoraumgehalt Registertons | PS |
|---|---|---|---|---|---|
| *DLAP* | Werner Vinnen+ | Bremen | 8604,7 | 3037,45 | 3360 |
| *DLAQ* | Hessenstein | Bremen | 14794,8 | 5222,38 | 10560 |
| *DLAR* | Tannstein | Bremen | 9041,4 | 3191,60 | 4700 |
| *DLAS* | Pallas | Bremen | 814,7 | 287,58 | 1000 |
| *DLAT* | Ginnheim+ | Bremen | 19129,9 | 6752,51 | 4200 |
| *DLAU* | Reifenstein | Bremen | 12784,3 | 4512,85 | 12000 |
| *DLAV* | Meise+ | Bremen-Vegesack | 1237,8 | 436,95 | 590 |
| *DLAW* | Liebenfels | Bremen | 12907,8 | 4556,45 | 5600 |
| *DLAX* | Torstein | Bremen | 9041,4 | 3191,60 | 4700 |
| *DLAY* | Merkurius | Bremen | 3693,0 | 1303,64 | 1050 |
| *DLAZ* | Bremerhaven | Bremen | 4563,6 | 1610,95 | 6800 |
| *DLBA* | Admiral Bastian+ | Bremen | 3334,6 | 1177,13 | 2000 |
| *DLBB* | Schwalbe+ | Bremen | 1220,2 | 430,73 | 590 |
| *DLBC* | Priamus | Bremen | 814,7 | 287,58 | 1000 |
| *DLBD* | Lindenfels | Bremen | 12822,8 | 4526,43 | 5600 |
| *DLBE* | Kelkheim+ | Bremen | 6760,4 | 2386,43 | 3300 |
| *DLBF* | Stephanitor | Bremen | 19533,4 | 6895,29 | 7200 |
| *DLBG* | Atlas Hugo Stinnes | Bremen | 4396,4 | 1551,93 | 2300 |
| *DLBH* | Marienfels | Bremen | 12701,4 | 4483,59 | 5600 |
| *DLBI* | Fidentia | Bremen | 1707,8 | 602,86 | 1050 |
| *DLBJ* | Adamsturm | Bremen | 4507,4 | 1591,12 | 1380 |
| *DLBK* | Bischofstor+ | Bremen | 16238,5 | 5732,18 | 4200 |
| *DLBL* | Hundseck+ | Bremen | 1464,4 | 516,95 | 660 |
| *DLBM* | Roseneck+ | Bremen | 1431,8 | 505,43 | 660 |
| *DLBN* | Brunneck | Bremen | 1434,3 | 506,32 | 660 |
| *DLBO* | Ceuta+ | Bremen | 5638,2 | 1990,29 | 3500 |
| *DLBP* | Neidenfels | Bremen | 12701,4 | 4483,59 | 5600 |
| *DLBQ* | Birkenstein | Bremen | 9488,8 | 3349,53 | 9000 |
| *DLBR* | Hastedt | Bremen | 13588,3 | 4796,68 | 2540 |
| *DLBS* | Nordenham | Bremen | 4557,3 | 1608,74 | 6800 |
| *DLBT* | Breitenstein | Bremen | 9482,4 | 3347,29 | 9000 |
| *DLBU* | Octavia+ | Bremen | 8562,3 | 3022,48 | 3600 |
| *DLBV* | Bischofstein | Bremen | 9482,4 | 3347,29 | 9000 |
| *DLBW* | Stepenitz | Bremen | 1680,1 | 593,06 | 1050 |
| *DLBX* | Star+ | Bremen | 1220,2 | 430,75 | 590 |
| *DLBY* | Nora Hugo Stinnes | Bremen | 4385,8 | 1548,17 | 2300 |
| *DLBZ* | Eva-Maria+ | Bremen | 1496,0 | 528,09 | 1000 |
| *DLCA* | Neuenfels | Bremen | 12716,7 | 4488,99 | 5600 |
| *DLCB* | Carl Meentzen+ | Bremen | 4509,5 | 1591,87 | 2000 |
| *DLCC* | Anny | Bremen | 111,3* | 39,28* | 450 |
| *DLCD* | Ockenfels | Bremen | 12713,4 | 4487,85 | 5660 |
| *DLCE* | Falkental | Bremen | 4055,0 | 1431,41 | 4320 |
| *DLCF* | Arsterturm | Bremen | 2601,5 | 918,33 | 1200 |
| *DLCG* | Fangturm | Bremen | 4281,7 | 1511,44 | 1200 |
| *DLCH* | Wesertal | Bremen | 5156,7 | 1820,32 | 4320 |
| *DLCI* | Hille Oldendorff | Bremen | 3641,0 | 1285,28 | 2300 |
| *DLCJ* | Prudentia | Bremen | 1724,8 | 608,86 | 1050 |
| *DLCK* | Hemelingen+ | Bremen | 1816,8 | 641,32 | 1000 |
| *DLCL* | Alioth | Bremen | 2560,6 | 903,88 | 2100 |

* = Bruttoraumgehalt.

| DLCM — DMCP | | | | | |
|---|---|---|---|---|---|
| Unterscheidungssignale | Namen der Schiffe | Heimathafen | Kubikmeter Nettoraumgehalt | Registertons | PS |
| *DLCM* | Auriga | Bremen | 2432,5 | 858,69 | 1200 |
| *DLCN* | Rheinfels | Bremen | 13513,2 | 4770,17 | 2100 |
| *DLCO* | Charlotte Bastian | Bremen | 1594,1 | 562,72 | 1000 |
| *DLCP* | Seven Seas | Bremen | 23863,8 | 8423,92 | 8500 |
| *DLCQ* | Blankenstein+ | Bremen | 13480,7 | 4758,68 | 9000 |
| *DLCR* | Rabenfels | Bremen | 12663,6 | 4470,24 | 5600 |
| *DLCS* | Bartenstein+ | Bremen | 13480,7 | 4758,68 | 9000 |
| *DLCT* | Reichenfels | Bremen | 10634,4 | 3757,75 | 7200 |
| *DLCU* | Brake | Bremen | 5197,0 | 1836,00 | 3400 |
| *DLCV* | Syrte+ | Bremen | 4653,1 | 1642,54 | 2500 |
| *DLCW* | Alcyone | Bremen | 2558,7 | 903,24 | 2100 |
| *DLCX* | Rotenfels | Bremen | 13879,1 | 4899,31 | 4000 |
| *DLCY* | Pagenturm | Bremen | 2604,9 | 919,55 | 1200 |
| *DLCZ* | Transsylvania+ | Bremen | 3000,5 | 1059,19 | 2200 |
| *DLDA* | Jasenitz | Bremen | 1680,1 | 593,06 | 1000 |
| *DLDB* | Bodenstein+ | Bremen | 13480,7 | 4758,68 | 9000 |
| *DLDC* | Phönix | Bremen | 2017,0 | 712,02 | 1300 |
| *DLDD* | Tellus | Bremen | 440,3 | 155,44 | 500 |
| DLDE | Bremer Pionier | Bremen | 82,8 | 29,23 | 1300 |
| *DLDF* | Gertrude Wiener | Bremen | 1573,2 | 555,33 | 750 |
| DMCP | Cornelis | Bensersiel | 102,2* | 36,08* | 100 |

* = Bruttoraumgehalt.

## b) Die Schiffe der Bundesmarine

in der Reihenfolge der Unterscheidungssignale

| Unterscheidungssignale | Namen der Schiffe | Art der Schiffe |
|---|---|---|
| DBNE | Silbermöve | Schnellboot |
| DBNF | Sturmmöve | Schnellboot |
| DBNG | Wildschwan | Schnellboot |
| DBNH | Orion | Minensuchboot |
| DBNI | Rigel | Minensuchboot |
| DBNJ | Merkur | Minensuchboot |
| DBNK | Sirius | Minensuchboot |
| DBNL | Castor | Minensuchboot |
| DBNM | Pollux | Minensuchboot |
| DBNN | Capella | Minensuchboot |
| DBNO | Mars | Minensuchboot |
| DBNP | Regulus | Minensuchboot |
| DBNQ | Spica | Minensuchboot |
| DBNR | Jupiter | Minensuchboot |
| DBNS | Saturn | Minensuchboot |
| DBNT | Wega | Minensuchboot |
| DBNU | Deneb | Minensuchboot |
| DBNV | Atair | Minensuchboot |
| DBNW | Algol | Minensuchboot |
| DBNX | Aldebaran | Minensuchboot |
| DBNY | Skorpion | Minensuchboot |
| DBNZ | Pegasus | Minensuchboot |
| DBOA | Arkturus | Minensuchboot |
| DBOB | Seehund | Minensuchboot |
| DBOC | Seelöwe | Minensuchboot |
| DBOD | Seestern | Minensuchboot |
| DBOE | Seeschlange | Minensuchboot |
| DBOF | Seepferd | Minensuchboot |
| DBOG | Seeigel | Minensuchboot |
| DBSA | H 1 | Hafenschutzboot |
| DBSB | H 2 | Hafenschutzboot |
| DBSC | H 3 | Hafenschutzboot |
| DBSN | H 4 | Hafenschutzboot |
| DBSO | H 5 | Hafenschutzboot |
| DBSP | H 6 | Hafenschutzboot |
| DBSQ | H 7 | Hafenschutzboot |
| DBSR | H 8 | Hafenschutzboot |
| DBSS | H 9 | Hafenschutzboot |
| DBSZ | Trave | Begleitschiff |
| DBTA | H 11 | Hafenschutzboot |
| DBTB | H 12 | Hafenschutzboot |
| DBTC | H 13 | Hafenschutzboot |
| DBTD | H 14 | Hafenschutzboot |

## DBTE — DBVZ

| Unterscheidungssignale | Namen der Schiffe | Art der Schiffe |
|---|---|---|
| DBTE | H 15 | Hafenschutzboot |
| BBTF | H 16 | Hafenschutzboot |
| DBTG | Eismöve | Schnellboot |
| DBTH | Raubmöve | Schnellboot |
| DBTJ | H 17 | Hafenschutzboot |
| DBTK | H 18 | Hafenschutzboot |
| DBTL | H 19 | Hafenschutzboot |
| DBTM | H 20 | Hafenschutzboot |
| DBTX | Ems | Begleitschiff |
| DBTY | Oste | Begleitschiff |
| DBTZ | Eider | Begleitschiff |
| DBUA | FM 1 | Schulboot |
| DBUB | FM 2 | Schulboot |
| DBUC | FM 3 | Schulboot |
| DBUD | UW 1 | Schulboot |
| DBUE | UW 2 | Schulboot |
| DBUF | UW 3 | Schulboot |
| DBUG | UW 4 | Schulboot |
| DBUH | UW 5 | Schulboot |
| DBUI | UW 6 | Schulboot |
| DBUJ | AT 1 | Schulboot |
| DBUK | AT 2 | Schulboot |
| DBUL | OT 1 | Schulboot |
| DBVR | Nordwind | Schulboot |
| DBVS | H 10 | Hafenschutzboot |
| DBVT | Falke | Schulboot |
| DBVU | Eutin | Tanker |
| DBVV | Plön | Schlepper |
| DBVW | Borkum | Tanker |
| DBVX | Kranschiff I | Kranschiff |
| DBVY | Pellworm | Seeschlepper |
| DBVZ | Passat | Seeschlepper |

Schiffe der Bundesmarine und der Behörden

## Die Schiffe der Bundesmarine

in alphabetischer Reihenfolge der Namen

| Unterscheidungssignale | Namen der Schiffe | Unterscheidungssignale | Namen der Schiffe |
|---|---|---|---|
| DBNX | Aldebaran | DBNR | Jupiter |
| DBNW | Algol | DBVX | Kranschiff I |
| DBOA | Arkturus | DBNO | Mars |
| DBNV | Atair | DBNJ | Merkur |
| DBUJ | AT 1 | DBVR | Nordwind |
| DBUK | AT 2 | DBNH | Orion |
| DBVW | Borkum | DBTY | Oste |
| DBNN | Capella | DBUL | OT 1 |
| DBNL | Castor | DBVZ | Passat |
| DBNU | Deneb | DBVY | Pellworm |
| BBTZ | Eider | DBNZ | Pegasus |
| DBTG | Eismöwe | DBVV | Plön |
| DBTX | Ems | DBNM | Pollux |
| DBVU | Eutin | DBTH | Raubmöve |
| DBVT | Falke | DBNP | Regulus |
| DBUA | FM 1 | DBNI | Rigel |
| DBUB | FM 2 | DBNS | Saturn |
| DBUC | FM 3 | DBOB | Seehund |
| DBSA | H 1 | DBOG | Seeigel |
| DBSB | H 2 | DBOC | Seelöwe |
| DBSC | H 3 | DBOF | Seepferd |
| DBSN | H 4 | DBOE | Seeschlange |
| DBSO | H 5 | DBOD | Seestern |
| DBSP | H 6 | DBNE | Silbermöve |
| DBSQ | H 7 | DBNK | Sirius |
| DBSR | H 8 | DBNY | Skorpion |
| DBSS | H 9 | DBNQ | Spica |
| DBVS | H 10 | DBNF | Sturmmöwe |
| DBTA | H 11 | DBSZ | Trave |
| DBTB | H 12 | DBUD | UW 1 |
| DBTC | H 13 | DBUE | UW 2 |
| DBTD | H 14 | DBUF | UW 3 |
| DBTE | H 15 | DBUG | UW 4 |
| DBTF | H 16 | DBUH | UW 5 |
| DBTJ | H 17 | DBUI | UW 6 |
| DBTK | H 18 | DBNT | Wega |
| DBTL | H 19 | DBNG | Wildschwan |
| DBTM | H 20 | | |

## c) Die Rettungsboote

der

Deutschen Gesellschaft zur Rettung Schiffbrüchiger

**in der Reihenfolge der Unterscheidungssignale**

**Die Maschinenstärke der Boote bezieht sich auf indizierte Pferdestärken oder Wellenpferde**

**Die mit einem Telegraphiefunkgerät ausgerüsteten Boote sind hinter dem Namen mit ℨ, die mit einem Peilfunkgerät mit einem ⓩ und die mit Sprechfunkgerät ausgerüsteten mit *T* bezeichnet**

| Unterscheidungssignale | Namen der Boote | Rettungsstation | PS |
|---|---|---|---|
| DBAA | Hans Hartmann *T* | Juist | 100 |
| DBAB | Hermann Apelt ⓩ *T* | Helgoland | 2×300<br>1×1200 |
| DBAC | Borkum *T* | Borkum | 150 |
| DBAD | Bremen ⓩ *T* | Wesermündung | 2×123 |
| DBAF | Carl Laeisz *T* | Büsum | 150 |
| DBAH | Rickmer Bock *T* | Hörnum | 150 |
| DBAJ | Geh. Rat Sartori *T* | Langeoog | 150 |
| DBAK | Hermann Frese *T* | List/Sylt | 150 |
| DBAL | Hindenburg ⓩ *T* | Cuxhaven | 2×150 |
| DBAM | Langeoog *T* | Langeoog | 150 |
| DBAN | Lübeck *T* | Wangerooge | 150 |
| DBAO | Norderney *T* | Norderney | 2×150 |
| DBAP | Schlei *T* | Maasholm | 150 |
| DBAQ | Spiekeroog *T* | Laboe | 150 |
| DBAR | Weser *T* | Burgstaaken | 150 |
| DBAS | Juist *T* | Friedrichskoog | 150 |

## d) Die Boote

des Zollgrenzschutzes

in der Reihenfolge der Unterscheidungssignale

**Die mit einem Telegraphiefunkgerät ausgerüsteten Boote sind hinter dem Namen mit Z, die mit einem Peilfunkgerät ausgerüsteten mit Ⓩ, die mit Sprechfunkgerät ausgerüsteten mit *T* und die mit Radar ausgerüsteten mit *R* bezeichnet.**

| Unterscheidungssignale | Name des Schiffes | Heimathafen |
|---|---|---|
| DLVC | Helgoland *T R* | Cuxhaven |
| DLVD | Brunsbüttel *T R* | Glückstadt |
| DLVE | Priwall *T R* | Lübeck-Travemünde |
| DLVF | Seeadler *T R* | Bremerhaven |
| DLVG | Hamburg *T R* | Hamburg |
| DLVH | Deutschland *T R* | Hamburg |
| DLVI | Hohwacht *T R* | Kiel |
| DLVJ | Lützow *T* | Langballigau |
| DLVK | Jade *T R* | Oldenburg |
| DLVL | Holnis *T R* | Flensburg |
| DLVM | Süllberg *T R* | Lübeck |
| DLVN | Faldern *T R* | Emden |
| DLVO | Dithmarschen *T R* | Husum |
| DLVP | Fehmarn *T R* | Heiligenhafen |
| DLVQ | Kniepsand *T R* | Wittdün/Amrum |
| DLVR | Angeln *T R* | Eckernförde |
| DLVS | Geier *T R* | Bremerhaven |
| DLVV | Kondor *T R* | Bremerhaven |
| DLVX | Schleswig-Holstein *T R* | Kiel |

## e) Bundes- und Länderfahrzeuge

in der Reihenfolge der Unterscheidungssignale

**Die Maschinenstärke der Dampf- und Motorfahrzeuge ist in indizierten Pferdestärken oder Wellenpferden angegeben**

**Die mit Wasserschallempfänger ausgerüsteten Schiffe sind hinter dem Namen mit ⇨, die mit Telegraphiefunkgerät ausgerüsteten mit ϟ, die mit einem Peilfunkgerät ausgerüsteten mit ⓩ, die mit Sprechfunkgerät ausgerüsteten mit *T*, die mit Radar ausgerüsteten mit *R* und die mit Decca Navigatorgerät ausgerüsteten mit *D* bezeichnet.**

| Unterscheidungssignale | Namen der Schiffe | Art der Schiffe | Heimathafen der Schiffe | PS |
|---|---|---|---|---|
| DBAW | Victor Hensen *T* ⇨ | Forschungsschiff | Bremerhaven | 155 |
| DBBC | Atair *T D* | Peil- u. Wracksuchboot | Hamburg | 120 |
| DBBM | Bussard ϟ ⓩ *T D* | Tonnenleger | Kiel | 540 |
| DBBN | Capitain Karpfanger *T* | Lotsendampfer | Cuxhaven | 330 |
| DBBP | Delphin ϟ *T* | Tonnenleger | Kiel | 300 |
| DBBQ | Eisfuchs *T* | Eisbrecher | Hamburg | 600 |
| DBBS | Emden ϟ ⓩ *T R* | Lotsendampfer | Emden | 1400 |
| DBBW | Greif ⓩ *T R* | Lotsenbeförd.-Schiff | Cuxhaven | 820 |
| DBBX | Hooge ⓩ *T D* | Peilboot | Hamburg | 2×200 |
| DBBY | Kersten Miles ⇨ ϟ ⓩ *T R* | Lotsendampfer | Cuxhaven | 1200 |
| DBCA | Langeoog ϟ ⓩ *T R* | Tonnenleger | Bremerhaven | 500 |
| DBCB | Lotsenkommandeur Krause ϟ *T R D* | Seezeichendampfer | Brünsbüttelkoog | 522 |
| DBCC | Ludwig Plate *T R* | Lotsendampfer | Bremen | 700 |
| DBCF | Neuwerk ⇨ ϟ ⓩ *T* | Seezeichendampfer | Cuxhaven | 920 |
| DBCI | Eisbrecher 2 (Ostpreußen) *T* | Eisbrecher | Hamburg | 1200 |
| DBCM | Preußen *T* | Eisbrecher | Kiel | 1850 |
| DBCO | Samland *T* | Tonnenleger | Wilhelmshaven | 200 |
| DBCQ | Simon v. Utrecht ⇨ ϟ ⓩ *T R* | Lotsendampfer | Cuxhaven | 2×600 |
| DBCR | Eisbrecher 1 (Stettin) *T* | Eisbrecher | Hamburg | 1900 |
| DBCS | Weser *T R* | Lotsendampfer | Bremerhaven | 500 |
| DBCT | Wilhelms ϟ ⓩ *T R* | Seezeichen- und Bereisungsdampfer | Kiel | 500 |
| DBCU | Friesland ϟ ⓩ *T R* | Tonnenleger | Emden | 500 |
| DBCX | Alte Liebe | Reededampfer | Cuxhaven | 260 |
| DBCY | Aurich | Schlepper und Eisbrecher | Emden | 400 |
| DBCZ | Balje | Schleppdampfer | Bremerhaven | 325 |
| DBDA | Bant | Dampfprahm | Bremen | 2×70 |
| DBDC | Burkana | Schleppdampfer | Emden | 500 |
| DBDD | Columbus | Transportfahrzeug | Emden | 75 |
| DBDE | Columbus | Saugbagger | Cuxhaven | 600 |
| DBDH | Donar | Eisbrecher | Bremen | 900 |
| DBDI | Drossel | Motorschlepper | Emden | 350 |
| DBDN | Elbe | Seezeichendampfer | Hamburg | 2×230 |

## DBDO — DBFW

| Unterscheidungssignale | Namen der Schiffe | Art der Schiffe | Heimathafen der Schiffe | PS |
|---|---|---|---|---|
| DBDO | Ems *T* | Peil- u. Bereisungsschiff | Emden | 375 |
| DBDP | Emshörn | Schleppdampfer | Emden | 400 |
| DBDR | Franzius | Saugbagger | Bremerhaven | 800 |
| DBDS | Geheimrat Goeker | Saugbagger | Bremerhaven | 1170 |
| DBDT | Hansa | Schleppdampfer | Bremerhaven | 350 |
| DBDU | Woltmann | Schlepper | Cuxhaven | 268 |
| DBDW | Mathilde *T* | Schlepp- u. Bereisungsboot | Norden | 65 |
| DBDX | Meyerslegde | Saugbagger | Cuxhaven | 700 |
| DBDY | Mittelgrund | Saugbagger | Cuxhaven | 2×395 |
| DBDZ | Möwe *T* | Tonnenleger | Bremerhaven | 68 |
| DBEA | Neufeld | Peildampfer | Hamburg | 220 |
| DBEB | Niederelbe | Bereisungsmotorschiff | Hamburg | 250 |
| DBEF | Norderney | Peil- und Bereisungsschiff | Norden | 100 |
| DBEH | Randzel *T* | Peildampfer | Emden | 160 |
| DBEJ | Ruden ⓩ *T D* | Peilboot | Hamburg | 2×200 |
| DBEL | Scharhörn | Bereisungs- und Peildampfer | Cuxhaven | 2×350 |
| DBEM | Scheelenkuhlen | Schleppdampfer | Cuxhaven | 220 |
| DBEN | Seehund | Schleppboot | Norden | 75/90 |
| DBEO | Seehund | Schleppdampfer | Bremerhaven | 140 |
| DBEQ | Simson | Pumpenbagger | Emden | 350 |
| DBER | Spring | Bereisungs- u. Schleppboot | Bremerhaven | 70 |
| DBEW | Süd | Schleppdampfer | Bremerhaven | 120 |
| DBEX | Tender | Kohlentransportdampfer | Emden | 250 |
| DBEZ | Till | Schleppdampfer | Bremen | 325 |
| DBFA | Dangast | Schlepper | Wilhelmshaven | 250 |
| DBFB | Gauss ʒ ⓩ *T R D* | Versuchs- und Vermessungsschiff | Hamburg | 1000 |
| DBFC | Tümmler | Schleppdampfer | Bremerhaven | 200 |
| DBFE | Wangerooge *T* | Schiffsverbindung Harle-Wangerooge | Oldenburg | 220 |
| DBFF | Wapel | Schleppdampfer | Bremen | 260 |
| DBFG | Wega *T* | Peil- u. Wracksuchboot | Hamburg | 120 |
| DBFH | Welle | Schlepp- u. Bereisungsdampfer | Bremerhaven | 2×300 |
| DBFK | Wremen | Saugbagger | Bremen | 1800 |
| DBFM | Meerkatze ʒ ⓩ *T R.* | Fischereischutzboot | Cuxhaven | 1000 |
| DBFN | Uthörn ⓩ *T* | Forschungsboot | List/Sylt | 120 |
| DBFO | Anton Dohrn ʒ ⓩ *T R D* | Fischereiforschungsschiff | Bremerhaven | 850 |
| DBFP | Frithjof ʒ ⓩ *T R* | Fischereischutzboot | Cuxhaven | 550 |
| DBFT | Münster *T* | Schiffsverbindung Harle-Wangerooge | Oldenburg | 168 |
| DBFW | Deutschland ʒ ⓩ *T R D* | Eisenbahnfähre | Großenbrode | 2×2750 |

## DBFX — DBHY

| Unterscheidungssignale | Namen der Schiffe | Art der Schiffe | Heimathafen der Schiffe | PS |
|---|---|---|---|---|
| DBFX | Schleswig-Holstein *T* | Eisenbahnfähre | Heiligenhafen | 2×200 |
| DBFY | Fehmarn *T R* | Eisenbahnfähre | Heiligenhafen | 2×250 |
| DBFZ | Reichsbahn | Seenotboot der Bundesbahn | Fehmarnsund | 120 |
| DBGE | Südfall *T* | Forschungsschiff | Kiel | 150 |
| DBGF | Odin | Schlepper | Husum | 2×75 |
| DBGG | Tertius | Vermessungsschiff | Büsum | 105 |
| DBGH | Greif *T* | Fischerei-Aufsichtsfahrzeug | Kiel | 2×140 |
| DBGI | Trischen | Schlepper | Husum | 75 |
| DBGJ | Hecht *T* | Fischereiaufsichtsboot | Hörnum | 36 |
| DBGK | Wasserschutzpolizei 16 | Streifenboot | Hannover | 80 |
| DBGL | Wasserschutzpolizei 2 *T* | Küstenboot | Norderney | 2×65 |
| DBGM | Wasserschutzpolizei 13 | Küstenboot | Wilhelmshaven | 80 |
| DBGO | Wasserschutzpolizei 15 *T* | Streifenboot | Nienburg | 125 |
| DBGP | Gesine | Frachtschiff | Norderney | 20/24 |
| DBGW | Wasserschutzpolizei 19 *T* | Streifenboot | Hamburg | 360 |
| DBGX | Wasserschutzpolizei 36 *T* | Streifenboot | Hamburg | 300 |
| DBGY | Wasserschutzpolizei 15 *T* | Streifenboot | Hamburg | 1000 |
| DBHD | Wasserschutzpolizei Bremen 2 📯 *T* | Streifenboot | Bremerhaven | 2×750 |
| DBHE | Wasserschutzpolizei Bremen 3 📯 *T* | Streifenboot | Bremerhaven | 2×750 |
| DBHF | Niedersachsen *T* | Fischereiaufsichtsboot | Bremerhaven | 80 |
| DBHG | Wasserschutzpolizei Bremen 1 📯 ʒ *T* | Streifenboot | Bremen | 2×1350 |
| DBHH | Wasserschutzpolizei Bremen 4 📯 *T* | Streckenboot | Bremen | 250 |
| DBHK | Wal *T* | Eisbrecher | Rendsburg | 1200 |
| DBHL | Kapitän Meyer ʒ (ʒ) *T R D* | Seezeichendampfer | Tönning | 2×375 |
| DBHM | Alk | Schlepper und Hilfstonnenleger | Lübeck | 350 |
| DBHN | Orion *T* | Bereisungsschiff | Helgoland | 175 |
| DBHO | Seeadler *T* | Seezeichen- und Bereisungsboot | Kiel | 220 |
| DBHP | Friedrich Voß *T* | Bereisungsfahrzeug | Kiel | 500 |
| DBHT | Flemhude | Motorschlepper | Kiel | 2×350 |
| DBHU | Uwe Jens Lornsen *T* | Bereisungsboot | Wittdün/Amrum | 220 |
| DBHV | Möwe | Schleppdampfer | Tönning | 200 |
| DBHW | Wulf Isebrand | Motorschlepper | Kiel | 80 |
| DBHX | Eider | Motorschlepper | Kiel-Holtenau | 420 |
| DBHY | Bussard II | Motorschlepper | Kiel-Holtenau | 350 |

## DBJG — DBQJ

| Unterscheidungssignale | Namen der Schiffe | Art der Schiffe | Heimathafen der Schiffe | PS |
|---|---|---|---|---|
| DBJG | Vogelsand | Schlepp- und Verkehrsboot | Cuxhaven | 250 |
| DBJH | Brokdorf | Kranschiff | Hamburg | 350/400 |
| DBJI | Baumrönne | Tonnenleger- und Bereisungsschiff | Cuxhaven | 150 |
| DBJJ | Alte Liebe | Bereisungsschiff | Emden | 250 |
| DBJK | v. Jonguieres | Schlepper und Eisbrecher | Cuxhaven | 500 |
| DBJL | Stickersgatt | Peilboot | Cuxhaven | 100 |
| DBJM | Luechtergrund | Transportfahrzeug | Cuxhaven | 120 |
| DBJN | Süderoog | Vermessungsschiff | Hamburg | 620 |
| DBLF | Heppens | Transportfahrzeug | Bremerhaven | 300 |
| DBLG | Ebbe *T* | Versorgungsschiff | Bremerhaven | 300 |
| DBLH | Nickel | Kohlen- und Wasserversorgungsschiff | Bremen | 350 |
| DBLI | Nixe | Bereisungsfahrzeug | Bremerhaven | 250 |
| DBLJ | Imsum | Versorgungsfahrzeug | Bremerhaven | 220 |
| DBLK | Balje | Seeschlepper | Brake | 430 |
| DBLL | Nord *T D* | Vermessungsschiff | Bremerhaven | 430 |
| DBLM | Seelotse *R* | Lotsennachfahrer | Bremerhaven | 628 |
| DBLN | Tide | Motorschlepper | Bremerhaven | 250 |
| DBLO | Süd | Motorschiff | Bremen | 2×100 |
| DBPA | Borkum ℨ Ⓩ *T R* | Lotsendampfer | Emden | 1467 |
| DBPC | Oldeoog *T* | Eisbrecher und Vermessungsschiff | Wilhelmshaven | 450 |
| DBPD | Norden Ⓩ *T R* | Tonnenleger | Norderney | 650 |
| DBPE | Knock | Motorschlepper | Emden | 250 |
| DBPF | Emshörn | Schlepper und Eisbrecher | Emden | 750 |
| DBPG | Schillig *T* | Betonnungs- und Vermessungsfahrzeug | Wilhelmshaven | 250 |
| DBPH | Paapsand | Kohle- und Versorgungsschiff | Emden | 285 |
| DBPJ | Aldessen | Dampfprahm | Wilhelmshaven | 2×70 |
| DBPZ | Ostfriesland *T* | Fischereiaufsichtsfahrzeug | Norddeich | 120 |
| DBQA | Rüstringen | Peilboot | Wilhelmshaven | 150 |
| DBQB | Buise | Peil- und Vermessungsschiff | Norden | 100/120 |
| DBQC | Hannover *T* | Fischereiaufsichtsfahrzeug | Bremerhaven | 40 |
| DBQD | Wasserschutzpolizei 12 *T* | Streifenboot | Stade | 80 |
| DBQE | Oldenburg *T* | Streifenboot | Leer | 220 |
| DBQF | Fehmarn *T* | Streifenboot | Kiel | 500 |
| DBQG | Merkur *T* | Streifenboot | Kappeln/Schlei | 2×150 |
| DBQH | Neptun *T* | Streifenboot | Kappeln/Schlei | 2×150 |
| DBQI | Jupiter *T* | Streifenboot | Heiligenhafen | 2×150 |
| DBQJ | Mars *T* | Streifenboot | Travemünde | 250 |

## DBQK — DBQV

| Unterscheidungssignale | Namen der Schiffe | Art der Schiffe | Heimathafen der Schiffe | PS |
|---|---|---|---|---|
| DBQK | Saturn *T* | Streifenboot | Tönning | 250 |
| DBQL | Helgoland *T* | Streifenboot | Büsum | 600 |
| DBQM | Castor *T* | Streifenboot | Kiel | 2×46 |
| DBQN | Präsident Herwig *T* | Motorboot | Büsum | 2×135 |
| DBQO | Wacht *T* | Fischereiaufsichtsfahrzeug | Langballigholz | 120 |
| DBQR | Braunschweig *T* | Streifenboot | Emden | 2×150<br>1×55 |
| DBQS | Hannover *T* | Streifenboot | Wilhelmshaven | 2×500<br>1×75 |
| DBQT | Memmert *T* | Bereisungsschiff | Norddeich | 90 |
| DBQU | Eitzenbalje | Transportschute | Cuxhaven | 100 |
| DBQV | MS 34 | Transportschute | Cuxhaven | 40 |

# f) Die Feuerschiffe
## der
## Bundesrepublik Deutschland

Die mit Wasserschallsendern ausgerüsteten Feuerschiffe sind hinter dem Namen mit 🔔, die mit Telegraphiefunkgerät ausgerüsteten mit ↯, die mit einem Peilfunkgerät ausgerüsteten mit Ⓩ, die mit Sprechfunkgerät ausgerüsteten mit *T*, die mit Radar ausgerüsteten mit *R* und die mit Funkfeuer ausgerüsteten mit Ⓕ bezeichnet

Die geographischen Signale der Feuerschiffstationen sind der geographischen Liste des Internationalen Signalbuches 1931 entnommen

| Geographisches Signal der Feuerschiffstation | Internationales Unterscheidungs-signal beim Verlassen d. Feuerschiffstation | Namen der Schiffe |
|---|---|---|
| | | I. Stamm-Feuerschiffe |
| | | a) Ostsee |
| AFRU | DBBT | Fehmarnbelt ↯ *T* Ⓕ |
| AIKR | DBBZ | Kiel ↯ *T* Ⓕ |
| AFVN | DBBU | Flensburg ↯ *T* Ⓕ |
| | | b) Nordsee |
| AFHC | DBBJ | Elbe 3 (Bürgermeister Abendroth) *T* |
| AFHB | DBBK | Elbe 2 (Bürgermeister Bartels) *T* |
| AFHA | DBBR | Elbe 1 (Bürgermeister O'Swald) 🔔 ↯ Ⓩ *T* Ⓕ |
| ACCP | DBCV | Bremen (Weser I) *T* |
| ARHW | DBCG | Weser (Norderney I) ↯ *T* Ⓕ |
| | DBBB | P 12 (Amrumbank) ↯ Ⓩ *T* |
| | DBHI | P 8 (Außenjade) ↯ *T* Ⓕ |
| ABZN | DBPI | J/E 3-Borkumriff ↯ Ⓩ *T* *R* Ⓕ |
| | | II. Reserve-Feuerschiffe |
| | | a) Ostsee |
| – | DBBD | Reserve Holtenau ↯ *T* Ⓕ |
| | | b) Nordsee |
| – | DBBE | Reserve Wilhelmshaven ↯ *T* Ⓕ |
| – | DBCP | Senator Brockes ↯ *T* Ⓕ |
| – | DBBG | Reserve Emden ↯ *T* Ⓕ |

Alphabetische Reihenfolge der Schiffsnamen

# TEIL II

## Die Kauffahrteischiffe

der

## Bundesrepublik Deutschland

**in alphabetischer Reihenfolge der Namen**

(Das Unterscheidungssignal der mit Funk ausgerüsteten Schiffe ist in Schrägschrift [*Kursiv*] gesetzt)

| Unterscheidungssignale | Namen der Schiffe | Heimathafen der Schiffe |
|---|---|---|
| *DABC* | Aachen | Bremerhaven |
| DDMR | Aade | Bremen |
| DGAB | Aar | Hamburg |
| *DHNW* | Achilles | Hamburg |
| DGAC | Achim Griese | Kiel |
| DJDT | Ada | Maasholm |
| DGAE | Adalbert | Hamburg |
| *DLBJ* | Adamsturm | Bremen |
| DFUH | Adda | Grünendeich |
| DFZV | Adele | Barnkrug |
| DCBE | Adele | Hamburg |
| DGAH | Adele | Hamburg |
| DGLR | Adele | Hamburg |
| DHGI | Adele | Hamburg |
| DFUJ | Adele | Wischhafen |
| DFYJ | Adele | Neuland/Kehdingen |
| DFUK | Adele | Bützfleth |
| *DDLJ* | Adele Ohlrogge | Brake |
| DCVX | Adele Ysker | Greetsiel |
| DCBF | Adelgunde | Haren/Ems |
| DCBG | Adelheid | Haren/Ems |
| DCBH | Adelheid | Westrhauderfehn |
| DGAI | Adelheid | Hamburg |
| DGAJ | Adelheid | Hamburg |
| *DIQI* | Adelheid | Uetersen |
| *DABA* | Adeline | Leer |
| DCAH | Adler | Köln |
| DCDT | Adler | Leer |
| *DDTK* | Adler | Bremen |
| DJND | Adler | Kappeln/Schlei |
| DIYT | Adler | Schulau |
| DIZX | Adler | Wyk/Föhr |
| *DKHD* | Adler | Heikendorf |
| *DGJB* | Adler | Hamburg |
| DDMS | Adler | Bremen-Vegesack |
| DDEZ | Adler | Brake |
| DERI | Adler | Bremerhaven |
| *DIUI* | Adlergrund | Lübeck-Travemünde |
| *DLBA* | Admiral Bastian | Bremen |
| DCBJ | Adolf | Haren/Ems |
| *DHPB* | Adolf Leonhardt | Hamburg |
| *DLAM* | Adolf Vinnen | Bremen |
| DHFE | Adolph | Hamburg |
| DFSU | Adolph | Gauensiek |
| *DABB* | Adonis | Hamburg-Finkenwerder |
| *DEFI* | Adria | Bremen |
| *DGQV* | Adrian | Hamburg |
| *DKHE* | Adriana | Kiel |
| *DEBX* | Ägäis | Bremen |
| DHKS | Ägäis | Hamburg |
| DJAD | Ägir | Hamburg |
| *DHNV* | Aegir | Hamburg |
| *DHJU* | Änne-Ursula | Hamburg |
| DDFA | Aenne Jacobs | Brake |
| DGXW | Aenne Tänzler | Hamburg |
| DGAP | Agnes | Hamburg |
| DFUL | Agnes | Krautsand |
| *DAMA* | Agnes Engel | Hamburg-Finkenwerder |
| *DIAV* | Agnes Essberger | Hamburg |
| *DFTS* | Agricola | Osten |
| DGAR | A. H. Both | Hamburg |
| *DGSD* | Ahrensburg | Hamburg |
| *DAMF* | A. Kappelhoff | Emden |
| DDDW | Akke Meyer | Varelerhafen |
| *DEQL* | Albatros | Bremerhaven |
| DIYG | Albatros | Beidenfleth |
| DIZZ | Albatros | Flensburg |
| DGAS | Albatross | Hamburg-Finkenwerder |
| DIHE | Albatross | Hamburg |
| DCBK | Albatross | Norddeich |
| *DEBD* | Albert | Bremen |
| DGAT | Albert | Hamburg |
| DHRN | Albert | Hamburg |
| DJDZ | Albert | Cuxhaven |
| *DKEY* | Albert Friesecke | Rendsburg |

| Unterscheidungssignale | Namen der Schiffe | Heimathafen der Schiffe |
|---|---|---|
| DGAW | Albert Gido | Hamburg |
| *DAMB* | Albert Pust | Bremerhaven |
| DGEE | Albertine | Hamburg |
| DCHZ | Albrecht Geerds | Emden |
| *DIFQ* | Alca | Hamburg |
| *DLCW* | Alcyone | Bremen |
| *DECG* | Aldebaran | Bremen |
| *DENY* | Aldebaran | Bremerhaven |
| *DFAW* | Alemannia | Bremerhaven |
| DCBM | Alex | Haren/Ems |
| *DKIF* | Alexander v. Humboldt | Bremerhaven |
| DJAB | Alexandra | Flensburg |
| *DKIF* | Alexandra Sartori | Kiel |
| *DEFY* | Alexis | Bremen |
| *DHHF* | Alfred | Hamburg |
| DKJP | Alfred | Neustadt/Holst. |
| *DKKZ* | Alfred | Burgstaaken |
| DISW | Alfred Hinsch | Hamburg |
| DKJV | Alfred Porr | Lübeck |
| *DEDH* | Algenib | Bremen |
| *DHMJ* | Algier | Hamburg |
| *DEDX* | Algol | Bremen |
| *DEBE* | Alice | Bremen |
| DGAX | Alida | Hamburg |
| *DLCL* | Alioth | Bremen |
| DGAZ | Alita III | Hamburg |
| *DIFW* | Alk | Hamburg |
| DGBB | Allegro | Hamburg |
| DGBC | Alma | Hamburg |
| *DGBD* | Alma | Hamburg |
| DGBE | Alma | Hamburg |
| DGBF | Alma | Hamburg |
| DFUM | Alma | Bützfleth |
| DFTF | Alma | Dornbusch |
| DCSU | Almina | Grossefehn |
| *DHJA* | Almut | Hamburg |
| DKKP | Almut | Lübeck |
| *DIGF* | Alsen | Hamburg |
| DGBG | Alster | Hamburg |
| *DICP* | Alsterdamm | Hamburg |
| *DIMT* | Alsterkamp | Hamburg |
| *DIEM* | Alsterpark | Hamburg |
| *DICH* | Alstertal | Hamburg |
| *DIBQ* | Alstertor | Hamburg |
| *DIHV* | Alsterufer | Hamburg |
| DDTY | Altair | Bremen |
| DCBQ | Altair | Emden |
| *DHJF* | Alteland | Hamburg |
| DGBI | Alteland | Hamburg |
| *DFLG* | Alte Liebe | Heikendorf |
| *DAMD* | Alte Liebe | Cuxhaven |
| DKJE | Alte Liebe | Niendorf |
| *DEBI* | Altenwall | Bremen |
| DJWC | Altstadt | Lübeck |
| DCWM | Alwine | Norderney |
| DFUN | Alwine | Assel |

| Unterscheidungssignale | Namen der Schiffe | Heimathafen der Schiffe |
|---|---|---|
| DFSV | Alwine | Barnkrug |
| *DCWF* | Alwin Klein | Emden |
| DGBL | A. M. 1 | Hamburg |
| DGBM | A. M. 2 | Hamburg |
| *DCBR* | Amalie | Leer |
| DFUO | Amalie | Wischhafen |
| DFUP | Amalie | Abbenfleth |
| *DHEI* | Amalie C. Ertel | Hamburg |
| *DIEZ* | Amalie Essberger | Hamburg |
| DFUQ | Amanda | Ritsch/Kehdingen |
| DFUR | Amanda | Grünendeich |
| DGBP | Amandus | Hamburg |
| *DIAS* | Amazonas | Hamburg |
| DGBR | Amazone | Hamburg |
| *DGMS* | Amazone II | Hamburg |
| DJAC | Ambronia | Amrum |
| *DIXW* | Amigo | Glückstadt |
| *DJDQ* | Amisia | Flensburg |
| *DILE* | Ammerland | Hamburg |
| *DGBS* | Amor | Hamburg-Finkenwerder |
| *DHPV* | Amrum | Hamburg |
| *DEUW* | Andenes | Bremerhaven |
| *DFMY* | Andernach | Cuxhaven |
| DGBT | Andome | Hamburg |
| *DIDM* | Andrea | Hamburg |
| DENQ | Andreas | Hamburg |
| *DABV* | Andreas Gayk | Bremerhaven |
| DHDK | Ane Jess | Rendsburg |
| DCBT | Angela | Haren/Ems |
| DCBU | Angela | Haren/Ems |
| DCBV | Angela-Elisa | Haren/Ems |
| DCWU | Angela Schepers | Haren/Ems |
| *DHPZ* | Angelburg | Hamburg |
| *DGMC* | Angelika I | Düsseldorf |
| DCBW | Angelina | Haren/Ems |
| *DABH* | Anhalt | Bremen-Vegesack |
| DFMF | Anita | Oberndorf |
| DGBU | Anita | Hamburg |
| *DHQY* | Anita | Hamburg |
| *DFLE* | Anita | Hamburg-Finkenwerder |
| DHHW | Anita Hauschildt | Hamburg |
| *DIYM* | Anita Schütt | Itzehoe |
| *DIYH* | Anke | Niendorf |
| DJZD | Anke II | Glückstadt |
| *DIXT* | Anke Christa | Glückstadt |
| DGMF | Anke Grothmann | Hamburg |
| DIHY | Anke Henrici | Hamburg |
| DDQS | Anke Pahl | Hamburg |
| DGRP | Anke Tiedemann | Hamburg |
| DCBX | Anlene | Haren/Ems |
| DCBY | Anna | Haren/Ems |
| DCCB | Anna | Haren/Ems |
| DCBZ | Anna | Westrhauderfehn |
| DDFD | Anna | Brake |
| DJCL | Anna | Amrum |

| Unterscheidungssignale | Namen der Schiffe | Heimathafen der Schiffe |
|---|---|---|
| DGBX | Anna | Hamburg |
| DGCA | Anna | Hamburg |
| *DGCC* | Anna | Hamburg-Finkenwerder |
| DFUT | Anna | Wischhafen |
| DFTB | Anna | Gräpel |
| DFST | Anna | Ostendorf |
| DCCA | Anna | Leer |
| DCCF | Anna | Leer |
| DFUU | Anna | Krautsand |
| DFUV | Anna | Assel |
| DFZT | Anna | Assel |
| DIQU | Anna | Bützfleth |
| DJED | Anna | Pellworm |
| DJNM | Anna | Kiel |
| DKDZ | Anna | Heiligenhafen |
| DIQW | Anna | Schulau |
| DJEE | Anna | Büsum |
| DDDN | Anna Bohlen | Varel |
| *DEUT* | Anna Busse | Bremerhaven |
| *DIDL* | Anna Catharina | Hamburg |
| DFUW | Anna Dieckmann | Emden |
| DJNN | Anna-Elise | Varelerhafen |
| DGCG | Anna-Frieda | Hamburg |
| DGCH | Anna-Helene | Hamburg |
| DCCI | Anna-Maria | Haren/Ems |
| DGCJ | Anna-Maria | Hamburg |
| DFUX | Anna-Maria | Dornbusch |
| DCCJ | Anna-Maria | Ditzum |
| DGCK | Anna Marie | Hamburg |
| *DINV* | Anna-Marie | Hamburg |
| *DGCL* | Anna Marta | Hamburg |
| *DGHB* | Anna Rehder | Hamburg |
| *DFZF* | Anna Sietas | Grünendeich |
| DGCM | Anna Thekla | Hamburg |
| DCCK | Anna Wilhelmine | Westrhauderfehn |
| DGCN | Anna Woldmann | Hamburg-Finkenwerder |
| DHGW | Annaliese Wehlen | Hamburg |
| *DJUF* | Annchen Felter | Lübeck |
| *DGCO* | Annchen Peters | Hamburg |
| *DEBM* | Ann-Christin | Bremen |
| DFSZ | Anne | Assel |
| DFUY | Anne | Bützfleth |
| *DKFH* | Anne Catharina | Rendsburg |
| DGCP | Anne-Elfriede | Hamburg |
| DGCQ | Anne Helene | Hamburg |
| *DJMQ* | Anne Ohl | Ulsnis |
| DDFI | Annegret | Brake |
| DJWE | Anne Gret | Lübeck-Gothmund |
| DCCM | Annele | Bensersiel |
| *DABJ* | Annelies | Hamburg-Finkenwerder |
| *DETU* | Anneliese | Kiel |
| DJWN | Anneliese | Lübeck-Schlutup |
| *DKKV* | Anneliese | Lübeck-Travemünde |

| Unterscheidungssignale | Namen der Schiffe | Heimathafen der Schiffe |
|---|---|---|
| *DIDN* | Anneliese Porr | Hamburg |
| *DJDJ* | Annelis Christophersen | Flensburg |
| DDAE | Annemarie | Varelerhafen |
| DGCS | Annemarie | Hamburg |
| *DJLD* | Annemarie | Kappeln |
| *DKLZ* | Annemarie | Heiligenhafen |
| *DJTV* | Annemarie | Kiel |
| DJNO | Annemarie | Leer |
| *DKJJ* | Annemarie | Lübeck-Travemünde |
| DJAE | Annemarie | Keitum/Sylt |
| *DHKP* | Annemarie Krüger | Hamburg |
| DHIE | Annemarie Renate | Hamburg |
| DHQE | Anni | Hamburg |
| DGCT | Anni | Hamburg |
| DGCU | Anni | Hamburg |
| DFYY | Anni | Gräpel |
| DFUZ | Anni | Wischhafen |
| DJEI | Anni | Pellworm |
| DKJG | Anni | Laboe |
| *DIDC* | Anni Ahrens | Hamburg |
| DGCV | Anni Lina | Hamburg |
| *DIHM* | Annie Hugo Stinnes | Hamburg |
| *DCVW* | Anni Schaa | Leer |
| *DJAW* | Annik | Flensburg |
| DLCC | Anny | Bremen |
| *DDTE* | Ansgaritor | Bremen |
| *DDTX* | Antares | Bremen |
| DGCW | Antares | Hamburg |
| *DGMZ* | Antares | Hamburg |
| *DABK* | Antares | Bremerhaven |
| *DCAC* | Antha | Köln |
| *DHJV* | Antilope | Hamburg |
| DCCN | Antine | Borkum |
| DJNP | Antje | Kiel |
| DCCO | Antje | Rorichmoor |
| DJMM | Antje | Kappeln/Schlei |
| DJWF | Antje | Niendorf |
| *DABL* | Antje | Hamburg-Finkenwerder |
| *DGCX* | Antje | Hamburg |
| *DGDN* | Antje | Hamburg |
| *DHND* | Antje | Heiligenhafen |
| DGAK | Antje Adelheid | Hamburg |
| *DIXR* | Antje Jansen | Uetersen |
| DGCY | Antje Mahler | Hamburg |
| DGCZ | Antje Oltmann | Hamburg |
| DKJQ | Antje von Sylt | Neustadt/Holst. |
| DCCP | Anton | Haren/Ems |
| *DHJK* | Anton Castens | Hamburg |
| *DDKP* | Anton Wilhelm | Brake |
| *DGMX* | Antonia | Hamburg |
| *DEEZ* | Aphaia | Bremen |
| DGDA | Aquarius | Emden |

| Unter-scheidungs-signale | Namen der Schiffe | Heimathafen | Unter-scheidungs-signale | Namen der Schiffe | Heimathafen |
|---|---|---|---|---|---|
| *DEBL* | Arcturus | Bremen | *DCVV* | Auguste Schulte | Hamburg |
| *DDRC* | Argenfels | Bremen | *DINA* | Augustenburg | Hamburg |
| *DDTQ* | Argo | Bremen | DDSQ | Aumund | Bremen |
| DGDB | Argonaut | Hamburg | DGDJ | Aurora | Hamburg |
| DCCQ | Ariadne | Borkum | DCFO | Aurich | Emden |
| *DEEK* | Aries | Bremen | *DKCB* | Auriga | Lübeck |
| DDUP | Arion | Bremen | *DLCM* | Auriga | Bremen |
| *DDRE* | Arion | Bremen | DGDK | Ausdauer | Hamburg |
| *DHAI* | Aristid | Hamburg | DIDG | Ausdauer | Hamburg |
| DHEE | Arkona | Hamburg | DIMZ | Austria | Hamburg |
| *DJCI* | Arkona | Hamburg | DKFM | Avena | Breiholz |
| *DHJL* | Arktis | Hamburg | DGDL | Aventura | Hamburg |
| DCCS | Arktur | Westrhauderfehn | *DDTP* | Axenfels | Bremen |
| DCCT | Armin | Haren/Ems | *DIEN* | Babitonga | Hamburg |
| *DJEK* | Arn VII | Arnis/Schlei | DEGB | Bär | Bremen |
| DCCU | Arnold | Haren/Ems | *DDUI* | Baden | Bremen |
| *DGDC* | Arnolde | Hamburg | *DFNC* | Baden | Cuxhaven |
| *DLCF* | Arsterturm | Bremen | DENW | Bärbel | Lübeck- |
| *DJXC* | Asella | Lübeck | | | Travemünde |
| *DHEQ* | Asgard | Hamburg | *DEAS* | Bärenfels | Bremen |
| DEEU | Aschanti IV | Bremen | *DECZ* | Bärenstein | Bremen |
| *DHQV* | Assel | Hamburg | *DHJH* | Bahrenfeld | Hamburg |
| *DJWS* | Assen | Lübeck | *DABP* | Balder | Glückstadt |
| DDKW | Assistent I | Lemwerder | *DIAN* | Baldur | Hamburg |
| DIRD | Astarte | Wilhelmshaven | DGDM | Baldur | Hamburg |
| DJAF | Astrea | List/Sylt | DCCW | Baldur | Norderney |
| DGDE | Astrid | Hamburg | *DGEW* | Balkan | Hamburg |
| DJZJ | Astrid II | Orth/Fehmarn | *DKCO* | Baltic | Heiligenhafen |
| *DHPX* | Athen | Hamburg | DCSD | Baltic | Haren/Ems |
| *DINX* | Athlet | Hamburg | DCCX | Baltrum I | Baltrum |
| *DHOK* | Atlanta | Hamburg | DCCY | Baltrum II | Baltrum |
| *DHNB* | Atlantic | Hamburg | *DIFC* | Barbara | Hamburg |
| DETM | Atlantic | Lübeck- | DJMB | Barbara | Büsum |
| | | Travemünde | DCDA | Barbara | Ditzum |
| DGDF | Atlantik | Hamburg | *DEBY* | Barbara | |
| *DIAB* | Atlantik | Hamburg | | Meentzen | Bremen |
| *DCHJ* | Atlantis | Norderney | DAOZ | Bardenfleth | Bremen |
| *DFTQ* | Atlantis | Stade | *DHKA* | Barmbek | Hamburg |
| *DEAA* | Atlas | Bremen | DGDO | Barnkrug | Hamburg |
| *DLBG* | Atlas Hugo | | *DLCS* | Bartenstein | Bremen |
| | Stinnes | Bremen | *DFTU* | Basbeck | Osten |
| *DGDG* | Audieck | Hamburg- | DGDQ | Baumwall | Hamburg |
| | | Finkenwerder | *DDRN* | Bayern | Bremen- |
| *DEDZ* | Audentia | Bremen | | | Vegesack |
| DDMY | Auerhahn | Bremen- | DFLF | Bayern | Cuxhaven |
| | | Vegesack | *DHAV* | Bayern | Leer |
| DHEW | Aufbau | Hamburg | *DEFD* | Bayernstein | Bremen |
| *DIBW* | Augsburg | Hamburg | *DIMJ* | Beate | Hamburg |
| *DILS* | Augusta | Hamburg | *DHDQ* | Beate | |
| DJNQ | August | Kiel | | Bolten | Hamburg |
| *DEUM* | August Bösch | Bremerhaven | *DHJI* | Bellatrix | Hamburg |
| *DHPL* | August Bolten | Hamburg | *DDUC* | Bellona | Bremen |
| *DGWO* | August Peters | Hamburg | *DGQN* | Belgrano | Hamburg |
| *DILR* | August Thyssen | Hamburg | *DKHX* | Belmonte | Kiel |
| DDFK | Auguste | Bremen | DABS | Beluga | Hamburg |
| DGDH | Auguste | Hamburg | *DHNF* | Benno | Hamburg |
| DGDI | Auguste | Hamburg | DGDT | Berger V | Bremerhaven |
| *DAMH* | Auguste Kämpf | Bremerhaven | DGDU | Berger VII | Hamburg |

| Unterscheidungssignale | Namen der Schiffe | Heimathafen der Schiffe |
|---|---|---|
| DHEZ | Bergungsschute 4 | Hamburg |
| *DABU* | Berlin | Bremerhaven |
| *DEDU* | Berlin | Bremen |
| *DHLO* | Berlin | Hamburg |
| *DIEJ* | Berlin | Hamburg |
| DGMY | Bernd | Hamburg |
| DIRE | Bernd | Hamburg |
| *DGFN* | Bernd Becker | Hamburg |
| *DGAG* | Bernd Leonhardt | Hamburg |
| *DHOV* | Bernd Wesch | Hamburg |
| *DEBK* | Bernhard | Bremen |
| DCDC | Bernhard | Haren/Ems |
| DCUJ | Bernhard | Haren/Ems |
| *DETQ* | Bernhard Grundmann | Bremerhaven |
| *DJDM* | Bernhard Howaldt | Flensburg |
| DCDD | Bernhardus | Haren/Ems |
| *DCWD* | Berni Nübel | Emden |
| DIXM | Berta | Elmshorn |
| *DENZ* | Berta | Bremerhaven |
| DGDY | Berta Hermine | Hamburg-Finkenwerder |
| DDJS | Berta Jacobs | Brake |
| *DKGN* | Berta Kienass | Rendsburg |
| DGEA | Berta Köhlmann | Hamburg |
| DGDV | Berta Louise | Hamburg |
| DHGK | Berta Marie | Hamburg |
| DFYS | Bertha | Abbenfleth |
| DGDW | Bertha | Hamburg |
| DGDX | Bertha | Hamburg |
| DHJM | Bertha | Hamburg |
| DJEM | Bertha | Flensburg |
| DFVC | Bertha | Hamburg |
| *DKFC* | Bertha Entz | Rendsburg |
| DGDZ | Bertha Johanna | Hamburg |
| DGEB | Bertha Troles | Hamburg |
| *DHLP* | Beteigeuze | Hamburg |
| DGEC | Betty | Hamburg |
| DFZA | Betty | Gräpel |
| DFVD | Betty | Krautsand |
| DJCP | Bianka | Heiligenhafen |
| *DECN* | Bieberstein | Bremen |
| *DGCE* | Bilbao | Hamburg |
| *DIER* | Billetal | Hamburg |
| *DJRN* | Biomaris-Atlantic | Bremen |
| *DGAY* | Birgitt | Hamburg |
| *DIKO* | Birka | Hamburg |
| *DEOU* | Birkenau | Bremerhaven |
| *DEAW* | Birkenfels | Bremen |
| *DLBQ* | Birkenstein | Bremen |
| *DJDO* | Birknack | Flensburg |
| *DINY* | Birte | Hamburg |
| *DGBN* | Birte Hugo Stinnes | Kiel |
| *DKBF* | Birte Oldendorff | Lübeck |
| *DLBV* | Bischofstein | Bremen |

| Unterscheidungssignale | Namen der Schiffe | Heimathafen der Schiffe |
|---|---|---|
| *DLBK* | Bischofstor | Bremen |
| *DIYE* | Bishorst | Haseldorf |
| *DIIL* | Bismarckstein | Hamburg |
| *DLCQ* | Blankenstein | Bremen |
| DKIT | Bleibtreu | Heiligenhafen |
| *DJTK* | Blidum | Rendsburg |
| DHLT | Blinkfuer | Hamburg-Finkenwerder |
| DGIK | Blitz | Hamburg |
| *DKGZ* | Blumenau | Kiel |
| DDRB | Blumenthal | Bremen |
| *DABQ* | Bockenheim | Bremen |
| *DILQ* | Bökelnburg | Hamburg |
| *DLDB* | Bodenstein | Bremen |
| *DJSR* | Bonanza | Kiel |
| *DIMR* | Bonita | Hamburg |
| *DEUS* | Bonn | Bremerhaven |
| *DIGG* | Boreas | Hamburg |
| DCMF | Borkum | Emden |
| DFMG | Borkum | Cuxhaven |
| DHBE | Borkum | Hamburg |
| *DILA* | Borkum | Hamburg |
| DIIA | Borkumriff | Hamburg |
| *DEDN* | Bornheim | Bremen |
| *DIIO* | Botilla Russ | Hamburg |
| *DIOD* | Brage | Hamburg |
| *DACB* | Brahe | Bremerhaven |
| DEEJ | Brake | Bremen |
| *DLCU* | Brake | Bremen |
| DCDG | Brandaris | Langeoog |
| *DEFJ* | Brandenburg | Bremen-Vegesack |
| DJWI | Brandenburg | Hamburg |
| *DHMF* | Brandenburg | Hamburg |
| *DECC* | Brandenstein | Bremen |
| *DEAZ* | Braunfels | Bremen |
| *DEON* | Braunschweig | Bremerhaven |
| *DIFO* | Braunschweig | Hamburg |
| *DIOJ* | Braunsfeld | Hamburg |
| DIIH | Bravo | Hamburg |
| DGWE | Breiholz | Rendsburg |
| *DKDV* | Breitenburg | Hamburg |
| *DLBT* | Breitenstein | Bremen |
| *DEBQ* | Bremen | Bremen |
| *DFAN* | Bremen | Bremerhaven |
| DDMZ | Bremen | Bremen-Vegesack |
| *DEGC* | Bremer Boerse | Bremen |
| *DEFU* | Bremer Flagge | Bremen |
| *DEGP* | Bremer Flotte | Bremen |
| *DEBT* | Bremer Glocke | Bremen |
| *DEGL* | Bremer Handel | Bremen |
| DEGQ | Bremerlotse | Bremen |
| DLDE | Bremer Pionier | Bremen |
| *DAMI* | Bremerhaven | Bremerhaven |
| DDSN | Bremerhaven | Bremen |
| *DFAV* | Bremerhaven | Bremerhaven |
| *DLAZ* | Bremerhaven | Bremen |
| *DECE* | Bremer Roland | Bremen |
| *DEEP* | Bremer Wappen | Bremen |

| Unterscheidungssignale | Namen der Schiffe | Heimathafen der Schiffe |
|---|---|---|
| DGEG | Brigitta | Strande |
| DJTG | Brigitte | Eckernförde |
| *DECI* | Brillant | Bremen |
| *DGEH* | Brix Hansen | Hamburg-Finkenwerder |
| *DHFD* | Brook | Hamburg |
| DKDC | Brüsterort | Lübeck-Travemünde |
| DDNB | Brunhild | Bremen-Vegesack |
| *DLBN* | Brunneck | Bremen |
| DHPU | Bruno | Hamburg |
| *DIMH* | Brunswick | Hamburg |
| *DHKQ* | Brunsbüttel | Hamburg |
| *DIKF* | Brunshausen | Hamburg |
| DDLD | BSG 1 | Brake |
| DDLF | BSG 2 | Brake |
| *DJNT* | Bülk | Kiel |
| *DCHA* | Bürgermeister Diekmann | Emden |
| *DJVW* | Büsum | Kiel |
| DGEN | Bützfleth | Hamburg |
| DGEJ | Bürgermeister Ross | Hamburg |
| *DACE* | Bürgermeister Smidt | Bremerhaven |
| DICW | Bugsier 1 | Hamburg |
| DIDK | Bugsier 2 | Hamburg |
| DIEI | Bugsier 3 | Hamburg |
| DGEF | Bugsier 4 | Hamburg |
| DGQJ | Bugsier 6 | Hamburg |
| DGWF | Bugsier 7 | Hamburg |
| DHKN | Bugsier 8 | Hamburg |
| DHFM | Bugsier 9 | Hamburg |
| DHMN | Bugsier 10 | Hamburg |
| DHFA | Bugsier 11 | Hamburg |
| DIHW | Bugsier 12 | Hamburg |
| DIOE | Bugsier 14 | Hamburg |
| *DJNU* | Bungsberg | Hamburg |
| *DEAN* | Buntentor | Bremen |
| *DHQJ* | Burg Sparrenberg | Hamburg |
| DCDH | Burkana | Emden |
| *DHNM* | Burkhard Bröhan | Hamburg |
| *DHJT* | Burstah | Hamburg |
| *DEDB* | Bussard | Bremen |
| *DIFT* | Bussard | Hamburg-Finkenwerder |
| *DGEM* | Bussard | Hamburg |
| *DIYW* | Bussard | Schulau |
| DJVB | Bussard I | Hamburg |
| DJNE | Bussard II | Büsum |
| *DFLI* | Butendiek | Haffkrug |
| *DIGB* | Butt | Hamburg |
| *DGEO* | B. & V. Kranich | Hamburg |
| DFYT | Cäcilie | Freiburg/Elbe |
| *DGRN* | Cairo | Hamburg |
| DDRJ | California | Bremen |

| Unterscheidungssignale | Namen der Schiffe | Heimathafen der Schiffe |
|---|---|---|
| *DKES* | Calla | Rendsburg |
| *DGVI* | Calliope | Hamburg |
| *DGEQ* | Capella | Hamburg |
| DCDJ | Capella | Westrhauderfehn |
| DCDK | Capella | Greetsiel |
| DJLT | Capella | Husum |
| *DKHT* | Capella | Heikendorf |
| *DIII* | Cap Blanco | Hamburg |
| *DILH* | Cap Finisterre | Hamburg |
| *DIIU* | Cap Frio | Hamburg |
| *DIKE* | Cap Norte | Hamburg |
| *DHKO* | Cap Ortegal | Hamburg |
| *DGOF* | Cap Roca | Hamburg |
| *DHBL* | Cap Verde | Hamburg |
| *DIKV* | Cap Vilano | Hamburg |
| *DKJK* | Carina | Lübeck |
| DFAA | Carl | Bremerhaven |
| *DHKH* | Carl | Hamburg |
| DCSP | Carl Danziger | Emden |
| *DCVU* | Carl Fisser | Emden |
| *DCIK* | Carl Fritzen | Emden |
| DJES | Carl Jensen | Kiel |
| *DHDF* | Carl Julius | Hamburg |
| DIOH | Carl Levers | Hamburg |
| *DLCB* | Carl Meentzen | Bremen |
| *DINH* | Carlota Bolten | Hamburg |
| *DCDM* | Carl Thiele | Emden |
| *DAPN* | Carl Wilkens | Hamburg |
| DHGH | Carla | Hamburg |
| DKER | Carola | Rendsburg |
| *DCEX* | Carola Schulte | Emden |
| *DGES* | Carlshütte | Hamburg |
| DHFU | Carlshütte IV | Rendsburg |
| DGVA | Carlsson II | Hamburg |
| DCLB | Caroline | Langeoog |
| DKCA | Carrara | Rendsburg |
| *DAMJ* | Carsten Janssen | Bremerhaven |
| DJAG | Carsten Witt | Bremen |
| *DLAE* | Casablanca | Bremen |
| DEOD | Castor | Lübeck-Travemünde |
| *DEBH* | Castor | Bremen |
| *DKDN* | Castorp | Lübeck |
| DFVE | Catharina | Abbenfleth |
| *DJWA* | Catharina Oldendorff | Lübeck |
| *DKIA* | Catherine Sartori | Kiel |
| *DEGM* | Catrin | Bremen |
| DJEU | Catrina | Friedrichstadt |
| DGEX | C. A. Woldmann | Hamburg-Finkenwerder |
| *DEDM* | Ceres | Bremen |
| *DLBO* | Ceuta | Bremen |
| *DIHJ* | Charles Eckelmann | Hamburg |
| *DDKN* | Charlotte | Osten |
| DGEY | Charlotte | Hamburg |

| Unterscheidungssignale | Namen der Schiffe | Heimathafen der Schiffe | Unterscheidungssignale | Namen der Schiffe | Heimathafen der Schiffe |
|---|---|---|---|---|---|
| *DGEZ* | Charlotte | Hamburg | *DJVZ* | Cläre Grammerstorf | Kiel |
| DKDX | Charlotte | Niendorf | *DIMM* | Cläre Hugo Stinnes | Hamburg |
| *DLCO* | Charlotte Bastian | Bremen | DGFH | Clara | Hamburg |
| DJCV | Charlotte Bohl | Flensburg | DKCL | Clara | Lübeck |
| *DHGD* | Charlotte Schröder | Hamburg | *DGYO* | Clara Blumenfeld | Hamburg |
| DGBZ | Cheeta | Hamburg | DDRP | Claus | Lübeck |
| DGFC | C. H. Kreft | Hamburg-Finkenwerder | DFZR | Claus | Bützfleth |
| DCDO | C. H. Metger | Emden | DGFI | Claus | Hamburg |
| *DIBY* | Christa | Hamburg | DGFJ | Claus | Hamburg |
| DGFD | Christa | Hamburg | DGFK | Claus | Friedrichskoog |
| *DJRQ* | Christa | Heikendorf | *DHRO* | Claus Bischoff | Hamburg |
| DKEA | Christa | Lübeck-Travemünde | *DHKD* | Claus Böge | Hamburg |
| DKED | Christa | Lübeck-Travemünde | DGFM | Claus Erich | Hamburg |
| *DKLV* | Christa | Heiligenhafen | *DJQG* | Claus Grimbart | Kiel |
| *DJQP* | Christa Griese | Kiel | *DHIG* | Claus Möller | Hamburg |
| DGFE | Christa Juls | Hamburg | DJUL | Claus S | Hamburg |
| DHHE | Christa Köncke | Hamburg | *DGPW* | Claus Schriewer | Hamburg |
| DGHR | Christa Thielemann | Brake | *DJQE* | Clemens Sartori | Kiel |
| DJAI | Christel | Neustadt/Holstein | *DIAM* | Cleopatra | Hamburg |
| DETR | Christel | Bremerhaven | *DLAL* | Clivia | Bremen |
| *DAOI* | Christel | Büsum | *DHLE* | Coburg | Hamburg |
| *DCVC* | Christel | Haren/Ems | *DECR* | Colonia | Bremen |
| DJVJ | Christian | Kiel | *DIYR* | Columbus | Lübeck-Travemünde |
| *DGZW* | Christian Goedeken | Hamburg | DKEQ | Columbus | Burgstaaken |
| *DFAX* | Christian Homann | Bremerhaven | DFVF | Comet | Krautsand |
| DCFF | Christian I | Kappeln/Schlei | *DIJM* | Commerz | Hamburg |
| *DACK* | Christian Russ | Hamburg | DDFN | Concordia | Barssel |
| *DJPI* | Christian Sartori | Kiel | *DGVK* | Concordia | Hamburg |
| DCDQ | Christina | Haren/Ems | DJMF | Concordia | Schleswig |
| *DGJD* | Christianna Pikuritz | Hamburg | DCDS | Concordia | Norddeich |
| *DAOC* | Christiane Schulte | Hamburg | DGFO | Condor | Hamburg |
| DGFG | Christine | Büsum | DGFP | Condor | Hamburg |
| DJEW | Christine | Pellworm | DGFQ | Condor | Hamburg |
| DJAJ | Christine | Wyk/Föhr | DDFO | Condor | Brake |
| DJZG | Christine | Großenbrode | DIRP | Condor | Schulau |
| *DJXD* | Christoffer Oldendorff | Lübeck | DJMY | Condor | Kappeln/Schlei |
| DDIB | Christoph Kleemeyer | Bremen | *DKLW* | Condor | Lübeck |
| DEOE | Chronik | Bremerhaven | *DIIV* | Congo | Hamburg |
| *DECA* | Ciandra | Bremen | DCWK | Conrad | Haren/Ems |
| *DKET* | Cimbria | Rendsburg | *DDUF* | Consul Arlt | Bremen |
| *DAPC* | Cimbria | Hamburg | DCEB | Consul Breuer | Emden |
| DKBZ | C. K. 10 | Neustadt/Holst. | DCSQ | Consul Lindemann | Emden |
| DKBY | C. K. 11 | Neustadt/Holst. | DFVG | Contentia | Assel |
| *DGUQ* | Claere Jung | Hamburg | *DHPS* | Continent | Hamburg |
| | | | DIOO | Continental | Hamburg |
| | | | *DHJS* | Cordelia | Hamburg |
| | | | *DGTT* | Cord Eckelmann | Hamburg |
| | | | DHGG | Cormoran II | Hamburg |
| | | | DCDV | Cornelia | Warsingsfehn |
| | | | *DCDW* | Cornelia | Leer |
| | | | DMCP | Cornelis | Bensersiel |
| | | | DIOL | Corona | Hamburg |
| | | | *DEGO* | Corona | Bremen |

| Unterscheidungssignale | Namen | Heimathafen |
|---|---|---|
| | der Schiffe | |
| DGFT | Courier | Hamburg |
| DFZN | Courier | Dornbusch |
| *DACM* | C. P. Andersen | Hamburg |
| *DGNH* | Cranz I | Hamburg-Finkenwerder |
| *DHFR* | Cranz | Hamburg |
| DFVH | Cremon | Dornbusch |
| *DHOM* | Cremon | Hamburg |
| DFZZ | Cremona 2 | Dornbusch |
| *DIDY* | Cressida | Hamburg |
| DCDY | Cum Deo | Haren/Ems |
| *DDTM* | Crostafels | Bremen |
| *DAMM* | Cuxhaven | Cuxhaven |
| DFVI | Daheim | Krautsand |
| *DACP* | Dalälfven | Hamburg |
| *DGVV* | Dalbek | Hamburg |
| *DGIG* | Damaskus | Hamburg |
| *DGQR* | Dammtor | Hamburg |
| *DKJX* | Dania | Lübeck |
| *DCAE* | Daniel Denker | Köln |
| *DDNE* | Dankwart | Bremen |
| *DACQ* | Danzig | Hamburg |
| *DFLW* | Darmstadt | Cuxhaven |
| *DGHO* | Darmstadt | Hamburg |
| DDAJ | Dauens | Cuxhaven |
| *DCFW* | Dele | Haren/Ems |
| *DDUK* | Delia | Bremen |
| *DACU* | D. Dreesmann-Penning | Emden |
| DFAL | Delphin | Bremerhaven |
| DCEC | Delphin | Norddeich |
| *DKIN* | Delphin | Kiel |
| DKGY | Delphin | Strande |
| DGFW | Delphin III | Hamburg |
| DGFX | Delphin IV | Hamburg |
| *DGQF* | Deneb | Hamburg |
| DGFZ | Derfflinger | Hamburg |
| DIAA | Desdemona | Hamburg |
| *DKFJ* | Detlef Schmidt | Rendsburg |
| *DAMN* | Detmold | Cuxhaven |
| *DGGA* | Deutschland | Hamburg |
| DCED | Dia Aubel | Emden |
| *DEBR* | Diamant | Bremen |
| DGGB | Diamant | Neustadt/Holst. |
| DIRS | Diamant | Friedrichskoog |
| DHPR | Diana | Hamburg |
| DGGC | Diana | Wyk/Föhr |
| *DJDR* | Diana | Flensburg |
| DGRO | Diana M | Hamburg |
| DGGD | Dide | Hamburg |
| *DGAM* | Dieksand | Hamburg-Finkenwerder |
| DEQK | Dieter | Kiel |
| *DJPO* | Dieter Waltraud | Rendsburg |
| *DKHL* | Dietmar | Kiel |
| DDFQ | Dietrich Ahrens | Brake |
| *DKKW* | Dietrich Oldendorff | Lübeck |
| DKBR | Dievenow | Lübeck-Travemünde |
| DDNG | Dirk | Bremen |
| *DFLC* | Dithmarschen | Cuxhaven |
| *DIMA* | Dithmarschen | Hamburg |
| *DIJT* | Ditmar Koel | Hamburg |
| DCUY | Ditzum-Petkum | Ditzum |
| *DGIA* | Dixy Porr | Hamburg |
| *DHHL* | Dörte II | Flensburg |
| *DHHS* | Doggerbank | Hamburg |
| *DEQS* | Dohrnbank | Bremerhaven |
| *DKGM* | Donar | Lübeck |
| *DAEF* | Donau | Cuxhaven |
| DERO | Dora | Bremerhaven |
| DGGF | Dora | Hamburg |
| DGGG | Dora | Hamburg |
| DGGH | Dora | Hamburg |
| DJWT | Dora | Burgstaaken |
| DFYP | Dora | Freiburg/Elbe |
| DFVK | Dora | Dornbusch |
| *DCCC* | Dora Fritzen | Emden |
| *DKKY* | Dora Oldendorff | Lübeck |
| DJNZ | Dorothea | Kiel |
| *DERG* | Doris | Bremerhaven |
| DJAK | Doris | Flensburg |
| DJSI | Doris | Kiel |
| DKEC | Doris | Lübeck-Travemünde |
| DGGJ | Dorotea | Hamburg |
| DCUD | Dorothea | Duisburg-Ruhrort |
| DGGK | Dorothea | Hamburg |
| DGGL | Dorothea | Hamburg |
| *DCEK* | Dorothea Siemering | Hamburg |
| *DHFF* | Dorothea Weber | Hamburg |
| *DKBE* | Dorthe Oldendorff | Lübeck |
| DCEL | Dortmund | Emden |
| *DFAE* | Dortmund | Bremerhaven |
| *DHEK* | Dortmund | Hamburg |
| DEFZ | Dorum | Bremen |
| *DECU* | Drachenfels | Bremen |
| *DAMP* | Dradenau | Hamburg-Finkenwerder |
| DCEM | Dr. Eichelbaum | Neuharlingersiel |
| DAOF | Dr. Eichelbaum | Emden |
| DEBC | Dudizol I | Bremen |
| DECT | Dudizol III | Bremen |
| *DJSL* | Duburg | Kiel |
| DIRX | Düneck | Uetersen |
| *DFMP* | Duisburg | Cuxhaven |
| *DCAW* | Duisburg | Duisburg-Ruhrort |
| *DHNY* | Duisburg | Hamburg |
| *DACX* | Düsseldorf | Hamburg |
| *DGHJ* | Düsseldorf | Hamburg |
| *DAMQ* | Düsseldorf | Cuxhaven |

| Unterscheidungssignale | Namen der Schiffe | Heimathafen der Schiffe |
|---|---|---|
| *DIMB* | Ebba Blumenfeld | Hamburg |
| DCEO | Ebenezer | Neuharlingersiel |
| DDFS | Ebenezer | Brake |
| *DGGP* | Eben Ezer | Hamburg-Finkenwerder |
| *DAPA* | Eberhart Essberger | Hamburg |
| *DAMR* | Eckernförde | Kiel |
| DJOC | Eckholt | Eckernförde |
| DGAO | Eckstein | Leer |
| *DEDF* | Edda Cords | Bremen |
| *DHHP* | Edelgard | Hamburg |
| DFVL | Edelweiß | Krautsand |
| *DIXY* | Edelweiß | Seester |
| *DJPZ* | Editha | Eckernförde |
| DJQC | Edith | Heikendorf |
| DGGQ | Edith | Hamburg |
| DCUA | Edith | Papenburg |
| DCGB | Edith I | Spetzerfehn |
| DJOD | Edith Becker | Kiel |
| *DJBK* | Edith N. Christophersen | Flensburg |
| DCAF | Edmund Halm | Köln |
| DKCG | Eduard | Lübeck |
| *DICG* | Eduard Becker | Hamburg |
| *DIEX* | Eduard Rusche | Hamburg |
| *DICT* | Eduard Schupp | Hamburg |
| DDNI | Edward | Bremen-Vegesack |
| *DGGR* | Egerland | Hamburg |
| DIXL | Eggert Karstens | Büsum |
| *DIGA* | Egon Wesch | Hamburg |
| *DHQI* | Ehrenfeld | Hamburg |
| *DECL* | Ehrenfels | Bremen |
| *DKLA* | Eibe Oldendorff | Lübeck |
| *DDPO* | Eichberg | Hamburg |
| DHON | Eider | Hamburg |
| DJFJ | Eider | Süderstapel |
| *DJVF* | Eider | Kiel |
| *DEBV* | Eifel | Bremen |
| *DHQM* | Eifeltal | Bremen |
| *DIOA* | Eilbek | Hamburg |
| *DHRH* | Eilenau | Hamburg |
| *DILI* | Eilenburg | Hamburg |
| DJSA | Einigkeit | Neufeld |
| *DKIE* | Einigkeit | Kiel |
| *DJUP* | Einigkeit | Möltenort |
| *DIXZ* | Elbe | Elmshorn |
| *DGGU* | Elbe | Hamburg |
| DGGV | Elbe | Hamburg |
| DGGX | Elbe | Hamburg |
| DGGY | Elbe | Hamburg |
| *DAOG* | Elbe | Emden |
| *DILY* | Elbe | Hamburg |
| DJWX | Elbing II | Lübeck |
| *DHMY* | Elbstrom | Hamburg |
| DJPC | Elch | Hamburg |

| Unterscheidungssignale | Namen der Schiffe | Heimathafen der Schiffe |
|---|---|---|
| DGHA | Elenore | Hamburg |
| DIRL | Eleonore | Uetersen |
| DDDM | Elfe | Wilhelmshaven |
| DFZL | Elfriede | Assel |
| DKLY | Elfriede | Heiligenhafen |
| *DJTS* | Elfriede | Kiel |
| DCEU | Elisabeth | Haren/Ems |
| DCEV | Elisabeth | Potshausen |
| DCEW | Elisabeth | Greetsiel |
| DDKJ | Elisabeth | Brake |
| *DDKK* | Elisabeth | Barssel |
| *DEFT* | Elisabeth | Bremen |
| DFVM | Elisabeth | Wischhafen |
| DIKU | Elisabeth | Elsfleth |
| *DJTJ* | Elisabeth | Eckernförde |
| *DHHH* | Elisabeth Arlt | Bremen |
| *DEFB* | Elisabeth Berger | Bremen |
| *DGVM* | Elisabeth Boll | Haren/Ems |
| *DHNZ* | Elisabeth Bornhofen | Hamburg |
| *DJOJ* | Elisabeth Entz. | Rendsburg |
| *DCWO* | Elisabeth Hendrik Fisser | Emden |
| *DCFU* | Elisabeth Schulte | Emden |
| DCEY | Elise | Haren/Ems |
| DFVN | Elise | Abbenfleth |
| DGHG | Elise | Hamburg |
| DESA | Elise Oltmann | Hamburg |
| *DCSV* | Elise Schulte | Hamburg |
| *DCUN* | Eliza Nübel | Emden |
| *DGWC* | Elke | Düsseldorf |
| *DHDA* | Elke Freese | Hamburg |
| DFWE | Elke-Marie | Krautsand |
| DFVO | Ella | Bützfleth |
| DGHH | Ella | Hamburg |
| *DHHJ* | Ella Feldtmann | Hamburg |
| *DGHI* | Ellen | Hamburg |
| *DADD* | Ellen | Hamburg-Finkenwerder |
| *DHMC* | Ellen Hugo Stinnes | Hamburg |
| *DIIW* | Ellen M | Hamburg |
| *DGWL* | Ellerbek | Hamburg |
| *DJQY* | Ellerbek | Kiel |
| DGNX | Elli | Hamburg |
| *DDKO* | Elli Ahrens | Brake |
| DGPY | Elli-Margot | Hamburg |
| DCFB | Elli Schaa | Leer |
| DINW | Elmo | Hamburg |
| DJZK | Elmshorn | Elmshorn |
| DJLA | Elsa | Maasholm |
| DGHK | Elsa | Hamburg |
| *DIDI* | Elsa Essberger | Hamburg |
| DJXX | Elsbeth | Lübeck-Schlutup |
| *DDUY* | Elsbeth Wiards | Bremen |

| Unterscheidungssignale | Namen der Schiffe | Heimathafen der Schiffe |
|---|---|---|
| *DDKV* | Else | Brake |
| DCFC | Else | Haren/Ems |
| DCFD | Else | Emden |
| *DHLV* | Else Hugo Stinnes | Hamburg |
| DFVP | Else Marie | Heiligenhafen |
| *DHRE* | Else Müller | Hamburg |
| DDNK | Elsfleth | Bremen |
| DGHL | Elster | Hamburg |
| DCFE | Elternsegen | Haren/Ems |
| DGHM | Emanuel | Hamburg |
| DGHN | Emanuel | Hamburg |
| *DEFX* | Emanuel II | Bremen |
| DJOF | Emil | Kiel |
| DGHP | Emil | Hamburg |
| *DKEE* | Emil Berger | Lübeck |
| *DCHW* | Emil Fox | Emden |
| *DAMT* | Emma | Hamburg-Finkenwerder |
| DGHQ | Emma | Hamburg |
| DGHS | Emma | Hamburg |
| DGHT | Emma | Hamburg |
| DGHW | Emma | Hamburg-Altenwerder |
| DGHX | Emma | Hamburg |
| DKBQ | Emma | Burgstaaken |
| DJOG | Emma Dorothea | Schilksee-Strande |
| DFSR | Emma Fitschen | Assel |
| DGHZ | Emma Irene | Hamburg |
| DGIB | Emma Lucie | Hamburg |
| DGIC | Emma Oltmann | Hamburg |
| *DHEX* | Emma Sauber | Hamburg |
| DGRD | Emma Sell | Kiel |
| DGWP | Emmalies Funk | Hamburg |
| DJSN | Emmi | Laboe |
| *DDUH* | EmmyFriederich | Bremen |
| *DFMI* | Emmy Ottens | Cuxhaven |
| DCFG | Ems | Duisburg-Ruhrort |
| DCFH | Ems | Varelerhafen |
| DCUE | Ems IV | Leer |
| *DIOK* | Emsen | Hamburg |
| *DADE* | Emsgatt | Hamburg |
| DCDZ | Emsland | Düsseldorf |
| *DHEY* | Emsriff | Hamburg |
| *DEAG* | Emsstein | Bremen |
| DCFL | Emsstrom | Haren/Ems |
| DJAH | En Attendent | Dagebühl |
| DGID | Energie | Hamburg |
| *DIDW* | Energie | Hamburg |
| DCFM | Engelbert | Haren/Ems |
| DADG | Ente | Hamburg |
| DDNM | Ente | Bremen-Vegesack |
| DCFN | Eos | Haren/Ems |
| *DGGW* | Eric Reckmann | Hamburg |
| DGIF | Erich | Hamburg |
| *DDKM* | Erich | Brake |
| *DGKU* | Erich Schröder | Hamburg |
| *DGZG* | Erik Seyd | Hamburg |
| DGII | Erika | Hamburg |
| *DKJI* | Erika | Neustadt/Holst. |
| *DCWL* | Erika Fritzen | Emden |
| *DCAG* | Erika Hendrik Fisser | Köln |
| DGNM | Erika Reinhold | Hamburg |
| *DHEN* | Erika Schulte | Hamburg |
| *DCBI* | Erin Nübel | Emden |
| *DGRM* | Erlangen | Hamburg |
| DCFP | Erna | Warsingsfehn |
| DGIJ | Erna | Heiligenhafen |
| DGTR | Erna | Hamburg |
| DHGN | Erna | Hamburg |
| DJXH | Erna | Hamburg |
| DIWW | Erna | Elmshorn |
| DDFV | Erna | Brake |
| *DEST* | Erna | Cuxhaven |
| DGIL | Erna Elisabeth | Hamburg |
| DHEO | Erna Liebisch | Hamburg |
| DGIM | Erna Marie | Hamburg |
| DGIN | Erna Meyer | Hamburg |
| *DKBB* | Erna Oldendorff | Lübeck |
| DGIP | Ernst | Hamburg |
| DGIS | Ernst August | Hamburg |
| *DHQH* | Ernst Blumenfeld | Hamburg |
| *DJQA* | Ernst Friesecke | Kiel |
| DGWY | Ernst Gaulke | Hamburg |
| *DAMU* | Ernst Gröschel | Bremerhaven |
| *DGCF* | Ernst G. Russ | Hamburg |
| DISH | Ernst Heinrich | Moorege |
| *DING* | Ernst Schröder | Hamburg |
| *DADM* | Ernst Schweckendieck | Emden |
| DIYL | Ernst Sturm | Glückstadt |
| DGXJ | Ernst Uwe | Hamburg |
| DISI | Ernte | Oberndorf |
| *DDUL* | Erpel | Bremen |
| *DHFV* | E. Russ | Hamburg |
| DGIT | Erwin | Hamburg |
| DGIU | Erwin | Hamburg |
| *DEAF* | Eschersheim | Bremen |
| DCTO | E. S. I. 1 | Neuharlingersiel |
| DCTP | E. S. I. 2 | Neuharlingersiel |
| DCTQ | E. S. I. 3 | Neuharlingersiel |
| DDOX | Esdörp | Hamburg |
| *DHAE* | Esperanza | Hamburg |
| DGIV | Esriel | Hamburg |
| *DADN* | Essen | Emden |
| *DGNV* | Essen | Hamburg |
| DERQ | Essen | Bremerhaven |
| DGIW | Esso 60 | Hamburg |
| DHOY | Esso 61 | Hamburg |
| DIAD | Esso 62 | Hamburg |
| DHPQ | Esso 65 | Hamburg |

| Unterscheidungssignale | Namen der Schiffe | Heimathafen der Schiffe |
|---|---|---|
| *DHJG* | Esso Baltic | Hamburg |
| *DIBI* | Esso Bolivar | Hamburg |
| *DIHU* | Esso Düsseldorf | Hamburg |
| *DIKL* | Esso Frankfurt | Hamburg |
| *DIKA* | Esso Hamburg | Hamburg |
| *DHGX* | Esso München | Hamburg |
| DJPS | Esso Nordenham | Hamburg |
| *DGHM* | Este | Hamburg |
| *DADP* | Este | Hamburg |
| *DGZQ* | Esteburg | Hamburg |
| DGIX | Estetal | Hamburg |
| DIAG | Estetal | Hamburg |
| *DHNK* | Esther Schulte | Hamburg |
| DCII | Etta | Norddeich |
| DGDR | E.u.M.Schwimmkran III | Hamburg |
| DHEJ | E.u.M.Schwimmkran IV | Hamburg |
| DKEO | Europa II | Kappeln/Schlei |
| *DGPN* | Euros | Hamburg |
| *DJQQ* | Eva | Heikendorf |
| *DLBZ* | Eva-Maria | Bremen |
| DGAV | Eversand | Bremen |
| *DKBA* | Eversen | Niendorf |
| DGJA | Ewald Ehlert | Rendsburg |
| DCFR | Exelsior | Holte |
| *DHPA* | Fairplay I | Hamburg |
| DGJC | Fairplay II | Hamburg |
| DJIU | Fairplay III | Hamburg |
| DIHP | Fairplay IV | Hamburg |
| DHEM | Fairplay V | Hamburg |
| *DADQ* | Fairplay VII | Hamburg |
| DGJG | Fairplay VIII | Hamburg |
| DGJH | Fairplay IX | Hamburg |
| DGJI | Fairplay X | Hamburg |
| DGJJ | Fairplay XI | Hamburg |
| DGJK | Fairplay XII | Hamburg |
| *DIKW* | Fairplay XIV | Hamburg |
| *DILN* | Fairwind | Hamburg |
| *DGJO* | Falke | Hamburg |
| DGJP | Falke | Hamburg |
| DIJD | Falke | Hamburg |
| DKBS | Falke | Kappeln/Schlei |
| *DDTR* | Falke | Bremen |
| *DISL* | Falke | Schulau |
| DGRV | Falke | Lübeck |
| *DHJJ* | Falkenberg | Hamburg |
| *DECX* | Falkenfels | Bremen |
| DGJQ | Falkenstein | Hamburg |
| *DIFB* | Falkenstein | Hamburg |
| *DJOT* | Falkenstein | Kiel |
| *DLCE* | Falkental | Bremen |
| *DEOX* | Falkland | Bremerhaven |
| *DAIE* | Fanal | Kiel |
| *DLCG* | Fangturm | Bremen |
| DGJR | Fanto XVIII | Hamburg |
| DEEE | Farge | Bremen |
| DDNN | Fasan | Bremen-Vegesack |
| *DDRA* | Fasan | Bremen |
| DDNO | Fasolt | Bremen-Vegesack |
| *DEQN* | Fatima | Lübeck-Travemünde |
| *DIAY* | Fatima | Bremen |
| *DDRD* | Fauna | Bremen |
| *DIKG* | Faust | Hamburg |
| *DJOI* | Fehmarn | Hamburg |
| DGBA | Fehmarn III | Hamburg |
| DJSO | Felsen | Eckernförde |
| *DIFN* | Ferdia | Hamburg |
| *DGIH* | Ferdinandstor | Hamburg |
| *DAFY* | Ferdinand Vieth | Hamburg |
| DJFW | Feuerland | Büsum |
| *DLBI* | Fidentia | Bremen |
| DGJS | Fiducia | Hamburg |
| *DIDE* | Fina | Hamburg |
| *DLAF* | Fink | Bremen |
| DKLL | Finkwarder | Lübeck-Travemünde |
| *DGJT* | Finkwarder | Hamburg |
| DIMP | Finkenwerder | Hamburg |
| *DFLR* | Fischereidirektor Meinken | Cuxhaven |
| DGJU | Fischland | Hamburg |
| *DKAC* | Fjordmöwe | Lübeck-Travemünde |
| *DEOB* | Flachsee | Bremerhaven |
| DFLQ | Fladengrund | Neustadt/Holst. |
| *DESR* | Fladengrund | Bremerhaven |
| DJWL | Flamingo | Flensburg |
| *DGJV* | Fleiss | Hamburg |
| DJCT | Flensau | Flensburg |
| *DGCR* | Flensburg | Hamburg |
| DHPW | Flensburg | Flensburg |
| *DJQU* | Flensburg | Kiel |
| *DINS* | Fleth | Hamburg |
| *DEBG* | Flora | Bremen |
| DCFV | Flott | Greetsiel |
| *DHQC* | Flottbek | Hamburg |
| DICA | Flottbek | Hamburg |
| *DDUA* | Flut | Bremen |
| DGJX | F. M. Harmstorf | Hamburg |
| DJAR | Föhr-Amrum | Wyk/Föhr |
| DCFX | Folt Wilhelm | Borkum |
| *DJYL* | Fona | Lübeck |
| DJAT | Forelle | Flensburg |
| *DKCT* | Forelle | Burgstaaken |
| DKIU | Forelle | Heikendorf |
| DJLQ | Forelle | Pellworm |
| DEOO | Forelle | Hamburg-Altenwerder |
| DFZH | Fortuna | Wischhafen |
| *DISM* | Fortuna | Glückstadt |
| DETN | Fortuna | Hamburg-Finkenwerder |
| DGJY | Fortuna | Hamburg |

| Unterscheidungssignale | Namen | Heimathafen |
|---|---|---|
| | der Schiffe | |
| DGJZ | Fortuna | Hamburg |
| DGKA | Fortuna | Hamburg |
| DGKB | Fortuna | Hamburg |
| DGKC | Fortuna | Hamburg |
| DGKD | Fortuna | Hamburg |
| DCFY | Fortuna | Warsingsfehn |
| DCFZ | Fortuna | Rhaudermoor |
| DCGA | Fortuna | Bremen |
| DCGC | Fortuna I | Spiekeroog |
| *DKIV* | Francisca Sartori | Kiel |
| *DFLA* | Franken | Cuxhaven |
| *DICR* | Frankfurt | Hamburg |
| *DEOZ* | Frankfurt a. M. | Bremerhaven |
| *DERR* | Frankfurt/Main | Bremerhaven |
| *DIIF* | Frank Leonhardt | Hamburg |
| DCBB | Franz | Duisburg |
| *DCUU* | Franz | Haren/Ems |
| DCWC | Franz | Emden |
| *DLAO* | Franz Doerenkamp | Bremen |
| DGKE | Franz Holm | Hamburg |
| *DHKY* | Franz Mathies | Hamburg |
| *DDLE* | Franz Ohlrogge | Brake |
| *DADU* | Franz Schau | Bremerhaven |
| *DAOU* | Franz Thiele | Emden |
| DCGD | Franziska | Haren/Ems |
| DGKF | Franziska | Hamburg |
| *DADW* | Franziska | Schulau |
| *DCWI* | Franziska Hendrik Fisser | Emden |
| *DLAC* | Frauenfels | Bremen |
| *DADY* | Frauke | Leer |
| DCGF | Frauke | Warsingsfehn |
| *DINC* | Frauke | Hamburg |
| *DCWZ* | Frauke Hermanna | Greetsiel |
| *DEQI* | Freddy | Hamburg |
| *DKJR* | Fredenhagen | Lübeck |
| DGKH | Freia | Burgstaaken |
| DGKI | Freia | Hamburg-Finkenwerder |
| *DGKJ* | Freia | Hamburg-Finkenwerder |
| *DFLO* | Freiburg i. Br. | Cuxhaven |
| *DEDP* | Freienfels | Bremen |
| *DDTZ* | Freiheit | Bremen |
| *DGKK* | Freiherr vom Stein | Hamburg |
| *DIFJ* | Freundschaft | Hamburg |
| *DDKU* | Freya | Brake |
| DIFM | Freya | Hamburg |
| *DJUT* | Freya | Kiel |
| DGKL | Frida | Hamburg |
| DJGB | Frida | Büsum |
| DKCN | Frida | Heiligenhafen |
| *DESP* | Frida Thorberg | Hamburg |
| DGKM | Fridmariwalt | Hamburg |

| Unterscheidungssignale | Namen | Heimathafen |
|---|---|---|
| | der Schiffe | |
| DJTE | Frie 2 | Friedrichsort |
| DJSH | Frie 4 | Friedrichsort |
| DDFZ | Frieda | Brake |
| DFSL | Frieda | Assel |
| DFVS | Frieda | Dornbusch |
| DFYQ | Frieda | Bützfleth |
| DFYX | Frieda | Gräpel |
| DFZB | Frieda | Barnkrug |
| DGKO | Frieda | Hamburg |
| DGKP | Frieda | Hamburg |
| DGKQ | Frieda | Hamburg |
| DGKR | Frieda | Hamburg |
| DGKS | Frieda | Hamburg |
| DISQ | Frieda | Schulau |
| DIWX | Frieda | Elmshorn |
| DJIW | Frieda | Pellworm |
| DFVT | Frieda Elisabeth | Wischhafen |
| DGFU | Frieda Jonas | Hamburg |
| DDGA | Frieda Luise | Dedesdorf |
| DGKV | Frieda Mariechen | Hamburg |
| DDSV | Frieda Morgenroth | Bremen |
| *DHPF* | Frieda Peters | Hamburg |
| *DIMV* | Frieda Russ | Hamburg |
| *DGTB* | Frieda Wilckens | Hamburg |
| *DEOR* | Friedel | Bremerhaven |
| *DHGL* | Friedel | Hamburg |
| *DHJQ* | Frieden | Hamburg |
| *DDGB* | Frieden | Hamburg |
| *DFAY* | Friedenau | Bremerhaven |
| DFYZ | Friedrich | Bremervörde |
| DDGC | Friedrich-August | Oldenburg |
| DCGJ | Friedrich Brons | Emden |
| *DEUB* | Friedrich Busse | Bremerhaven |
| DGKW | Friedrich Campsen | Hamburg |
| DGKY | Friedr. Wilhelm. | Hamburg |
| DFMH | Friedrichshafen | Cuxhaven |
| DJOK | Friedrichsort | Kiel |
| *DDGD* | Friesenland | Brake |
| *DDAD* | Friesland | Leer |
| *DDAS* | Friesland | Wilhelmshaven |
| *DAPI* | Frigga | Hamburg |
| *DISU* | Frija | Glückstadt |
| DJSQ | Frisch Auf | Eckernförde |
| *DKFI* | Frisches Haff | Rendsburg |
| *DFAO* | Frisia | Bremerhaven |
| DJAU | Frisia | Wyk/Föhr |
| DCGK | Frisia I | Norderney |
| DCGL | Frisia II | Norderney |
| DCGM | Frisia III | Norderney |
| *DCWQ* | Frisia IV | Norderney |
| DCGN | Frisia V | Norderney |
| DCGO | Frisia VI | Norderney |
| DCGP | Frisia VII | Norderney |
| DCGQ | Frisia IX | Norderney |
| DCGR | Frisia X | Norderney |

| Unterscheidungssignale | Namen der Schiffe | Heimathafen der Schiffe |
|---|---|---|
| DCGT | Frisia XIV | Norderney |
| DCGU | Frisia XV | Norderney |
| DGJN | Fritz | Hamburg |
| DKKG | Fritz | Niendorf |
| *DHIP* | Fritz Hugo Stinnes | Hamburg |
| DGKZ | Fritz Reuter | Hamburg |
| DGLA | Fritz Schindler | Hamburg |
| DGLB | Fritz Vollmers | Hamburg |
| *DCEG* | Fritzen I | Emden |
| DIRI | F. Werner | Uetersen |
| DCGV | Fünf Gebrüder | Ditzum |
| DJGF | Fürchtenicht | Tönning |
| *DIGZ* | Furka | Hamburg |
| *DJQR* | Gaarden | Kiel |
| *DIAI* | Galata | Hamburg |
| *DEBJ* | Galtgarben | Bremen |
| DHNX | Ganges | Hamburg |
| *DHGF* | Garlstorf | Hamburg |
| *DEAO* | Gazelle | Bremen |
| DHIS | Gebina | Haren/Ems |
| DDKH | Gebrüder | Nordenham |
| DGLC | Gebrüder | Hamburg |
| DGLD | Gebrüder | Büsum |
| DJLK | Gebrüder | Büsum |
| DFGI | Gebrüder | Otterndorf |
| DDGF | Gebrüder | Nordenham |
| DCGW | Gebrüder | Neuharlingersiel |
| *DAEB* | Gebrüder Kähler | Bremerhaven |
| DCGY | Geen Tied | Greetsiel |
| DCGZ | Geeske | Bensersiel |
| DDAV | Geeske | Varelerhafen |
| *DADZ* | Geeste | Bremerhaven |
| *DERB* | Geestemünde | Bremerhaven |
| *DIJH* | Geert Howaldt | Hamburg |
| *DJOB* | Geheimrat Sartori | Kiel |
| *DHDB* | Geier | Hamburg |
| DDNW | Geier | Bremen-Vegesack |
| *DEFG* | Geier | Bremen |
| *DIGT* | Gelsenkirchen | Hamburg |
| DGLF | Gemeinschaft | Bremerhaven |
| *DJXO* | Gemma | Lübeck |
| DHGA | Genius | Hamburg |
| DCVF | Gent Visser | Norderney |
| DJOL | Georg | Kiel |
| *DICM* | Georg Russ | Hamburg |
| *DGTE* | Georges M. | Hamburg |
| DGIE | Gerd | Hamburg |
| DKDG | Gerda | Großenbrode |
| *DKLT* | Gerda | Lübeck-Travemünde |
| DCHB | Gerda | Westrhauderfehn |
| DGLG | Gerda | Hamburg |
| DDNX | Gerda | Bremen-Vegesack |
| DEOV | Gerda | Bremerhaven |
| DGLH | Gerda II | Hamburg |
| DFZM | Gerda Adele | Elm/Stade |
| DGLJ | Gerda Waller | Hamburg |
| *DINJ* | Gerd Freese | Hamburg |
| *DGLK* | Gerfried | Hamburg |
| DCHC | Gerhard | Haren/Ems |
| DFGK | Gerhard | Geversdorf |
| DKEJ | Gerhard | Neustadt/Holst. |
| *DCEE* | Gerhard Elfring | Haren/Ems |
| *DEUI* | Gerhard van Heukelum | Bremerhaven |
| DCHD | Gerhardine | Borkum |
| DFTI | Germane | Stade |
| DCHE | Germania | Warsingsfehn |
| *DDLG* | Germania | Elsfleth |
| *DETC* | Germania | Heiligenhafen |
| *DEQC* | Germania | Bremerhaven |
| DCSO | Gerrit Wessels | Emden |
| DGLM | Gertha | Hamburg |
| *DKQA* | Gertraud | Heikendorf |
| DGLN | Gertrud | Hamburg |
| DGLO | Gertrud | Hamburg |
| DGLP | Gertrud | Hamburg |
| DGLR | Gertrud | Hamburg |
| DHFT | Gertrud | Hamburg |
| DCHF | Gertrud | Haren/Ems |
| *DGLQ* | Gertrud | Cranz/Elbe |
| DJXQ | Gertrud | Kiel |
| *DAMX* | Gertrud | Leer |
| *DLAD* | Gertrud | Bremen |
| DGLS | Gertrud II | Hamburg |
| DKKE | Gertrud II | Niendorf |
| DCFA | Gertrud Fritzen | Emden |
| DKCW | Gertrud-Marta | Kiel |
| *DLDF* | Gertrude Wiener | Bremen |
| DGUO | Gesa | Hamburg |
| DGLU | Gesche | Hamburg |
| *DCFI* | Gesche Rohden | Emden |
| DCHG | Geschwisterliebe | Haren/Ems |
| DCHH | Gesina | Haren/Ems |
| DCHI | Gesine | Ostgroßefehn |
| DCHL | Gesine | Leer |
| DGLV | Gesine | Hamburg |
| *DDTN* | Geversdorf | Bremen |
| DCHN | G. F. Zimmermann | Emden |
| DEOW | Gier | Bremerhaven |
| DIJX | Gilda | Hamburg |
| *DLAT* | Ginnheim | Bremen |
| *DIJZ* | Gisela Essberger | Hamburg |
| *DEBO* | Gisela Meyer-Gerhards | Bremen |
| *DAED* | Gisela Oldendorff | Lübeck |
| *DGQM* | Gisela Russ | Hamburg |
| *DKGT* | Glaube | Kiel |
| DEBB | Gloria | Bremen |

| Unterscheidungssignale | Namen der Schiffe | Heimathafen |
|---|---|---|
| *DGLX* | Gloria | Hamburg |
| *DAEE* | Glückauf | Bremen |
| DCHO | Glückauf | Haren/Ems |
| DGLY | Glückauf | Hamburg |
| *DHKG* | Glückauf | Hamburg |
| *DHLI* | Glückauf | Hamburg |
| *DJYM* | Glückauf | Hamburg |
| *DIMS* | Glückauf | Hamburg |
| DKJO | Glückauf | Lübeck |
| DDNZ | Glück-Auf | Bremen |
| DKMC | Glückauf II | Düsseldorf |
| *DJSX* | Glücksburg | Kiel |
| *DJOH* | Glücksburg | Kiel |
| DCDI | G. M. Daneker | Emden |
| *DESK* | Gneisenau | Lübeck-Travemünde |
| *DGMA* | Goden Wind | Hamburg-Finkenwerder |
| DKKS | Godenwind | Heiligenhafen |
| *DAOY* | Göttingen | Cuxhaven |
| *DHCW* | Götttingen | Hamburg |
| *DAEG* | Goliath | Bremen |
| *DEEL* | Goldenfels | Bremen |
| *DAMY* | Gonzenheim | Bremen |
| DJXS | Gorch Fock | Niendorf |
| *DGMD* | Gorch Fock | Hamburg |
| *DGME* | Gorch Fock | Hamburg-Finkenwerder |
| *DAEH* | Gotland | Cuxhaven |
| *DEUA* | Gotland | Kiel |
| DCHS | Gott mit uns | Haren/Ems |
| DGMG | Grauerort | Hamburg |
| *DAEI* | Greif | Lübeck |
| *DECH* | Greif | Bremen |
| DGMH | Greif | Hamburg |
| DIKR | Greif | Hamburg |
| DJNG | Greif | Kappeln/Schlei |
| *DDTF* | Greiffenfels | Bremen |
| DGMJ | Greta | Hamburg |
| *DDOA* | Gretchen | Bremen |
| DFLH | Gretchen | Otterndorf |
| DGML | Gretchen | Hamburg |
| DGMM | Gretchen | Hamburg |
| DFZU | Gretchen | Ritsch/Kehd. |
| *DHPN* | Gretchen Müller | Hamburg |
| *DIWZ* | Gretchen Vollmers | Uetersen |
| DHHO | Gretchen von Allwörden | Osten |
| DIXU | Grete | Itzehoe |
| DCTY | Grete | Emden |
| DGMP | Grete | Hamburg |
| DGMQ | Grete | Hamburg |
| DJAX | Grete | Flensburg |
| DDGJ | Grete | Brake |
| DFVW | Grete | Krautsand |
| DFGR | Grete | Cuxhaven |
| *DDTH* | Grete Büscher | Bremen |

| Unterscheidungssignale | Namen der Schiffe | Heimathafen |
|---|---|---|
| DGGE | Grete Hagenah | Hamburg |
| *DGYN* | Grete Hauschildt | Hamburg |
| DJST | Grete-Herta | Möltenort |
| *DKAG* | Gretke Oldendorff | Lübeck |
| DGMT | Griep | Hamburg |
| DJXW | Griep to | Lübeck-Travemünde |
| DINP | Griesenwerder | Hamburg |
| *DDSI* | Griesheim | Bremen |
| *DICC* | Grimm | Hamburg |
| *DESM* | Grönland | Bremerhaven |
| *DAEK* | Grönorth | Strande |
| *DIHG* | Grönnebek | Hamburg |
| DDOB | Grohn | Bremen |
| *DEGS* | Grohn | Bremen |
| *DCEH* | Großer Bär | Emden |
| *DAEJ* | Großer Kurfürst | Emden |
| DKGX | Grüß Gott | Eckernförde |
| *DEUE* | Gudrun | Laboe |
| DGMV | Gudrun | Hamburg |
| DFVX | Günter | Wischhafen |
| DJGM | Günther | Lübeck-Travemünde |
| DFLV | Günther | Cuxhaven |
| DIBT | Günther | Hamburg |
| *DIIJ* | Günther | Hamburg |
| *DHLH* | Günther Russ | Hamburg |
| *DHKJ* | Günther Schulte | Hamburg |
| *DEFL* | Gulosenfjord | Bremen |
| *DFTL* | Gunda | Stade |
| *DGMI* | Gundula | Hamburg |
| DJGN | Gustav | Pellworm |
| DGNA | Gustav Adolf | Hamburg |
| *DAEL* | Gustav Borgner | Bremerhaven |
| *DFBA* | Gustav Dahrendorf | Bremerhaven |
| *DGNT* | Gustav Pistor | Hamburg |
| *DEEV* | Gutenfels | Bremen |
| DDOD | Habicht | Bremen-Vegesack |
| DDSC | Habicht | Bremen |
| *DEEB* | Habicht | Bremen |
| DHRV | Habicht | Lübeck |
| DJAZ | Habicht | Flensburg |
| *DJXY* | Habicht | Lübeck-Travemünde |
| DGUL | Hadersleben | Hamburg |
| *DEDL* | Hafentor | Hamburg |
| *DANA* | Haga | Hamburg |
| DJYB | Hai | Timmendorferstrand |
| *DHMS* | Hai | Hamburg |
| *DGNB* | Halmstad | Hamburg |
| *DEUJ* | Haltenbank | Bremerhaven |
| DGNC | Hamburg | Hamburg |
| DGND | Hamburg | Hamburg |
| *DHGZ* | Hamburg | Hamburg |

| Unterscheidungssignale | Namen der Schiffe | Heimathafen der Schiffe |
|---|---|---|
| *DHHT* | Hamburg | Hamburg |
| DIIM | Hamburg | Hamburg |
| *DAEO* | Hanna | Leer |
| *DCHK* | Hanna | Norderney |
| DGNF | Hanna | Hamburg |
| *DIMC* | Hanna Dreier | Hamburg |
| DJXZ | Hanna Frida | Kiel |
| *DGWD* | Hannah Böge | Hamburg |
| DGLW | Hannchen | Lübeck-Schlutup |
| DGNG | Hannchen Allers | Hamburg |
| DIUN | Hannchen Staeglich | Schulau |
| DKFD | Hannchen Vollmers | Rendsburg |
| DCHV | Hanne | Spetzerfehn |
| DDDG | Hanne | Wilhelmshaven |
| *DETK* | Hanne | Lübeck-Travemünde |
| *DJSC* | Hanne Scarlett | Kiel |
| *DEUC* | Hannelore | Lübeck-Travemünde |
| DKHA | Hannelore | Heikendorf |
| *DKGJ* | Hannes | Kiel |
| *DFTT* | Hanngrid | Stade |
| *DFZS* | Hanni-Lene | Krautsand |
| *DAEQ* | Hannover | Bremen-Vegesack |
| *DFMQ* | Hannover | Cuxhaven |
| DGNI | Hannover | Hamburg |
| *DHNC* | Hannover | Leer |
| *DIIT* | Hannover | Hamburg |
| DDKT | Hans | Brake |
| DKHV | Hans | Lübeck |
| DGNJ | Hans | Ritsch |
| DGNK | Hans | Hamburg |
| DGNL | Hans | Hamburg |
| DGNN | Hans | Hamburg |
| DHFL | Hans | Hamburg |
| DCHX | Hans | Haren/Ems |
| DFVZ | Hans | Krautsand |
| DDTG | Hans | Bremen |
| DIHB | Hans August | Hamburg |
| DGNO | Hans Albert | Hamburg |
| *DAMW* | Hans Bernstein | Hamburg |
| *DAES* | Hans Böckler | Bremerhaven |
| DIAK | Hans Bröhan | Hamburg |
| DIYD | Hans Bülow | Kollmar |
| DFGX | Hans Friedrich | Oberndorf |
| *DDGP* | Hans-Georg | Elsfleth |
| DIEB | Hans Gosch | Hamburg |
| DCHY | Hansgrete | Hamburg |
| DGNQ | Hans Günther | Hamburg |
| *DIMY* | H.-Günther Bülow | Hamburg |
| *DEPI* | Hans Heinz | Heikendorf |
| DJOM | Hans-Helmut | Schilksee-Strande |
| DHGQ | Hans Hermann | Hamburg |

| Unterscheidungssignale | Namen der Schiffe | Heimathafen der Schiffe |
|---|---|---|
| *DHOD* | Hans Hinnick | Hamburg |
| DGNS | Hans Hinrich | Hamburg |
| *DFAR* | Hans Homann | Bremerhaven |
| *DEEA* | Hans Honold | Bremen |
| *DESY* | Hans Kunkel | Bremerhaven |
| *DJWJ* | Hans Matthias | Burgstaaken |
| *DKJY* | Hans Lehmann | Lübeck |
| *DGTJ* | Hans Oltmann | Hamburg |
| *DADO* | Hans-Peter | Itzehoe |
| DJXH | Hans Peter | Lübeck-Travemünde |
| DGNW | Hans und Grete | Helgoland |
| *DESX* | Hans vom Hoff | Bremerhaven |
| *DGNY* | Hans Werner | Hamburg |
| DJYU | Hans Werner | Lübeck-Travemünde |
| *DIHR* | Hansa | Hamburg |
| *DAFJ* | Hanseat | Bremerhaven |
| *DHIH* | Hanseat | Hamburg |
| *DGNZ* | Hanseat | Hamburg |
| DICX | Hansestadt Hamburg | Hamburg |
| *DGPV* | Hansestadt Lübeck | Hamburg |
| *DAEU* | Haparanda | Hamburg |
| *DIFE* | Harald Becker | Hamburg |
| DFMS | Harald Ottens | Cuxhaven |
| DHHY | Harald Schröder | Hamburg |
| *DDNP* | Harburg | Hamburg |
| *DJAA* | Harnis | Flensburg |
| *DHJW* | Harriet Siedler | Hamburg |
| DGOC | Hartwig | Hamburg |
| *DAFP* | Harvestehude | Hamburg |
| DIJB | Hasselwerder | Hamburg |
| *DLBR* | Hastedt | Bremen |
| *DEEM* | Havelstein | Bremen |
| DCIB | Hayo | Leer |
| *DAEV* | H. C. Nibbe | Hamburg-Finkenwerder |
| DGOE | Hebe | Hamburg |
| DDAX | Hebelina | Leer |
| *DHMT* | Hecht | Hamburg |
| *DDUD* | Hector | Bremen |
| *DDRH* | Heddernheim | Bremen |
| *DJGS* | Hedi Engels | Büsum |
| DJXE | Hedwig | Lübeck-Travemünde |
| *DJRX* | Hedwig-Elisabeth | Heikendorf |
| *DILL* | Hedwigshütte | Hamburg |
| *DIJV* | Hedwig Henning | Hamburg |
| *DIIB* | Hedwig Lünstedt | Hamburg |
| DJBB | Hedwig Pannbacker | Flensburg |
| *DJUO* | Hei 24 | Heikendorf |
| *DJTH* | Hei 28 | Heikendorf |
| DJPV | Hei 31 | Heikendorf |
| *DJVU* | Hei 47 | Arnis/Schlei |

| Unterscheidungssignale | Namen der Schiffe | Heimathafen der Schiffe | Unterscheidungssignale | Namen der Schiffe | Heimathafen der Schiffe |
|---|---|---|---|---|---|
| *DGOH* | Heidberg | Hamburg | DJOR | Heinrich | Kiel |
| *DAEW* | Heidelberg | Lübeck | *DAFA* | Heinrich Baumgarten | Bremerhaven |
| *DFMJ* | Heidelberg | Cuxhaven | DGOS | Heinrich Block | Hamburg |
| *DIEL* | Heidelberg | Hamburg | DCIE | Heinrich Brons | Emden |
| DIJY | Heidenau | Hamburg | *DESZ* | Heinrich Bueren | Bremerhaven |
| *DAHK* | Heidenheim | Cuxhaven | *DINF* | Heinrich Christian Oetker | Hamburg |
| DEOI | Heidi | Lübeck-Travemünde | *DHJR* | Heinr. Colsmann | Hamburg |
| DJXR | Heidi | Friedrichskoog | DCIF | Heinrich Elfring | Haren/Ems |
| DDGS | Heidina | Barsselermoor | DICD | Heinrich Erich | Hamburg |
| DGLE | Heijo | Haren/Ems | *DHQT* | Heinrich Grammerstorf | Kiel |
| *DEPB* | Heike | Bremerhaven | *DEEF* | Heinrich Honold | Bremen |
| *DINB* | Heike | Hamburg | *DIIN* | Heinrich Hugo Stinnes | Bremen |
| DDPK | Heike Möller | Glückstadt | *DHMK* | Heinrich Ihde | Hamburg |
| *DGKT* | Heike Schlüter | Rendsburg | *DAFK* | Heinrich Kaufmann | Bremerhaven |
| DJNW | Heikendorf | Kiel | *DIOF* | Heinrich Knüppel | Hamburg |
| *DJSY* | Heikendorf | Kiel | *DIBS* | Heinrich Lorenz | Hamburg |
| *DIBB* | Heilbronn | Hamburg | *DAFE* | Heinrich Schulte | Emden |
| DCDE | Heimat | Neuharlingersiel | *DCUW* | Heinrich Schulte | Emden |
| DCIC | Heimat | Haren/Ems | DDEA | Heinrich Wessels | Emden |
| DCTL | Heimat | Norderney | DCIH | Heinz | Haren/Ems |
| *DGOI* | Heimat | Hamburg | DGOT | Heinz | Hamburg |
| *DGOJ* | Heimat | Hamburg | DFZK | Heinz | Lühe |
| *DIFR* | Heimat | Hamburg-Finkenwerder | DFTG | Heinz Bernhard | Stade |
| DJJR | Heimat | Kappeln | DFXX | Heinz-Georg | Barssel |
| DJUK | Heimat | Laboe | DEOU | Heinz-Heino | Krautsand |
| DJVC | Heimat | Rendsburg | *DIMK* | Heinz-Helmut | Hamburg |
| DJYD | Heimat | Lübeck-Schlutup | *DGOW* | Heinz Schriewer | Hamburg |
| DJYE | Heimat | Niendorf | DJYA | Heita | Lübeck-Travemünde |
| *DKIY* | Heimat | Eckernförde | *DCFQ* | Helena | Haren/Ems |
| *DJUM* | Heimatland | Möltenort | DCBP | Helena Schepers | Haren/Ems |
| *DJRZ* | Heimatland | Eckernförde | DGOX | Helene | Hamburg |
| DGOK | Heimatland | Hamburg | DGOY | Helene | Hamburg |
| *DFMU* | Heimatland | Cuxhaven | DGOZ | Helene | Hamburg-Altenwerder |
| *DIHK* | Heimdal | Hamburg | DIAZ | Helene | Hamburg |
| DCAS | Heimkehr | Duisburg | DHNP | Helene | Kiel |
| DCID | Heimkehr | Emden | DFMD | Helene | Otterndorf |
| DCTI | Heimkehr | Cuxhaven | DCIJ | Helene II | Haren/Ems |
| DGOL | Heimkehr | Hamburg | DDBA | Helene-Auguste | Kiel |
| DGOM | Heimkehr | Hamburg | *DGPB* | Helene B. Schupp | Hamburg |
| *DJOV* | Heimkehr | Eckernförde | *DIDS* | Helene Matthies | Hamburg |
| *DHPM* | HeimoReckmann | Hamburg | *DAFF* | Helene Russ | Hamburg |
| DKBW | Heimwärts | Neustadt/Holst. | DGPC | Helga | Hamburg |
| DGON | Heimwärts | Hamburg | DGPD | Helga | Hamburg-Finkenwerder |
| *DEUQ* | Hein Davidsen | Bremerhaven | DGPE | Helga | Hamburg |
| DGOP | Hein Godenwind | Hamburg | *DIGL* | Helga | Hamburg |
| *DEQP* | Hein Mück | Bremerhaven | DCAY | Helga | Düsseldorf |
| *DIBX* | Hein Hoyer | Hamburg | DKID | Helga | Kiel |
| DFWB | Heini | Hamburg-Neuenfelde | | | |
| *DGMU* | Heino | Hamburg | | | |
| DDGT | Heinrich | Barssel | | | |
| *DEBF* | Heinrich | Bremen | | | |
| DFWC | Heinrich | Dornbusch | | | |
| DGAA | Heinrich | Stade | | | |
| DGOR | Heinrich | Cranz | | | |
| DJDU | Heinrich | Pellworm | | | |

| Unterscheidungssignale | Namen der Schiffe | Heimathafen der Schiffe |
|---|---|---|
| DHNI | Helga I | Hamburg |
| *DKKQ* | Helga-Anni | Burgstaaken |
| *DHQZ* | Helga Böge | Hamburg |
| *DIAC* | Helga Bolten | Hamburg |
| *DFTR* | Helga Dehde | Stade |
| *DAGZ* | Helga Wehr | Hamburg |
| *DIMI* | Helge | Hamburg |
| DCTC | Helgoland | Düsseldorf |
| *DCIL* | Helgoland | Emden |
| *DJYK* | Helgoland | Lübeck |
| DHFK | Helgoland | Husum |
| DKJA | Helgoland | Hamburg |
| *DFAQ* | Helgoland | Bremerhaven |
| *DFLT* | Helgoland | Lübeck-Travemünde |
| *DDUJ* | Helios | Bremen |
| DFWD | Helios | Stade |
| DJXB | Hella | Haffkrug |
| DKIG | Helmut | Möltenort |
| DHEV | Helmut | Hamburg |
| DGPK | Helmut | Hamburg |
| DGPI | Helmuth | Hamburg |
| DICF | Helmuth | Hamburg |
| DILO | Helmuth Hardekopf | Hamburg |
| *DLCK* | Hemelingen | Bremen |
| *DHOI* | Heluan | Hamburg |
| *DCTU* | Hendrik Fisser | Emden |
| *DDAB* | Hendrik Okko Fisser | Emden |
| DDSB | Hengst | Bremen |
| DJOS | Henni | Rendsburg |
| *DKBM* | Henning Oldendorff | Lübeck |
| DERA | Henny | Cuxhaven |
| DFSK | Henny | Assel |
| DFTD | Henny | Keitum/Sylt |
| DDGX | Henny | Großensiel |
| DCIM | Henny | Warsingsfehn |
| DJAL | Henriette | Munkmarsch |
| DDSS | Henriette Charlotte | Bremen |
| *DCVO* | Henriette Schulte | Hamburg |
| DIXD | Henry | Friedrichskoog |
| *DIKH* | Henry Böge | Hamburg |
| *DEPL* | Henry Everling | Bremerhaven |
| DGPM | Henry Six | Hamburg-Altenwerder |
| DJVV | Herbert | Rendsburg |
| *DDUM* | Hercules | Bremen |
| DDUQ | Herkules | Bremen |
| *DKBP* | Herkules | Heiligenhafen |
| DCIO | Herm | Haren/Ems |
| DGPQ | Herma | Kiel |
| DJKR | Herma Ohle | Hamburg |
| DCIP | Hermangela | Haren/Ems |
| DFME | Hermann | Oberndorf |
| DCTR | Hermann | Emden |

| Unterscheidungssignale | Namen der Schiffe | Heimathafen der Schiffe |
|---|---|---|
| DGPS | Hermann | Hamburg |
| DGPT | Hermann | Lübeck-Travemünde |
| *DCUO* | Hermann | Haren/Ems |
| DDGY | Hermann | Barssel |
| DKBJ | Hermann | Neustadt/Holst. |
| *DEOG* | Hermann Ahlers | Bremerhaven |
| *DCHT* | Herman Akkermann | Borkum |
| *DJDN* | Hermann Althoff | Flensburg |
| *DGIY* | Hermann Blume | Hamburg |
| *DAFL* | Hermann Bösch | Bremerhaven |
| *DFTM* | Hermann Elsen | Stade |
| DCAQ | Hermann Gunther | Duisburg |
| *DHGB* | Hermann-Hans | Hamburg |
| DCET | Hermann Kiepa | Haren/Ems |
| *DEOF* | Hermann Krause | Bremerhaven |
| *DIFX* | Hermann Krone | Hamburg |
| *DIND* | Hermann Largreder | Hamburg |
| DCVP | Hermann Litmeyer | Haren/Ems |
| DFLZ | Hermann Fischer | Cuxhaven |
| *DAPK* | Hermann Fritzen | Emden |
| *DIEV* | Hermann Schulte | Hamburg |
| *DHPY* | Herman Sauber | Hamburg |
| DIBE | Hermann Tiedemann | Hamburg-Finkenwerder |
| DJSB | Hermann Tiessen | Kiel |
| *DEPU* | Hermes | Bremerhaven |
| *DHOO* | Hermes | Hamburg |
| DGPU | Hermine | Hamburg |
| DCIQ | Hermine | Haren/Ems |
| *DCIR* | Hermine | Leer |
| DJBC | Hermine | Wyk/Föhr |
| *DAPJ* | Hermod | Hamburg |
| DGLI | Heros | Hamburg |
| DCEP | Herrentor | Emden |
| DKJN | Herrenwyk | Lübeck |
| DGPX | Herta | Neuenfelde |
| DJHB | Herta | Arnis/Schlei |
| *DCWE* | Herta Engeline Fritzen | Emden |
| DHGS | Herta Giese | Hamburg |
| *DHOP* | Herta Johanne III | Hamburg |
| DGPZ | Hertha | Hamburg |
| DGQA | Hertha | Hamburg |
| DJOU | Hertha | Kiel |
| *DEPD* | Hertha | Bremerhaven |
| DCDF | Hertha I | Norderney |
| *DHBF* | Hertha Gerdau | Hamburg |
| DGPH | Hertha Henning | Hamburg |

| Unterscheidungssignale | Namen der Schiffe | Heimathafen der Schiffe |
|---|---|---|
| DCIT | Hertha Johanne | Rhaudermoor |
| *DAJA* | Hessen | Emden |
| *DDSK* | Hessen | Bremen-Vegesack |
| *DLAQ* | Hessenstein | Bremen |
| *DDUT* | Hestia | Bremen |
| *DEPF* | Hever | Hamburg |
| DGQB | Hiev | Hamburg |
| *DJOW* | Hilda | Kiel |
| *DGQC* | Hilda | Hamburg-Finkenwerder |
| DGQD | Hilda | Hamburg-Harburg |
| *DEEW* | Hilda Ahrens | Bremen |
| *DHKE* | Hilda-Rebecka | Hamburg |
| *DILZ* | Hilda Wesch | Hamburg |
| DCIU | Hildburg | Leer |
| DDGZ | Hilde | Großensiel |
| DCIV | Hilde | Leer |
| *DGQE* | Hilde Loop | Hamburg-Finkenwerder |
| DIXF | Hildegard Bülow | Kollmar/Holstein |
| *DIHO* | Hildegard Doerenkamp | Hamburg |
| DJHD | Hildegard-Marie | Husum |
| *DHQF* | Hildegard Peters | Hamburg |
| *DHQO* | Hildegard Z. Nimtz | Hamburg |
| *DFMA* | Hildesheim | Cuxhaven |
| *DLCI* | Hille Oldendorff | Bremen |
| *DJAS* | Hilligenlei | Wyk/Föhr |
| DJDG | Hilligenlei | Langeness |
| DCIZ | Hinderk Looden | Greetsiel |
| *DIET* | Hinrich | Hamburg |
| DDOF | Hinrich Ahrens | Bremen |
| *DIBL* | Hinrich Hey | Hamburg |
| *DJWR* | Hinrich Oldendorff | Lübeck |
| DIYR | Hinrich Koppelmann | Schulau |
| *DILB* | Hinrich Peters | Hamburg |
| *DAFQ* | Hinrich Wesselhöft | Bremerhaven |
| DGQI | Hinrich Wilhelm | Hamburg |
| DCWY | Hinricus | Norddeich |
| DEPG | H. Klopp | Bremerhaven |
| *DAFR* | H. M. Behrens | Hamburg |
| *DJDC* | Hochmeister | Flensburg |
| DFKX | Hochsee I | Cuxhaven |
| *DCCG* | Hödur | Emden |
| *DIYY* | Hödur | Glückstadt |
| *DAFU* | Hörnum | Rendsburg |
| *DHME* | Hoechst | Hamburg |
| *DFNB* | Hof | Cuxhaven |
| DCJB | Hoffnung | Rhaudermoor |
| DFWF | Hoffnung | Krautsand |
| DDHB | Hoffnung | Haren/Ems |
| DEPH | Hoffnung | Neustadt/Holst. |
| *DANC* | Hoffnung | Hamburg-Finkenwerder |
| DGQK | Hoffnung | Hamburg |
| *DKCF* | Hoffnung | Neustadt/Holst. |
| DJYS | Hoffnung | Lübeck-Travemünde |
| *DKHW* | Hoffnung | Heikendorf |
| DCQU | Hoffnung E | Warsingsfehn |
| *DIOM* | Hoheneichen | Hamburg |
| *DEDW* | Hohenfels | Bremen |
| DJPA | Hohwacht | Kiel |
| *DHIU* | Holger | Hamburg |
| DJYN | Holl fast | Brake |
| *DHRL* | Holnis | Hamburg |
| DJPB | Holsatia | Kiel |
| *DDSX* | Holstein | Bremen-Vegesack |
| *DHLN* | Holstein | Hamburg |
| *DDCI* | Holstein | Lübeck-Travemünde |
| DDCZ | Holstein | Schulau |
| *DITG* | Holstein | Uetersen |
| *DJDS* | Holstein | Glücksburg |
| *DILU* | Holsten | Hamburg |
| *DJPD* | Holtenau | Kiel |
| *DKIO* | Holtenau | Kiel |
| *DCBA* | Homberg | Duisburg-Ruhrort |
| *DGEL* | Hornbay | Hamburg |
| *DGKX* | Hornberg | Hamburg |
| *DIJU* | Horncap | Hamburg |
| *DHPG* | Hornfels | Hamburg |
| *DIHD* | Hornkliff | Hamburg |
| DFLB | Hornsriff | Hamburg-Finkenwerder |
| *DHPT* | Hornsund | Hamburg |
| *DEAV* | Horst Arlt | Bremen |
| DJCE | Hubert | Langballigholz |
| *DIGI* | Hüxter | Hamburg |
| *DDQX* | Hugo Arlt | Bremen |
| *DAHC* | Hugo Heimke Schütt | Itzehoe |
| *DEPV* | Hugo Homann | Bremerhaven |
| *DKDT* | Hugo Oldendorff | Lübeck |
| *DGQO* | Hummel | Hamburg |
| DIGX | Humor | Hamburg |
| *DLBL* | Hundseck | Bremen |
| *DIKC* | Hunneberg | Hamburg |
| *DJVE* | Husum | Kiel |
| DGQQ | Ida | Hamburg |
| DFWH | Ida | Krautsand |
| DDHE | Ida | Barssel |
| DITI | Ida Joerk | Hamburg |
| DGFV | Ida Kuhlencort | Hamburg |
| DCJG | Iduna | Haren/Ems |
| *DDTT* | Ilse | Hamburg |
| DJPF | Ilse | Kiel |
| DFHH | Ilse | Cuxhaven |

| Unterscheidungssignale | Namen der Schiffe | Heimathafen der Schiffe |
|---|---|---|
| *DCDL* | Ilse Fritzen | Emden |
| DEQQ | Ilse-Marlen | Hamburg-Finkenwerder |
| *DGYR* | Ilse Russ | Hamburg |
| DJQB | Iltis | Kiel |
| *DDUW* | Imkenturm | Bremen |
| DGQS | Immanuel | Hamburg |
| DCJJ | Immanuel | Holterfehn |
| *DKKD* | Imme Oldendorff | Lübeck |
| *DIOI* | Imperator | Hamburg |
| DKMB | Imperial | Uerdingen |
| *DAFW* | Imsum | Bremen |
| DEFW | Imsum | Bremen |
| *DETF* | Inge | Heiligenhafen |
| DGQT | Inge | Rendsburg |
| DJVY | Inge | Laboe |
| DDHH | Ingeborg | Oldenburg |
| DERP | Ingeborg | Bremerhaven |
| DGQU | Ingeborg | Osten |
| DGQW | Ingeborg | Hamburg |
| *DHBZ* | Ingeborg | Hamburg |
| DHES | Ingeborg | Hamburg |
| *DGVB* | Ingeborg II | Hamburg |
| DGQX | Ingeborg III | Hamburg |
| *DJAP* | Inge R.-Christophersen | Flensburg |
| *DIGU* | Inge-Ursula | Hamburg |
| DITN | Ingerta | Hamburg |
| DCIS | Ingo | Papenburg |
| DDRK | Ingorata | Bremen |
| DIKQ | Ingrid | Hamburg |
| *DIYA* | Ingrid | Uetersen |
| DJPG | Ingrid | Kiel |
| DJYO | Ingrid | Lübeck-Travemünde |
| DKHU | Ingrid | Laboe |
| DGYW | Ingrid Becker | Rendsburg |
| DESF | Ingrid Breuers | Bremerhaven |
| *DIFV* | Ingrid Leonhardt | Hamburg |
| *DIZY* | Ingrid Weide | Flensburg |
| DGRA | Ingrid Metzendorff | Hamburg |
| *DGBK* | Inka Ritscher | Hamburg |
| *DEAE* | Innstein | Bremen |
| DFHK | Insulaner | Helgoland |
| DCJK | Insulaner | Norderney |
| *DDOG* | Irak | Bremen |
| DDSF | Iran | Bremen |
| *DGQY* | Irene | Hamburg |
| *DGQZ* | Irene | Kiel |
| *DKLF* | Irene | Lübeck-Travemünde |
| *DEDD* | Iris | Bremen |
| DEPK | Iris | Bremerhaven |
| DJYP | Irjo | Niendorf |
| DFWI | Irma | Gauensiek |
| *DHMB* | Irma-Renate | Kiel-Friedrichsort |

| Unterscheidungssignale | Namen der Schiffe | Heimathafen der Schiffe |
|---|---|---|
| DGRE | Irmgard | Hamburg |
| *DGRF* | Irmgard | Hamburg |
| DFHL | Irmgard | Cuxhaven |
| DJBE | Irmgard | Amrum |
| DITO | Irmgard | Wischhafen |
| *DIAR* | Irmgard Pleuger | Hamburg |
| DGRG | Isar | Hamburg |
| *DEEX* | Isarstein | Bremen |
| *DHRX* | Isebek | Hamburg |
| *DESN* | Island | Bremerhaven |
| *DHMD* | Jacob Becker | Hamburg |
| *DHRM* | Jacob Rüsch | Hamburg |
| DGRH | Jacobus | Hamburg |
| *DCUP* | Jacobus Fritzen | Emden |
| *DCVL* | Jakob Ekkenga | Emden |
| *DCIN* | Jakob Ekkenga | Emden |
| *DCWT* | Jan | Haren/Ems |
| DHQN | Jan | Hamburg |
| *DDLI* | Jane | Elsfleth |
| DCEQ | Jan Gerdes | Haren/Ems |
| DGVU | Jan Hamm | Hamburg |
| *DIHN* | Jan Jonas | Hamburg |
| *DIEE* | Jan Keiken | Hamburg |
| *DJCY* | Jan Meeder | Flensburg |
| *DHIM* | Jan Peter | Hamburg |
| DFVR | Jan Reinhold | Nordstrand |
| *DFTN* | Jan Suhr | Stade |
| DEPO | Jan van Gent | Hamburg-Finkenwerder |
| DCEI | Jann Looden | Greetsiel |
| *DCDR* | Jann Saathoff | Emden |
| DCJN | Jantje | Borkum |
| *DLDA* | Jasenitz | Bremen |
| *DLAG* | Jason | Bremen |
| *DGRJ* | Jason | Cuxhaven |
| *DGXF* | J. C. Ertel | Hamburg |
| DGRK | J. C. Wriede | Hamburg-Finkenwerder |
| *DEOM* | J. Hinr Wilhelms | Bremerhaven |
| DDDV | Jeanlyma | Wilhelmshaven |
| *DGFL* | Jenny Porr | Hamburg |
| *DHNE* | Jersbek | Hamburg |
| *DEBP* | Joachim Hendrik Fisser | Bremen |
| *DHIX* | Joachim Schulte | Hamburg |
| DDLA | Joan | Brake |
| *DEPP* | Jochen | Hamburg |
| *DAGB* | Jochen Homann | Bremerhaven |
| *DIJL* | Joern Witt | Hamburg |
| *DESA* | Jörg-Peter | Hamburg |
| DCKW | Jogela | Haren/Ems |
| DDHK | Johann | Oldenburg |
| DDHL | Johann | Barssel |
| DFHO | Johann | Oberndorf |
| *DGMW* | Johann Blumenthal | Hamburg |
| *DJRS* | Johann Böhnke | Strande |

| Unterscheidungssignale | Namen der Schiffe | Heimathafen der Schiffe |
|---|---|---|
| *DHRG* | Johann Haltermann | Hamburg |
| DCJP | Johann Hermann | Haren/Ems |
| DIJA | Johann Petersen | Hamburg |
| *DCDP* | Johann Schulte | Emden |
| *DCUG* | Johann Schulte | Emden |
| *DCJQ* | Johann Wessels | Emden |
| *DCJR* | Johann Wessels | Emden |
| DDHM | Johanna | Brake |
| *DGRR* | Johanna | Hamburg-Finkenwerder |
| DCJS | Johanna | Warsingsfehn |
| DFTE | Johanna | Hamburg |
| DFWJ | Johanna | Gauensiek |
| DFYL | Johanna | Wischhafen |
| DFYO | Johanna | Freiburg/Elbe |
| *DIDQ* | Johanna | Hamburg |
| *DKGL* | Johanna | Heikendorf |
| DKIL | Johanna | Kiel |
| DGRS | Johanna Höge | Hamburg |
| *DKJD* | Johanna Katz | Lübeck |
| DCJV | Johanne | Haren/Ems |
| DFSP | Johanne | Drochtersen |
| DFSY | Johanne | Assel |
| DFWK | Johanne | Neuland/Kehd. |
| DFWL | Johanne | Bützfleth |
| DFWM | Johanne | Mühlenhafen |
| DFYV | Johanne | Grünendeich |
| DGRT | Johanne | Hamburg |
| DGRU | Johanne | Hamburg |
| DGRW | Johanne Becker | Hamburg |
| DFZQ | Johanne-Marie | Bützfleth |
| DFYW | Johannes | Estebrügge |
| DCJZ | Johannes | Haren/Ems |
| DCKA | Johannes | Norddeich |
| DGRX | Johannes | Hamburg |
| DGRZ | Johannes | Hamburg |
| *DJYT* | Johannes | Lübeck |
| DFWN | Johannes Emil | Krautsand |
| DHFS | Johannes Friedrich | Hamburg |
| DFZP | Johannes Leopold | Itzehoe |
| DGSA | Johannes Matthies | Hamburg |
| *DIDJ* | Johannes Schupp | Hamburg |
| *DKKF* | Johannes Voss | Lübeck |
| *DHLL* | John Augustus Eßberger | Hamburg |
| DFWO | John Friedrich | Krautsand |
| DFMB | John Olbers I | Cuxhaven |
| *DIJS* | John Schröder | Hamburg |
| DGSF | Jonni Wilhelmine | Hamburg |
| *DCKB* | Jop | Haren/Ems |
| *DANF* | Josef Bodden | Kiel |
| *DGWA* | Josef Joham | Hamburg |

| Unterscheidungssignale | Namen der Schiffe | Heimathafen der Schiffe |
|---|---|---|
| *DFZD* | Jürgen | Stade |
| DFLD | Jürgen Dieter | Cuxhaven |
| *DGMR* | Juelsand | Hamburg |
| DGTW | Juist | Hamburg |
| *DCER* | Juist | Emden |
| *DJBR* | Jul | Wyk/Föhr |
| *DHFG* | Juliane Schröder | Hamburg |
| *DIXX* | Julianka | Itzehoe |
| *DICN* | Julin | Hamburg |
| *DAGF* | Julius Fock | Hamburg |
| *DIGD* | Julius Hugo Stinnes | Hamburg |
| *DAGG* | Julius Rütgers | Hamburg |
| *DIKT* | Julius Schindler | Hamburg |
| *DHHP* | Jul. Pickenpack | Hamburg |
| DIIP | Juno | Hamburg |
| DCKF | Jupiter | Warsingsfehn |
| DCKG | Jupiter | Petkum |
| DDHO | Jupiter | Fedderwardersiel |
| DEPZ | Jupiter | Bremerhaven |
| *DGDP* | Jupiter | Hamburg |
| *DIIS* | Jupiter | Hamburg |
| *DJCW* | Jupiter | Flensburg |
| DKIC | Jupiter | Kiel |
| DGSK | Justizia | Hamburg |
| *DCVJ* | Jusitzrat Clasen | Leer |
| *DEBW* | Justus Haslinger | Bremen |
| DGSL | Jutta | Hamburg |
| DGSM | Jutta | Hamburg |
| DJXG | Jutta | Lübeck-Travemünde |
| *DIEH* | Jutta Schröder | Hamburg |
| *DFWQ* | Käte | Hamburg |
| DGSN | Käte | Hamburg |
| DGSO | Käte | Hamburg |
| DIFU | Käte | Hamburg-Finkenwerder |
| DITS | Käte | Seesteraudeich |
| *DIYV* | Käte | Schulau |
| *DGQG* | Käte Boll | Duisburg-Ruhrort |
| *DJNR* | Käte Grammerstorf | Kiel |
| DHBH | Käte Hinz | Hamburg |
| DJQZ | Käte Oltmann | Hamburg |
| DGSS | Käthe | Hamburg |
| DCTH | Käthe | Haren/Ems |
| DFWR | Käthe | Bremervörde |
| DJBY | Käthe | Wyk/Föhr |
| DGSV | Käthe Block | Hamburg |
| DHBW | Käthe Brunckhorst | Hamburg |
| *DJWQ* | Käthe Heisler | Heiligenhafen |
| *DHNO* | Käthe Jonas | Hamburg |
| DJBF | Käthe Marie | Amrum |
| DIBA | Käthe-Marie | Hamburg |
| *DGSX* | Käthe Ritscher | Hamburg |

| Unterscheidungssignale | Namen der Schiffe | Heimathafen der Schiffe |
|---|---|---|
| DCCZ | Käthe Wessels | Emden |
| *DKIK* | Kahlberg-Liep | Kiel |
| *DEEN* | Kahlenberg | Bremen |
| DHPO | Kaltehofe | Hamburg |
| DGSY | Kamerad | Hamburg |
| *DHQD* | Kamerun | Hamburg |
| *DEER* | Kandelfels | Bremen |
| *DHQK* | Kapitän Schröder | Hamburg |
| DJBW | Kapitäne Christiansen | Wyk/Föhr |
| *DHKF* | Kapmöwe | Lübeck |
| DGSZ | Kaptaube | Hamburg |
| *DHLS* | Kapt. Jan Reinicke | Hamburg |
| *DIGR* | Karen Bolten | Hamburg |
| *DIIC* | Karin | Hamburg-Finkenwerder |
| *DJVQ* | Karin | Heikendorf |
| *DJPJ* | Karin | Kiel |
| DCLF | Leda | Borkum |
| DKIS | Karin-Christa | Kiel |
| *DEDY* | Karin Cords | Bremen |
| DGSG | Karin W | Hamburg |
| DIGY | Karl | Hamburg |
| DDHP | Karl | Oldenburg |
| *DCUR* | Karl | Haren/Ems |
| *DKEK* | Karl-Christian | Lübeck |
| *DANG* | Karl Fock | Hamburg-Finkenwerder |
| DJBH | Karl Friedrich | Dagebüll |
| DDHQ | Karl Georg | Brake |
| *DJVR* | Karl Grammerstorf | Kiel |
| DJHO | Karl-Heinz | Hamburg |
| DJRL | Karl-Heinz | Heiligenhafen |
| DGTD | Karla | Burgstaaken |
| *DEOJ* | Karlsburg | Bremerhaven |
| *DFLN* | Karlsruhe | Cuxhaven |
| DEPS | Karoline | Heikendorf |
| *DIBM* | Kaspir Robert Müller | Hamburg |
| *DAGK* | Kassel | Cuxhaven |
| *DIDP* | Kassel | Hamburg |
| *DEBU* | Kattenturm | Bremen |
| DGTF | Katerine | Hamburg-Finkenwerder |
| DGTG | Katharina | Hamburg |
| DIGQ | Katharina | Hamburg |
| DCKK | Katharina | Haren/Ems |
| DFWT | Katharina | Mühlenhafen |
| DFSX | KatharinaBecker | Westmoorende |
| *DCUX* | Katharina Dorothea Fritzen | Emden |
| DCKL | Katharina Elisabeth | Juist |
| *DGLT* | Katharina Kolkmann | Hamburg |
| DGTH | Kattegat | Hamburg-Finkenwerder |
| DFYH | Keen Tied | Itzehoe |
| DGTI | Kehdingen | Hamburg |
| DCKN | Kehrewieder | Ihlowerfehn |
| DKGP | Kehrheim | Kiel |
| *DAGL* | Kehrwieder | Büsum |
| *DJHP* | Kehrwieder | Büsum |
| DJTL | Kehrwieder | Kiel |
| *DKIP* | Kehrwieder | Kiel |
| *DJXN* | Kehrwieder | Burgstaaken |
| DITX | Kehrwieder | Burg/Dithm. |
| DFWU | Kehrwieder | Wischhafen |
| DITY | Kehrwieder | Seester |
| *DKLG* | Kehrwieder | Lübeck-Travemünde |
| *DGTK* | Kehrwieder II | Hamburg |
| *DHJN* | Keitum | Rendsburg |
| *DLBE* | Kelkheim | Bremen |
| *DINO* | Kelon | Hamburg |
| *DGNR* | Kettwig | Hamburg |
| DJVS | Kiel 30 | Kiel |
| *DANI* | Kiel | Kiel |
| DIXO | Kiel | Kiel |
| DIMO | Kirchwerder | Hamburg |
| *DECB* | Kitty Porr | Hamburg |
| DJTM | Kitzeberg | Kiel |
| DCKT | Klara Katharina | Greetsiel |
| DHRP | Klara Köpke | Hamburg |
| DHID | Klaus | Hamburg |
| *DIJF* | Klaus | Hamburg |
| *DIKJ* | Klaus Block | Hamburg |
| *DIMD* | Klaus Buck | Hamburg |
| DKHO | Klaus Dieter | Kiel |
| DJHR | Klaus Groth | Büsum |
| *DIJC* | Klaus Leonhardt | Hamburg |
| *DKCS* | Klaus Oldendorff | Lübeck |
| *DHNS* | Klaus Schoke | Hamburg |
| *DGXT* | Klaus Turowsky | Hamburg |
| *DLAN* | Klosterfrau | Bremen |
| *DHFH* | Klaus Wilhelm | Hamburg |
| *DJSZ* | Knurrhahn | Kiel |
| *DFKV* | Koblenz | Cuxhaven |
| *DIAL* | Koblenz | Hamburg |
| *DHLW* | Köhlfleet | Hamburg |
| *DICO* | Köln | Hamburg |
| *DIEW* | Köln | Hamburg |
| DGTM | Königsberg | Hamburg |
| *DEGD* | Körnerwall | Bremen |
| *DAGM* | Kolberg | Lübeck |
| DDOL | Kolibri | Bremen-Vegesack |
| DDSA | Kolibri | Bremen |
| *DHLY* | Kolonius | Hamburg |
| DIAP | Komet | Hamburg |
| *DCWB* | Komtur | Flensburg |
| *DECD* | Kondor | Bremen |

**K—R**

| Unterscheidungssignale | Namen der Schiffe | Heimathafen der Schiffe |
|---|---|---|
| *DCWJ* | Kondor | Haren/Ems |
| DCDU | Kondor | Norddeich |
| DGTN | Kondor | Hamburg |
| DIJR | Kondor | Hamburg |
| DCKV | Konkordia | Haren/Ems |
| *DGLL* | Konrad | Hamburg |
| *DHQP* | Konsul Nimtz | Hamburg |
| *DJVG* | Konsul Sartori | Kiel |
| *DCSH* | Konsul Schulte | Emden |
| *DIGO* | Konstanz | Hamburg |
| *DESE* | Koopmann Bohn | Bremerhaven |
| *DHKB* | Korbach | Hamburg |
| *DINU* | Kormoran | Hamburg |
| *DHLK* | Krautsand | Hamburg |
| *DHOZ* | Krautsand | Hamburg |
| *DILJ* | Krefeld | Hamburg |
| *DJRB* | Kronsberg | Hamburg |
| DJRP | Kronsort | Eckernförde |
| *DJDE* | Krusau | Flensburg |
| *DILK* | Kuhwerder | Hamburg |
| *DAOT* | Kurefjord | Bremen |
| DJWH | Kurfürst | Burgstaaken |
| *DFMN* | Kurmark | Cuxhaven |
| *DEDV* | Kurt Arlt | Bremen |
| DGTP | Kurt Both | Hamburg |
| *DEFA* | Kybfels | Bremen |
| *DJPM* | Laboe | Kiel |
| *DKIQ* | Laboe | Kiel |
| *DHKR* | Labor et Fides | Kiel |
| *DAPH* | Lacklan | Hamburg |
| *DKGR* | Lahn | Duisburg-Ruhrort |
| *DDUU* | Lahnstein | Bremen |
| *DFNE* | Land Hadeln | Otterndorf |
| DGTQ | Landkirchen | Hamburg |
| DGTS | Landrath Küster | Hamburg-Finkenwerder |
| DCGS | Langeoog I | Langeoog |
| DCKZ | Langeoog II | Emden |
| DGED | Langeoog III | Langeoog |
| DCLA | Langeoog IV | Langeoog |
| DCSL | Langeoog VI | Langeoog |
| *DCVD* | La Paloma | Brake |
| *DHLM* | Las Palmas | Hamburg |
| *DAGR* | Latona | Bremen |
| *DICY* | Lautertal | Hamburg |
| *DDAC* | Lauting | Emden |
| DCLC | Laurenz | Haren/Ems |
| DCLD | Lauria | Haren/Ems |
| *DILC* | Leabeth | Hamburg |
| *DIMU* | Lealott | Hamburg |
| *DIBC* | Leada | Hamburg |
| *DGZO* | Leanna | Hamburg |
| DGTU | Leda | Hamburg |
| DCEZ | Ledingerland | Leer |
| *DHOA* | L. F. Mathies | Hamburg |
| DHNR | Leichter 1 | Hamburg |
| DIHI | Leichter III | Hamburg |

| Unterscheidungssignale | Namen der Schiffe | Heimathafen der Schiffe |
|---|---|---|
| *DGYU* | Leipzig | Hamburg |
| DCLH | Lena | Haren/Ems |
| DCLJ | Lena Katharina | Haren/Ems |
| DCLK | Lene | Leer |
| DGTV | Lene Reinhold | Hamburg |
| *DAGQ* | Leo Fürbringer | Emden |
| *DCWP* | Leonore | Leer |
| *DHGT* | Leopard | Hamburg |
| DDOO | Lerche | Bremen-Vegesack |
| *DEGK* | Lesum | Bremen |
| DEGT | Lesum | Bremen |
| *DEAH* | Levante | Bremen |
| DHII | Levensau | Hamburg |
| *DGMN* | Leverkusen | Hamburg |
| *DIBV* | Libanon | Hamburg |
| DJBI | Libelle | Flensburg |
| DCLL | Liberté | Greetsiel |
| DJBZ | Liberty | Munkmarsch |
| *DEET* | Lichtenfels | Bremen |
| *DEAT* | Lichtenstein | Bremen |
| *DKAF* | Liebe | Heiligenhafen |
| *DLAW* | Liebenfels | Bremen |
| *DEAX* | Liebenstein | Bremen |
| *DAKJ* | Liesbeth | Burgstaaken |
| DGTY | Liesbeth | Hamburg |
| DCLM | Liesbeth | Haren/Ems |
| DCLN | Liesbeth-Grete | Haren/Ems |
| *DKLI* | Lieschen | Haffkrug |
| DCRQ | Liese-Lore | Haren/Ems |
| DCLO | Lilie | Norden |
| *DJSD* | Lilli Scarlett | Kiel |
| DDHT | Lilly | Brake |
| DGTZ | Lilly | Hamburg |
| *DDNA* | Lilo Friederich | Bremen |
| DCLP | Lina | Elisabethfehn |
| DJBJ | Lina | Amrum |
| *DKHC* | Lina | Möltenort |
| *DHNT* | Lina Robert Müller | Hamburg |
| *DLBD* | Lindenfels | Bremen |
| DGUB | Line Hinsch | Hamburg |
| DCLQ | Liny | Greetsiel |
| DCVG | Lippe | Emden |
| *DKMG* | Lippe | Duisburg-Ruhrort |
| *DGUC* | Lisa | Hamburg |
| DGUF | Lisa | Hamburg-Finkenwerder |
| DGUE | Lisa | Wischhafen |
| DFWV | Lisa | Oberndorf |
| DFYI | Lisa | Krautsand |
| *DAGV* | Lisa Essberger | Hamburg |
| DGUG | Lisa Oltmann | Hamburg |
| *DHML* | Lisboa | Hamburg |
| DGUH | Liselotte | Hamburg |
| *DJBX* | Liselotte | Flensburg |
| *DHOB* | Liselotte Essberger | Hamburg |

| Unterscheidungssignale | Namen der Schiffe | Heimathafen der Schiffe |
|---|---|---|
| DILT | Lissabon | Hamburg |
| DJYW | Lissy | Emden |
| DIEG | Lissy Schulte | Hamburg |
| DFMT | Lörrach | Cuxhaven |
| DDRI | Löwe | Bremen |
| DAGW | Lofoten | Bremerhaven |
| DJYX | Lore | Lübeck-Travemünde |
| DFML | Lore Ottens | Cuxhaven |
| DKLH | Loreley | Heiligenhafen |
| DGTO | Lori Dreyer | Hamburg |
| DGUI | Lothar | Hamburg |
| DGYY | Lothareins | Hamburg |
| DKJL | Lotte | Neustadt/Holst. |
| DKKB | Lotte | Niendorf |
| DGOV | Lotte Nagel | Krautsand |
| DKEU | Louise Schupp | Hamburg |
| DDRZ | Lucas Pieper | Hamburg |
| DKEN | Luchs | Neustadt/Holst. |
| DHGO | Lucetta | Hamburg |
| DFSJ | Luci | Barnkrug |
| DJIC | Lucia | Kiel |
| DKHF | Lucianna | Kiel |
| DHBR | Lucie Schulte | Hamburg |
| DHGJ | Lucy Essberger | Hamburg |
| DKJU | Ludolf Oldendorff | Lübeck |
| DIEC | Lucie Vollmers | Hamburg |
| DDOP | Ludwig Friederich | Bremen |
| DERS | Ludwig Janssen | Bremerhaven |
| DHJP | Ludwigsburg | Hamburg |
| DHFX | Ludwigshafen | Hamburg |
| DEQF | Ludwig Schweisfurth | Bremerhaven |
| DAGX | Lübbe Hartmann | Leer |
| DJWG | Lübeck | Lübeck |
| DKCK | Lübeck | Lübeck |
| DCLR | Lübbert | Haren/Ems |
| DHJO | Lühesand | Hamburg |
| DAHB | Lützow | Bremerhaven |
| DGOQ | Lugano | Hamburg |
| DGUM | Luise | Hamburg |
| DGUN | Luise | Hamburg |
| DHMH | Luise | Hamburg |
| DIYK | Luise | Friedrichskoog |
| DDHU | Luise Bergmann | Brake |
| DIMW | Luise Bornhofen | Hamburg |
| DGNU | Luise Leonhardt | Hamburg |
| DGZI | Luise Weitert | Hamburg |
| DDUG | Lumme | Bremen |
| DHKV | Lystum | Rendsburg |
| DGJM | Mabel Violet | Hamburg |
| DGUV | Magaretha | Hamburg |
| DFWW | Magda | Krautsand |
| DGUP | Magdalena | Hamburg |
| DKDB | Magdalena Reith | Hamburg |

| Unterscheidungssignale | Namen der Schiffe | Heimathafen der Schiffe |
|---|---|---|
| DJAV | Magdalene | Flensburg |
| DEPY | Magda-Lene | Neustadt/Holst. |
| DFZJ | Magda Elfers | Assel |
| DIOB | Magda Wegener | Hamburg |
| DHRC | Magdeburg | Hamburg |
| DEPW | Magnet | Bremerhaven |
| DGDS | Magnet II | Hamburg |
| DENX | Magnet III | Hamburg |
| DGUR | Magret-Inge | Hamburg |
| DCCV | Maike Meyer-Gerhards | Borkum |
| DHMA | Mai Rickmers | Hamburg |
| DKMF | Main | Duisburg-Ruhrort |
| DIGS | Mainz | Hamburg |
| DGUS | Maja | Hamburg |
| DEAI | Maja | Bremen |
| DJSM | M. Joerk | Kiel |
| DDDL | Makrele | Wilhelmshaven |
| DIFF | Malaga | Hamburg |
| DEOC | Malangen | Bremerhaven |
| DJRH | Mamsell | Kiel |
| DHMM | Manfred Stansfield | Hamburg |
| DHEH | Mangan | Hamburg |
| DANK | Mannheim | Bremerhaven |
| DHMR | Marabu | Hamburg |
| DGUT | Marga | Hamburg |
| DHRF | Marga | Hamburg |
| DJMR | Marga | Maasholm |
| DEAJ | Marga Kiepe | Bremen |
| DIEA | Margaret C. Ertel | Hamburg |
| DFSW | Margareta | Assel |
| DETE | Margarete Elisabeth | Kiel |
| DGZF | Margarete Peters | Hamburg |
| DCLU | Margaretha | Haren/Ems |
| DFSS | Margaretha | Barnkrug |
| DFWX | Margaretha | Stade |
| DFWY | Margaretha | Gauensiek |
| DFWZ | Margaretha | Krautsand |
| DGUU | Margaretha | Hamburg |
| DGUW | Margaretha | Hamburg |
| DIOG | Margaretha Bischoff | Hamburg |
| DGUY | Margaretha Nibbe | Cranz/Elbe |
| DDHZ | Margarethe | Brake |
| DEQH | Margarethe | Bremerhaven |
| DJXL | Margarethe | Lübeck-Schlutup |
| DKCQ | Margarethe III | Lübeck-Travemünde |
| DECV | Margarethe Honold | Bremen |
| DHKK | Margarethe Reckmann | Hamburg |
| DGVE | Margit | Hamburg-Finkenwerder |

| Unterscheidungssignale | Namen der Schiffe | Heimathafen der Schiffe |
|---|---|---|
| *DKEW* | Margot Entz | Rendsburg |
| DFID | Margretha | Ostrhauderfehn |
| DFXA | Margrid | Krautsand |
| DFMV | Margrit | Cuxhaven |
| DCLW | Maria | Haren/Ems |
| DCLX | Maria | Haren/Ems |
| DFXB | Maria | Abbenfleth |
| DDIA | Maria | Barssel |
| DGVF | Maria | Hamburg |
| DGVG | Maria | Hamburg |
| DGVH | Maria | Hamburg |
| *DJQD* | Maria | Heikendorf |
| *DJDL* | Maria Althoff | Flensburg |
| DCLY | Maria Christina | Haren/Ems |
| DFXC | Maria Dorothea | Assel |
| DCLZ | Maria Elfring | Haren/Ems |
| DCMA | Maria Elise | Haren/Ems |
| DJBA | Maria Elise | Flensburg |
| DJQO | Maria Fr. Joerk. | Kiel |
| DCMB | Maria Gebina | Haren/Ems |
| DCMC | Maria Helena | Haren/Ems |
| DCDB | Maria Lena | Haren/Ems |
| *DHIR* | Maria Numssen | Hamburg |
| *DCWA* | Maria Schulte | Hamburg |
| *DENT* | Maria von Jever | Bremerhaven |
| *DHLX* | Maria Weitert | Hamburg |
| *DECP* | Mariaeck | Bremen |
| *DJLO* | Mariana | Büsum |
| *DEGN* | Mariann | Bremen |
| DGVO | Marianne | Hamburg |
| DGVP | Marianne | Hamburg |
| DHMZ | Marianne | Hamburg |
| DGVN | Marianne | Brake |
| *DJRU* | Marianne J. Nimtz | Hamburg |
| DFVB | Marianne Söhl | Ritsch/Kehdingen |
| DGVR | Marido | Hamburg |
| DCME | Marie | Leer |
| DFXD | Marie | Bützfleth |
| DFXE | Marie | Ritsch/Kehd. |
| DFYU | Marie | Gauensiek |
| DGVS | Marie | Hamburg |
| DGVT | Marie | Hamburg |
| DICE | Marie | Hamburg |
| DJIG | Marie | Husum |
| DJZA | Marie | Lübeck |
| DGVQ | Marieanne | Hamburg |
| DIUJ | Marie-Eleonore | Helgoland |
| *DIGP* | Marie Boettger | Hamburg |
| DGRB | Marie-Elise | Flensburg |
| DIUK | Marie Falk | Möltenort |
| *DDPP* | Marie Fisser | Emden |
| DCMG | Marie-Hermine-Elise | Ditzum |
| *DGFR* | Marie-Louise Haltermann | Hamburg |
| DJTZ | Marie-Luise | Strande |
| *DICI* | Marie Rüsch | Hamburg |
| DDOS | Marie Schwinge | Bremen |
| *DINE* | Marie Steffens | Hamburg |
| DJBL | Marie Ursula | Flensburg |
| DGVZ | Mariechen | Hamburg |
| DJZB | Mariechen | Heiligenhafen |
| DGRC | Mariechen II | Hamburg |
| DCMH | Mar. B. R. Schlichting | Norddeich |
| *DLBH* | Marienfels | Bremen |
| DFIG | Marion | Cuxhaven |
| *DFMO* | Mark Brandenburg | Cuxhaven |
| DGHY | Marina | Hamburg |
| *DESP* | Marlies | Bremerhaven |
| DKFG | Marlies | Rendsburg |
| DHDJ | Marita | Haren/Ems |
| *DECS* | Marmara | Bremen |
| DCFT | Mars | Warsingsfehn |
| DEGR | Mars | Bremen |
| DJEA | Mars | Büsum |
| *DIJW* | Marschenland | Hamburg |
| DIXP | Marta | Elmshorn |
| DGWG | Martha | Hamburg |
| DGWH | Martha | Hamburg |
| DGWI | Martha | Hamburg |
| DIBD | Martha | Hamburg-Finkenwerder |
| DJIO | Martha | Hamburg |
| DCMI | Martha | Bensersiel |
| DCUZ | Martha | Emden |
| *DGWM* | Martha Ahrens | Hamburg |
| DGWN | Martha Christine | Hamburg |
| DJTC | Martha Elfriede | Kiel |
| *DCTS* | Martha Hendrik Fisser | Emden |
| *DHIF* | Martha Peters | Hamburg |
| *DHFC* | Martha Russ | Hamburg |
| DIBR | Mathilde | Hamburg |
| *DJUA* | Martin | Heikendorf |
| *DGFF* | Martin Friedrichs | Hamburg |
| *DHLG* | Martin Lütje | Hamburg |
| *DIHF* | Marwa | Hamburg |
| *DGNP* | Marxburg | Hamburg |
| DFSQ | Mary | Barnkrug |
| DFXG | Mary | Königreich |
| DGWQ | Mary | Hamburg |
| *DGFB* | Mary Robert Müller | Hamburg |
| DGWR | Matador | Hamburg |
| DGWS | Matador | Hamburg |
| DHIN | Matador | Hamburg |
| DGWT | Matador II | Hamburg |
| DDIC | Mathilde | Brake |
| DGWU | Mathilde | Hamburg |
| DIBR | Mathilde | Hamburg |
| DFXH | Mathilde | Wischhafen |

| Unterscheidungssignale | Namen der Schiffe | Heimathafen der Schiffe |
|---|---|---|
| *DHJE* | Matthias Föcher | Hamburg |
| DGWX | Max | Hamburg |
| *DEFV* | Max Arlt | Bremen |
| *DHPJ* | Max Bornhofen | Hamburg |
| *DAHL* | Max Brauer | Hamburg |
| *DFAG* | Max Gundelach | Bremerhaven |
| *DFAK* | Max Pust | Bremerhaven |
| DIHQ | Max S | Hamburg |
| *DEQZ* | Max Sieghold | Bremerhaven |
| *DEQA* | Mechthild | Bremerhaven |
| *DEFP* | Mecklenburg | Bremen-Vegesack |
| DGKN | Medem | Hamburg |
| *DHNQ* | Medemsand | Hamburg |
| DDBX | Meike | Möltenort |
| DCML | Mein Glück | Greetsiel |
| DDOT | Meise | Bremen-Vegesack |
| *DLAV* | Meise | Bremen-Vegesack |
| *DKJT* | Melilla | Hamburg |
| DCBO | Melior | Haren/Ems |
| DCSS | Mellum | Emden |
| DDBY | Mellum | Wilhelmshaven |
| DGWZ | Melpomene | Hamburg |
| *DDSW* | Memel | Bremen |
| *DKKO* | Memel | Niendorf |
| *DGXA* | Memelland | Hamburg |
| *DKMA* | Mercator | Walsum |
| DIBK | Mercur | Flensburg |
| DGXB | Meridian | Brake |
| *DJDD* | Merkur | Flensburg |
| DGXC | Merkur | Hamburg |
| DFXI | Merkur | Freiburg/Elbe |
| *DLAY* | Merkurius | Bremen |
| *DHMG* | Messina | Hamburg |
| DGXD | Meta | Hamburg |
| DGXE | Meta | Hamburg |
| DHFN | Meta | Hamburg |
| DFXJ | Meta Adele | Gauensiek |
| DGXH | Meta-Grete | Hamburg |
| *DGXI* | Meta Holst | Hamburg-Finkenwerder |
| DGXK | Meta Schröder | Hamburg-Finkenwerder |
| DCMQ | Meteor | Bensersiel |
| DEQM | Meteor | Schulau |
| DGXL | Meteor | Hamburg |
| DJLG | Meteor | Pellworm |
| DJDH | Meteor II | Hamburg |
| *DGXN* | Methan | Hamburg |
| *DKGK* | Michael | Kiel |
| *DIFY* | Michael M. | Hamburg |
| DIIZ | Michel | Hamburg |
| *DHIA* | Midgard | Hamburg |
| *DAHN* | Midlum | Bremen |
| DFMX | Milan | Hamburg |
| *DIKK* | Millerntor | Hamburg |
| DDUV | Milos | Bremen |
| *DDOV* | Mime | Bremen-Vegesack |
| DGXO | Mimi | Hamburg |
| DCMS | Minchen | Haren/Ems |
| *DEGG* | Minden | Bremen |
| *DCMT* | MinDir. Streil | Emden |
| *DAHO* | Minerva | Bremen |
| DGXP | Minna | Hamburg |
| DGXR | Minna Catharina | Hamburg |
| DGXS | Minna Marie | Hamburg |
| *DKLU* | Mira | Lübeck |
| *DJEB* | Miranda | Büsum |
| DGCB | Mittelrhein | Emden |
| *DIYU* | Mittelriff | Schulau |
| DKCR | Mobil | Lübeck |
| DHKR | Mobil Oil | Hamburg |
| DDOH | Modag | Lübeck-Travemünde |
| DJUC | Möltenort | Kiel |
| DJPK | Mönkeberg | Kiel |
| *DIFZ* | Mönkedamm | Hamburg |
| *DDUB* | Möwe | Bremen |
| DJZE | Möwe | Lübeck-Schlutup |
| DDIH | Möwe | Brake |
| DDII | Möwe | Duisburg |
| *DAHQ* | Möwe | Hamburg |
| DGXV | Möwe | Hamburg |
| DJZF | Möwe | Hamburg |
| DCMY | Möwe | Haren/Ems |
| DJRG | Möwe | Neustadt/Holst. |
| *DKKN* | Möwe I | Lübeck-Travemünde |
| DJWP | Möwe II | Lübeck-Travemünde |
| *DKCH* | Möwe III | Lübeck-Travemünde |
| DGWB | Mojenhörn | Hamburg |
| DIAT | Mok Wi | Hamburg |
| *DANL* | Mollex IV | Hamburg |
| *DEUN* | Mond | Bremerhaven |
| *DGXX* | Monica | Warsingsfehn |
| *DDTA* | Monika Wiards | Bremen |
| *DHQA* | Monika | Hamburg |
| DGPP | Monsun | Hamburg |
| DINK | Montan | Hamburg |
| DGPO | Morian | Uetersen |
| *DHJZ* | Morsum | Rendsburg |
| *DCBD* | Mosel | Duisburg-Ruhrort |
| *DFAZ* | Mosel | Bremerhaven |
| *DEDR* | Moselstein | Bremen |
| *DHQX* | Moseltal | Hamburg |
| DJWY | Motorfisch | Hamburg |
| *DHHV* | Mülheim-Ruhr | Hamburg |
| *DANN* | München | Bremerhaven |
| DCNB | Münster | Emden |
| *DFLK* | Münster | Cuxhaven |

| Unterscheidungssignale | Namen der Schiffe | Heimathafen der Schiffe |
|---|---|---|
| *DJDK* | Münster | Flensburg |
| *DDKR* | Münsterland | Barssel |
| DGXZ | Mulli | Hamburg |
| *DIHA* | Muansa | Hamburg |
| DGOG | Muschelgrund | Hamburg-Finkenwerder |
| DGYA | Muschi | Hamburg-Finkenwerder |
| DCNC | Mutterliebe | Haren/Ems |
| DCND | Muttersegen | Haren/Ems |
| *DEBN* | Nabob | Bremen |
| *DHQU* | Nady | Hamburg |
| DGYB | Najade | Lübeck |
| *DHKM* | Najade | Hamburg |
| *DGPF* | Nanna | Hamburg |
| DDKS | Narwal | Oldenburg |
| *DGOO* | Natal | Hamburg |
| DEQD | Nation | Bremerhaven |
| *DGEK* | Naumburg | Hamburg |
| *DDTS* | Nautilus | Bremen |
| DKJB | Navico I | Hamburg |
| DIHH | Navico III | Hamburg |
| DIHT | Navico IV | Hamburg |
| DJWW | Navico V | Lübeck |
| *DGYC* | Neckar | Hamburg |
| DKME | Neckar | Duisburg-Ruhrort |
| *DEDG* | Neckarstein | Bremen |
| *DLBP* | Neidenfels | Bremen |
| *DIMN* | Nelly Haltermann | Hamburg |
| *DAHS* | Neptun | Brake |
| DETA | Neptun | Bremerhaven |
| *DEBS* | Neptun | Bremen |
| *DJBU* | Neptun | Flensburg |
| DKJW | Neptun | Burgstaaken |
| *DAHT* | Neptun | Hamburg |
| DETI | Neptun III | Lübeck-Travemünde |
| DGYD | Neptunes | Hamburg |
| *DGTX* | Nerissa | Hamburg |
| *DGBV* | Ness | Hamburg |
| *DINL* | Nessand | Hamburg |
| DGYE | Nessdiek | Hamburg-Finkenwerder |
| *DHFI* | Nesserland | Hamburg |
| *DANO* | Nesshuk | Hamburg-Finkenwerder |
| *DEDQ* | Nestor | Bremen |
| *DKKH* | Nettelbeck | Lübeck-Travemünde |
| *DJPU* | Neuende | Hamburg |
| *DGYF* | Neuenfelde | Hamburg |
| *DLCA* | Neuenfels | Bremen |
| *DKKT* | Neukuhren | Niendorf |
| *DJTN* | Neumünster | Kiel |
| *DEUF* | Neuwerk | Niendorf |
| *DHOF* | Neuwerk | Hamburg |
| *DGAQ* | Neuwied | Hamburg |
| *DIFS* | Nicola | Hamburg |
| *DGYG* | Niederelbe | Hamburg |
| DEPQ | Niederelbe | Hamburg-Finkenwerder |
| *DHRR* | Niedermehnen | Hamburg |
| *DKMD* | Niederrhein | Duisburg-Ruhrort |
| *DAHW* | Niedersachsen | Bremerhaven |
| *DEAB* | Niedersachsen | Bremen |
| DGYH | Niedersachsen | Hamburg |
| *DHMQ* | Niedersachsen | Hamburg |
| *DANP* | Niedersachsen | Cuxhaven |
| *DEGI* | Nienburg | Bremen |
| DFIO | Nige Oge | Cuxhaven |
| *DHRD* | Nigeria | Hamburg |
| DGYI | Niobe | Hamburg |
| DGYJ | Niobe | Hamburg |
| *DAHZ* | Nixe | Bremen |
| *DEQU* | Nixe | Hamburg-Finkenwerder |
| DGYL | Nobiskrug | Hamburg |
| *DHKW* | Nobistor | Hamburg |
| DJMH | Nöck | Kappeln/Schlei |
| *DLBY* | Nora Hugo Stinnes | Bremen |
| DIJO | Nord | Hamburg |
| DKLJ | Nordcap | Lübeck-Travemünde |
| DCNG | Norden | Varelerhafen |
| *DGYM* | Norden | Hamburg |
| *DHKX* | Nordenham | Hamburg |
| *DAIG* | Nordenham | Cuxhaven |
| *DLBS* | Nordenham | Bremen |
| *DEUV* | Norderau | Bremerhaven |
| DFXK | Norderelbe | Hamburg |
| DGGO | Norderelbe II | Hamburg |
| *DJNL* | Norderholm | Kiel |
| *DAIC* | Norderney | Hamburg |
| DCFK | Norderney | Emden |
| DCNI | Norderney | Emden |
| *DHFY* | Norderney | Cuxhaven |
| *DDOY* | Norder Till | Bremen |
| DEQE | Nordfjord | Bremerhaven |
| DJBM | Nordfriesland | Wyk/Föhr |
| *DIJK* | Nordkap | Hamburg |
| *DDUZ* | Nordland | Bremen |
| *DEQG* | Nordland | Hamburg |
| *DHAJ* | Nordland | Hamburg |
| *DJWB* | Nordland | Lübeck |
| DKBU | Nordland | Niendorf |
| DGCI | Nordland I | Wyk/Föhr |
| DFIQ | Nordlicht | Cuxhaven |
| *DGZZ* | Nordlicht | Hamburg |
| DJLB | Nordlicht | Büsum |
| *DKEL* | Nordlicht | Burgstaaken |
| DGYP | Nordmark | Hamburg |
| *DAIF* | Nordmeer | Hamburg |

| Unterscheidungssignale | Namen der Schiffe | Heimathafen der Schiffe |
|---|---|---|
| *DIGH* | Nordmeer | Hamburg |
| *DJSE* | Nordmeer | Neustadt/Holst. |
| DJHX | Nordmeer | Büsum |
| DJNB | Nordmeer | Burgstaaken |
| *DEAU* | Nordsee | Bremerhaven |
| DERF | Nordsee | Bremerhaven |
| DFAB | Nordsee | Bremerhaven |
| *DIXH* | Nordsee | Schulau |
| *DAIH* | Nordstern | Bremerhaven |
| DCNN | Nordstern | Warsingsfehn |
| *DGYQ* | Nordstern | Hamburg-Finkenwerder |
| *DGZL* | Nordstern | Hamburg |
| *DIML* | Nordstern | Hamburg |
| DJZL | Nordstern | Lübeck-Travemünde |
| *DGYT* | Nordwind | Hamburg |
| *DKEZ* | Nordwind | Rendsburg |
| DJKV | Nordwest | Maasholm |
| DCAZ | Norfa | Düsseldorf |
| *DHMX* | Norrland | Hamburg |
| DITT | Nova | Stade |
| *DFAM* | Nürnberg | Bremerhaven |
| DDRT | Nr. 1 | Hamburg |
| DDRS | Nr. 2 | Hamburg |
| DDRV | Nr. 11 | Hamburg |
| DDRX | Nr. 12 | Bremen |
| DDRW | Nr. 13 | Bremen |
| DDPE | Nr. 129 | Bremen |
| DDRM | Nr. 134 | Bremen |
| DDPI | Nr. 144 | Hamburg |
| DDPL | Nr. 153 | Bremen |
| DDPM | Nr. 156 | Bremen |
| DDPN | Nr. 157 | Bremen |
| DDPQ | Nr. 162 | Bremen |
| DDPR | Nr. 163 | Bremen |
| DDPU | Nr. 168 | Bremen |
| DDPV | Nr. 169 | Bremen |
| DDPW | Nr. 170 | Bremen |
| DDPX | Nr. 171 | Bremen |
| *DETW* | Nymphe | Hamburg-Finkenwerder |
| DGYS | Nymphe | Wilhelmshaven |
| DGSC | Obereider | Rendsburg |
| *DCAT* | Oberhausen | Duisburg-Ruhrort |
| *DAIJ* | Oberpräsident Delbrück | Hamburg |
| DHOW | Ocean | Hamburg |
| *DLCD* | Ockenfels | Bremen |
| *DLBU* | Octavia | Bremen |
| *DHFB* | Oda | Hamburg |
| *DHOE* | Odenwald | Hamburg |
| *DKLS* | Oderbank | Burgstaaken |
| DGGT | Odin | Kiel |
| DCNT | Odin | Haren/Ems |
| *DCVZ* | Odin | Emden |
| DIVB | Odin | Glückstadt |
| *DKEM* | Örtze | Niendorf |
| DDTO | Oktant | Bremen |
| *DALL* | Olbers | Bremen |
| DAIK | Oldenburg | Bremerhaven |
| DDPY | Oldenburg | Bremen-Vegesack |
| *DGIZ* | Oldenburg | Hamburg |
| *DHLA* | Oldenburg | Hamburg |
| DGYV | Olga | Hamburg |
| *DHRW* | Olga | Hamburg |
| DHQS | Onabe | Hamburg |
| *DIFP* | Ophelia | Hamburg |
| *DAIL* | Orion | Emden |
| DCNU | Orion | Westrhauderfehn |
| DETB | Orion | Lübeck-Travemünde |
| DGYX | Orion | Hamburg |
| DIVC | Orion | Burg/Dithm. |
| DJFQ | Orion | Büsum |
| DJZN | Orion | Hamburg |
| *DHAM* | Orion II | Hamburg |
| *DILX* | Ortrud Müller | Hamburg |
| *DAIN* | Oskar Schulze | Bremerhaven |
| *DESQ* | Osnabrück | Bremerhaven |
| DJZO | Ost | Hamburg |
| DKLR | Ostbries | Haffkrug |
| *DFTA* | Oste | Stade |
| DJBN | Oste | Wyk/Föhr |
| DGYZ | Oste | Hamburg |
| *DHQW* | Oste I | Hamburg |
| *DIAH* | Osterbek | Hamburg |
| DCHM | Osterems | Greetsiel |
| DCNV | Osterems | Borkum |
| DGZA | Ostetal | Hamburg |
| DCNW | Ostfriesland | Juist |
| *DCVQ* | Ostfriesland | Leer |
| *DGZB* | Ostmark | Hamburg |
| *DAIO* | Ostmark | Bremerhaven |
| *DHOJ* | Ostpreußen | Hamburg |
| DJWZ | Ostpreußen | Heiligenhafen |
| DGZC | Ostsee | Hamburg |
| DJZP | Ostwacht | Burg/Fehmarn |
| *DHQQ* | Otterberg | Cuxhaven |
| DCNZ | Ottina | Haren/Ems |
| DCUS | Otto | Haren/Ems |
| *DGXY* | Otto | Hamburg |
| *DHRA* | Otto Blumenfeld | Hamburg |
| *DANR* | Otto Bröhan | Hamburg |
| DIBP | Otto Kamm II | Hamburg |
| *DCWS* | Otto Nübel | Emden |
| *DHKT* | Otto Porr | Hamburg |
| DCUC | Otto Schepers | Haren/Ems |
| *DHIO* | Otto Schubert | Hamburg |
| DCAK | Overstolz vom Rhein | Köln |
| *DGWW* | Ozean | Hamburg |
| *DIJG* | Pagensand | Hamburg |
| *DLCY* | Pagenturm | Bremen |

| Unterscheidungssignale | Namen | Heimathafen |
|---|---|---|
| | der Schiffe | |
| *DHMV* | Palermo | Hamburg |
| *DJCZ* | Pallas | Flensburg |
| *DLAS* | Pallas | Bremen |
| DGZD | Pallos | Hamburg |
| *DIES* | Palma | Hamburg |
| DGKG | Palmyra | Hamburg |
| *DJKH* | Paloma | Büsum |
| DIVE | Paloma | Hallig Hooge |
| *DICU* | Pamela | Hamburg |
| *DKEF* | Pamir | Lübeck |
| *DECK* | Pan | Bremen |
| *DIFK* | Parnoss | Hamburg |
| *DILP* | Parthenon | Hamburg |
| *DILV* | Passajes | Hamburg |
| *DKEG* | Passat | Lübeck |
| *DIDU* | Passau | Bremerhaven |
| *DHER* | Paul | Hamburg |
| *DFXL* | Paul Gährs | Estebrügge |
| *DECM* | Paul Honold | Bremen |
| DIAQ | Paul Hoop | Hamburg |
| *DHHR* | Paul Lübcke | Hamburg |
| *DESJ* | Paul Meentzen | Bremerhaven |
| *DIIQ* | Paul Rickmers | Hamburg |
| *DHOT* | Paula | Hamburg |
| DCOA | Paula | Haren/Ems |
| *DETS* | Paula | Bremerhaven |
| DKDY | Paula Helling | Niendorf |
| *DIFA* | Paula Rahmann | Hamburg |
| DJKG | Paulina | Büsum |
| *DIBH* | Pazifik | Hamburg |
| *DHQL* | Pegasus | Hamburg |
| *DADI* | Peine | Cuxhaven |
| *DICK* | Peka | Hamburg |
| DCDX | Pelikan | Greetsiel |
| *DKEX* | Pelikan | Rendsburg |
| *DIDO* | Pelion | Hamburg |
| DJJL | Pellworm | Pellworm |
| DJJM | Pellworm | Pellworm |
| *DHGP* | Pergamon | Hamburg |
| *DIGN* | Perikles | Hamburg |
| DCOC | Perle | Carolinensiel |
| *DESC* | Perseus | Bremerhaven |
| *DHOU* | Perseus | Hamburg |
| *DJZQ* | Perseus | Burgstaaken |
| DFXM | Persia | Dornbusch |
| DFXN | Peter | Krautsand |
| DFXO | Peter | Ritsch/Kehd. |
| DGZH | Peter | Warsingsfehn |
| DHIQ | Peter | Hamburg |
| DJTF | Peter | Heikendorf |
| *DIAE* | Peter Frese | Hamburg |
| *DIYQ* | Peter Meyer | Uetersen |
| *DHAC* | Peter S | Hamburg |
| *DAIT* | Peter Schlack | Hamburg |
| *DEUD* | Peter von Danzig | Lübeck-Travemünde |
| *DHNU* | Petra | Hamburg |
| DGZJ | Petrolina | Hamburg |
| DCSJ | Petschili | Emden |
| DKBK | Pfadfinder | Niendorf |
| DJPH | Phönix | Heikendorf |
| *DLDC* | Phönix | Bremen |
| *DGBH* | Pickhuben | Hamburg |
| DJMO | Pidder Lüng | Hallig Hooge |
| *DIXK* | Pik As | Glückstadt |
| DJTO | Pillau | Heikendorf |
| DKHN | Pil 35 | Möltenort |
| DFLM | Pinguin | Cuxhaven |
| *DHPI* | Pinguin | Hamburg |
| DGZK | Pinnau | Hamburg |
| DHCQ | Pionier | Bensersiel |
| DCTW | Pionier II | Emden |
| *DAIV* | Pitea | Hamburg |
| DGZN | Pirat | Hamburg |
| *DIIR* | Piräus | Hamburg |
| *DEFS* | Pirol | Bremen |
| DCEJ | Pirola | Warsingsfehn |
| *DKMM* | Pirola | Lübeck-Travemünde |
| *DHNG* | Planet | Hamburg |
| DIKB | Plato | Hamburg |
| *DDRG* | Poel | Hamburg |
| DFTH | Pohlmann II | Assel |
| DGZR | Polaris | Hamburg |
| DGZS | Polarstern | Hamburg |
| *DEDO* | Pollux | Bremen |
| DHEL | Pollux | Oldersum |
| DETL | Pollux | Lübeck-Travemünde |
| DHLJ | Pollux | Hamburg |
| DHOS | Pollux | Hamburg |
| *DJBG* | Pollux | Flensburg |
| DJZS | Polyp | Lübeck |
| *DADX* | Pommern | Bremerhaven |
| *DEFR* | Pommern | Bremen-Vegesack |
| *DJCA* | Pommern | Flensburg |
| DFZO | Ponape | Grünendeich |
| DDSH | Porebunder | Bremen |
| *DGZT* | Portia | Hamburg |
| *DHRJ* | Porto | Hamburg |
| DIJJ | Portunus | Hamburg |
| *DHRI* | Poseidon | Hamburg |
| DFIZ | Präsident Freiherr von Maltzahn | Cuxhaven |
| DGZU | Preciosa | Hamburg |
| DJZU | Pregel | Hamburg |
| DGZV | Presto | Hamburg |
| *DHOC* | Proteus | Hamburg |
| DCOG | Preußen | Oldenburg |
| *DEUP* | Preußen | Bremerhaven |
| DJZV | Preußen | Lübeck-Travemünde |
| *DLBC* | Priamus | Bremen |
| *DCOH* | Prinz Homburg | Emden |

| Unterscheidungssignale | Namen der Schiffe | Heimathafen der Schiffe |
|---|---|---|
| *DIFH* | Puck | Hamburg |
| DJMG | Puck | Kappeln/Schlei |
| *DICJ* | Prudentia | Bremen |
| *DDTC* | Pylades | Bremen |
| *DHJC* | Quadriga | Hamburg |
| *DICV* | Quadrivium | Hamburg |
| *DIIY* | Quartett | Hamburg |
| *DIBZ* | Quartole | Hamburg |
| DIZA | Quellental | Pinneberg |
| DCOJ | Quo Vadis | Haren/Ems |
| *DIKI* | Quo vadis | Hamburg |
| *DHLQ* | Rabat | Hamburg |
| *DLCR* | Rabenfels | Bremen |
| *DEEO* | Raffelberg | Bremen |
| DETP | Rainer Falko | Lübeck |
| DGJF | Ranghild | Hamburg |
| DKFA | Rantum | Rendsburg |
| DCAM | Rauschelay | Kaub |
| *DIKN* | Ravensberg | Hamburg |
| *DLAA* | Ravenstein | Bremen |
| DFXQ | Rebecka | Barnkrug |
| *DAJB* | Reemt | Hamburg |
| *DANS* | Rechtenfleth | Bremen |
| DCOK | Regina | Emden |
| DCOL | Regina | Haren/Ems |
| DDIP | Regina | Brake |
| DGZX | Regina | Hamburg |
| DKLD | Regina | Lübeck |
| *DDLC* | Regine Ohlrogge | Brake |
| *DAPM* | Regulus | Bremerhaven |
| *DFAF* | Regulus | Bremerhaven |
| *DHOG* | Rehhorst | Hamburg |
| *DGSW* | Reibel I | Hamburg |
| *DKGI* | Reibel II | Hamburg |
| *DLCT* | Reichenfels | Bremen |
| *DLAU* | Reifenstein | Bremen |
| *DDIQ* | Reiher | Hamburg |
| DCOO | Reimar | Haren/Ems |
| *DCVS* | Reimer Edzard Fritzen | Emden |
| DGZY | Reina | Hamburg |
| *DHHI* | Reinbek | Hamburg |
| DCOP | Reinhard | Haren/Ems |
| *DEPN* | Reinhard | Laboe |
| DGMO | Reinhard I | Hamburg |
| *DHPK* | Reinhart Lorenz Russ | Hamburg |
| DCOQ | Reinhold | Haren/Ems |
| *DKFF* | Reinhold Krusemark | Rendsburg |
| DDSP | Rekum | Bremen |
| *DAJE* | Remscheid | Cuxhaven |
| *DGRY* | Remscheid | Hamburg |
| *DLAH* | Renata Schröder | Bremen |
| *DFZY* | Renate | Stade |
| *DKLN* | Renate | Niendorf |
| *DFTP* | Renate Becker | Stade |

| Unterscheidungssignale | Namen der Schiffe | Heimathafen der Schiffe |
|---|---|---|
| DERH | Renate Holling | Rendsburg |
| *DJUH* | Rendsburg | Kiel |
| DJZW | Reni | Eckernförde |
| DCOR | Resi | Norderney |
| DCOS | Res Nova | Haren/Ems |
| *DADJ* | Rhein | Hamburg |
| *DCAR* | Rhein | Duisburg-Ruhrort |
| *DLCN* | Rheinfels | Bremen |
| DIVK | Rheingold | Hamburg |
| *DCOT* | Rheinland | Emden |
| *DAJG* | Rheinland | Bremen-Vegesack |
| *DHHM* | Rheinland | Hamburg |
| *DDUN* | Rheinstein | Bremen |
| DCOU | Ria | Haren/Ems |
| DJZY | Richard | Kiel |
| *DETV* | Richard Kaselowsky | Bremerhaven |
| *DHBO* | Richard Kaselowsky | Hamburg |
| *DJBQ* | Rimberg | Flensburg |
| DCCL | Rita | Haren/Ems |
| *DDDJ* | Rita | Kiel |
| *DHJB* | Rita | Hamburg |
| *DIKY* | Rita Bartels | Hamburg |
| DFTO | Rita Holst | Stade |
| DFWG | Ro. 14 | Hamburg |
| DCTJ | Robbe | Norden |
| *DHGU* | Robert Bornhofen | Hamburg |
| *DEES* | Robert Meyhoefer | Bremen |
| *DIAW* | Robert Weitert | Hamburg |
| *DIFD* | Rodenbek | Hamburg |
| *DDKY* | Rodenkirchen | Strohausen |
| DEUX | Rogge I. | Bremerhaven |
| DEUY | Rogge XVII | Bremerhaven |
| DEUZ | Rogge XVIII | Bremerhaven |
| DFAC | Rogge 25 | Bremerhaven |
| *DEFH* | Roland | Bremen |
| *DEUH* | Roland | Bremerhaven |
| DHAB | Roland | Hamburg |
| DJUE | Roland | Kiel |
| DIEQ | Roland II | Hamburg |
| *DIAU* | Roland Russ | Hamburg |
| *DFHS* | Roland von Wedel | Cuxhaven |
| *DECO* | Rolandseck | Bremen |
| DETH | Rolano | Cuxhaven |
| *DHRT* | Rolf | Hamburg |
| *DCVA* | Rolf | Haren/Ems |
| *DFZW* | Rolf Behrmann | Krautsand |
| DHAD | Rolf-Hubert | Hamburg |
| DJBO | Rolf Verhey | Dagebüll |
| *DFLS* | Ronald | Osten |
| *DLBM* | Roseneck | Bremen |

| Unterscheidungssignale | Namen der Schiffe | Heimathafen | Unterscheidungssignale | Namen der Schiffe | Heimathafen |
|---|---|---|---|---|---|
| *DANT* | Rosengarten | Hamburg-Finkenwerder | DESB | St. Monika | Emden |
| DIYP | Rosita Maria | Uetersen | DCPY | St. Nikolaus | Haren/Ems |
| DKAA | Roswitha | Neustadt/Holst. | *DIDD* | St. Patrick | Hamburg |
| *DLCX* | Rotenfels | Bremen | *DHPC* | Santa Catarina | Hamburg |
| *DAJK* | Rotersand | Bremerhaven | *DHNL* | Santa Elena | Hamburg |
| DHFJ | Rothebude | Hamburg | *DIEP* | Santa Inés | Hamburg |
| *DHDT* | Rothenburg | Hamburg | *DHQR* | Santa Isabel | Hamburg |
| *DLAK* | Rothenstein | Bremen | *DIGE* | Santa Rita | Hamburg |
| DKHK | Rudi Klaus | Möltenort | *DIGW* | Santa Rosa | Hamburg |
| DCOW | Rudolf | Haren/Ems | *DIDV* | Santa Teresa | Hamburg |
| DJRA | Rudolf | Norderney | *DHMP* | Santa Ursula | Hamburg |
| DJKS | Rudolf Engels | Büsum | *DGRI* | Sapele Palm | Hamburg |
| *DKKR* | Rudolf-Hermann | Heiligenhafen | DHRK | Sarrius | Hamburg |
| DILW | Rudolf Karstens | Hamburg | DFJD | Sathurn | Hamburg |
| *DHFQ* | Rudolf Oetker | Hamburg | DDCM | Saturn | Kiel |
| *DCUM* | Rudolf Schepers | Haren/Ems | *DIKM* | Saturn | Hamburg |
| DCDN | Rudolph Wendt | Leer | *DIWU* | Saxnot | Glückstadt |
| DHAF | Rügen | Flensburg | *DHKL* | Saxonia | Hamburg |
| *DHIB* | Rügen | Hamburg | DCAP | Scharhörn | Düsseldorf |
| *DHRU* | Rügen | Hamburg | *DHOL* | Scharhörn | Hamburg |
| *DFJC* | Rügen | Cuxhaven | *DGFY* | Schauenburg | Hamburg |
| *DKEB* | Rüm Hart | Seester | *DGAD* | Scheersberg | Hamburg |
| *DDDF* | Rüstringen | Wilhelmshaven | DHAN | Schlei | Hamburg |
| *DGTC* | Rugard | Hamburg | *DEFM* | Schlesien | Bremen-Vegesack |
| DFXR | Ruhr | Bützfleth | *DFKS* | Schlesien | Cuxhaven |
| DCAU | Ruhr | Duisburg-Ruhrort | *DDST* | Schleswig | Bremen-Vegesack |
| *DADB* | Ruhr | Hamburg | DJAM | Schleswig | Flensburg |
| *DHNH* | Ruhrland | Hamburg | *DESO* | Schleswig-Holstein | Bremerhaven |
| *DCAV* | Ruhrort | Duisburg-Ruhrort | *DJDF* | Schleswig-Holstein | Flensburg |
| *DEAL* | Ruhrstein | Bremen | DJOA | Schleswig-Holstein | Kiel |
| DHAG | Rungholt | Hamburg | *DANW* | Schlutup | Kiel |
| DJBP | Rungholt | Wyk/Föhr | *DGOA* | Schürbek | Hamburg |
| DJII | Rungholt | Husum | *DESW* | Schütting | Bremerhaven |
| *DJTI* | Ruth | Kiel | *DLAB* | Schütting | Bremen |
| *DFZE* | Ruth-Dieter | Stade | DDJT | Schulschiff Deutschland | Oldenburg |
| *DAJL* | Saarland | Bremen-Vegesack | *DFLL* | Schwaben | Cuxhaven |
| *DDUX* | Saarstein | Bremen | *DEDS* | Schwabenstein | Bremen |
| *DFRP* | Sabine | Uetersen | DHAO | Schwalbe | Hamburg |
| DJSP | Sabine | Kiel | DHAP | Schwalbe | Hamburg |
| *DEFK* | Sachsen | Bremen-Vegesack | DHAR | Schwalbe | Hamburg-Finkenwerder |
| *DFKU* | Sachsen | Cuxhaven | DHAQ | Schwalbe | Hamburg |
| *DGHF* | Safi | Hamburg | DJTB | Schwalbe | Eckernförde |
| *DION* | Sagitta | Hamburg | DCOZ | Schwalbe | Wyk/Föhr |
| DGUZ | Salmo | Hamburg | DJUV | Schwalbe | Kiel |
| DCOY | Salva Nos | Haren/Ems | DIYF | Schwalbe | Lägerdorf |
| DKLX | Samland | Niendorf | *DLBB* | Schwalbe | Bremen |
| *DEQJ* | Sancta Maria | Bremerhaven | DHAS | Schwalbe II | Hamburg |
| *DCUL* | St. Antonius | Haren/Ems | *DKHM* | Schwalbenberg | Heikendorf |
| *DHNA* | Sankt Johann | Hamburg | DHAT | Schwan | Rendsburg |
| DCPX | St. Joseph | Haren/Ems | *DJQI* | Schwan | Möltenort |
| *DGAU* | Sankt Marien | Hamburg | DJUW | Schwan | Neumühlen/Kiel |
| *DIAJ* | St. Michael | Hamburg | | | |

| Unterscheidungssignale | Namen der Schiffe | Heimathafen der Schiffe |
|---|---|---|
| *DDMU* | Schwaneck | Bremen |
| *DEDK* | Schwanheim | Bremen |
| *DJQJ* | Schwansen | Kiel |
| *DJCX* | Schwennau | Flensburg |
| *DJVN* | Schwentine | Kiel |
| *DANX* | Schwertfisch | Bremerhaven |
| *DFZX* | Schwinge | Stade |
| *DIAF* | Schwinge I | Hamburg |
| *DANY* | Seeadler | Hamburg-Finkenwerder |
| DCPF | Seeadler | Emden |
| DCPJ | Seeadler | Norderney |
| DDIU | Seeadler | Brake |
| DFXS | Seeadler | Wischhafen |
| DHAU | Seeadler | Hamburg |
| *DHKC* | Seeadler | Hamburg |
| *DJOO* | Seeadler | Kiel |
| DJQK | Seeadler | Rendsburg |
| DKAH | Seeadler | Maasholm |
| DKEH | Seeadler | Lübeck-Travemünde |
| DKEI | Seeadler | Niendorf |
| DKJZ | Seeadler | Niendorf |
| *DKLE* | Seeadler | Heikendorf |
| *DEEY* | Seeclipper | Bremen |
| *DEBA* | Seefahrer | Bremen |
| *DDSR* | Seefalke | Bremerhaven |
| *DGST* | Seefalke | Hamburg |
| DHAW | Seefalke | Hamburg |
| *DHPD* | Seefalke | Hamburg |
| DJFG | Seefalke I | Büsum |
| DGBW | Seefalke III | Hamburg |
| DCPK | Seehund | Papenburg |
| DJMK | Seehund | Maasholm |
| DKKI | Seelöwe | Timmendorfer Strand |
| DETJ | Seelust | Heikendorf |
| DCPM | Seelust | Spiekeroog |
| DDJX | Seemöve | Brake |
| *DKJS* | Seemöve | Burgstaaken |
| DHAY | Seemöve | Hamburg |
| DHAZ | Seemöve | Hamburg |
| *DKDS* | Seemöve | Lübeck-Travemünde |
| DFJL | Seemöwe | Cuxhaven |
| *DJZZ* | Seemöwe | Lübeck-Travemünde |
| *DIYS* | Seerose | Schulau |
| DKAK | Seeschwalbe | Lübeck |
| DFJO | Seestern | Cuxhaven |
| DHBA | Seestern | Kiel |
| DIVU | Seestern | Burg/Dithm. |
| *DJRI* | Seestern | Heikendorf |
| DKKJ | Seestern | Niendorf |
| *DJAQ* | Seestern II | Kiel |
| *DFKZ* | Seeteufel | Bremen |
| *DDLB* | Seetramper | Brake |
| *DHHC* | Seevogel | Hamburg |

| Unterscheidungssignale | Namen der Schiffe | Heimathafen der Schiffe |
|---|---|---|
| *DECJ* | Seewanderer | Bremen |
| DIID | Seilmoker | Hamburg-Finkenwerder |
| DHBD | Selma | Hamburg |
| DDHF | Selma Borries | Brake |
| *DILD* | Selma Nimtz | Hamburg |
| *DAJW* | Senator | Hamburg |
| *DKJH* | Senator Possehl | Lübeck |
| *DHIY* | Senior | Hamburg |
| *DIDX* | Serena | Hamburg |
| *DLCP* | Seven Seas | Bremen |
| DJBT | Siegfried | Neustadt/Holst. |
| DHBG | Siegfried Brey | Hamburg |
| *DEGA* | Sielwall | Bremen |
| *DKDP* | Signal | Lübeck |
| *DCAB* | Sigrid | Köln |
| *DKIB* | Sigrid | Kiel |
| DKIH | Sigrid | Kiel |
| *DKGE* | Silbermöve | Kiel |
| *DKJC* | Silbermöve | Hamburg |
| DKHQ | Silbermöve | Eckernförde |
| DGNN | Silesia | Hamburg |
| *DIMX* | Silvana | Hamburg |
| *DEDT* | Silvia | Bremen |
| *DIGJ* | Simon von Utrecht | Hamburg |
| *DIDB* | Simplon | Hamburg |
| DHIC | Simson | Hamburg |
| DCPQ | Sina | Haren/Ems |
| DGVD | Sintra | Hamburg |
| DHBI | Sirene | Brake |
| DFYR | Sirene | Freiburg/Elbe |
| DEAC | Sirius | Bremen |
| DCPR | Sirius | Westrhauderfehn |
| *DIVV* | Sirius | Seester |
| DESG | Sirius | Arnis/Schlei |
| DDCS | Sirius | Duisburg |
| DJYV | Sirius II | Neustadt/Holst. |
| *DAKA* | Skagerrak | Hamburg-Finkenwerder |
| DKAO | Skandia | Flensburg |
| *DAKB* | Skolpenbank | Bremerhaven |
| DHBJ | Sleipner | Hamburg |
| *DHBK* | Sleipner | Hamburg |
| *DILM* | Sleipner II | Hamburg |
| *DJFO* | Sliesand | Maasholm |
| *DAKC* | Söderhamm | Hamburg |
| DJSU | Söte Deern | Eckernförde |
| *DIKX* | Solingen | Hamburg |
| *DIKP* | Solveig Rickertsen | Hamburg |
| *DHGY* | Sonderburg | Hamburg |
| *DLAI* | Soneck | Bremen |
| DESU | Sonne | Bremerhaven |
| DJQL | Sonja | Kiel |
| *DAOA* | Sophie | Leer |

| Unterscheidungssignale | Namen der Schiffe | Heimathafen der Schiffe |
|---|---|---|
| DFXU | Sophie | Laboe |
| DFZC | Sophie | Wischhafen |
| *DAOH* | Sparenburg | Emden |
| *DAPD* | Sperber | Bremen |
| DDQH | Sperber | Bremen-Vegesack |
| DFND | Sperber | Cuxhaven |
| DHBM | Sperber | Hamburg |
| *DKIM* | Sperber | Kiel |
| DCPU | Spes Mea | Haren/Ems |
| *DFAJ* | Speyer | Bremerhaven |
| DCPW | Spiekeroog | Spiekeroog |
| DHBN | Spika | Hamburg |
| *DKEP* | Spika | Lübeck |
| DICB | Spitzerdorf | Hamburg |
| DHBP | Spongia | Hamburg |
| *DHOX* | Spreewald | Hamburg |
| DJUS | Spüler Friedrich | Rendsburg |
| *DAOB* | Stade | Cuxhaven |
| *DHBQ* | Stade | Hamburg |
| *DHPH* | Stadeland | Bremen |
| *DFSM* | Stadersand | Stade |
| *DDKZ* | Stadland | Brake |
| *DKFL* | Stadt Essen | Rendsburg |
| *DEGE* | Stadthagen | Bremen |
| *DFAU* | Stadt Herten | Bremerhaven |
| DJLM | Stadt Husum | Husum |
| *DJUY* | Stadt Kiel | Kiel |
| *DCVR* | Stadt Leer | Leer |
| DJRC | Stadtrat Suhr | Eckernförde |
| *DLBX* | Star | Bremen |
| *DIDT* | Steckelhörn | Hamburg |
| *DIIK* | Steendiek | Hamburg-Finkenwerder |
| DJUZ | Steffen | Kiel |
| DCPZ | Steffi | Haren/Ems |
| *DJVA* | Stein | Kiel |
| DHRS | Steinberg | Hamburg |
| DDUR | Steinbock | Bremen |
| DCWW | Steinbock | Rhaudermoor |
| DKAP | Steinbutt | Heiligenhafen |
| *DHNJ* | Steinhöft | Hamburg |
| *DAPF* | Stella | Emden |
| *DKAZ* | Stella | Lübeck |
| *DAIP* | Stella Maris | Emden |
| DCQA | Stephan | Haren/Ems |
| *DLBF* | Stephanitor | Bremen |
| *DLBW* | Stepenitz | Bremen |
| DJBV | Stern vom Osten | Neustadt/Holst. |
| *DAKK* | Stettin | Emden |
| *DKCC* | Stettiner Haff | Lübeck-Travemünde |
| DEEC | Stier | Bremen |
| *DAKL* | Stillesee | Hamburg |
| DDNY | Stina B | Bremen |
| *DHEU* | Stintfang | Hamburg |
| DCQH | Stölkenhörn | Hamburg |
| *DHBU* | Stör | Hamburg |

| Unterscheidungssignale | Namen der Schiffe | Heimathafen der Schiffe |
|---|---|---|
| DHOR | Stör I | Hamburg |
| DCQB | Störtebecker | Borkum |
| *DKIJ* | Störtebecker | Laboe |
| DKKL | Störtebecker | Niendorf |
| *DKLP* | Stolper Bank | Lübeck-Travemünde |
| *DEGF* | Stolzenau | Bremen |
| *DHIZ* | Stralsund | Hamburg |
| *DJTA* | Strande | Kiel |
| *DERX* | Straßburg | Bremerhaven |
| DDQL | Strauss | Bremen-Vegesack |
| DKII | St. S. 48 | Kiel |
| DJVH | St. S. 80 | Kiel |
| DJVI | St. S. 81 | Kiel |
| DKHH | St. S. 82 | Kiel |
| DKHI | St. S. 83 | Kiel |
| *DGQP* | Stubbenhuk | Hamburg |
| DINM | Stubbenhuk | Hamburg |
| DDQY | Stur | Bremen |
| DIBO | Sturmvogel | Hamburg |
| DJNC | Sturmvogel | Kappeln/Schlei |
| DJKB | Sturmvogel | Büsum |
| DKCJ | Sturmvogel | Büsum |
| *DJXM* | Sturmvogel | Heiligenhafen |
| DKKM | Sturmvogel | Timmendorfer Strand |
| *DGFS* | Stuttgart | Hamburg |
| *DGGM* | Stuttgart | Hamburg |
| DJQS | Sucher | Rendsburg |
| *DEUU* | Süderau | Bremerhaven |
| DFXV | Süderelbe | Dornbusch |
| *DKQB* | Süderholm | Kiel |
| DHBX | Süderilw | Hamburg-Finkenwerder |
| *DKCI* | Südheide | Niendorf |
| *DHEP* | Süd-West | Hamburg |
| DHBY | Sülfmeister | Hamburg |
| DINT | Süllberg | Hamburg |
| DCQD | Susanna-Maria | Haren/Ems |
| *DHMI* | Svealand | Hamburg |
| DKAS | Swea | Lübeck-Travemünde |
| *DHLF* | Sylvia | Hamburg |
| *DAPB* | Sylt | Hamburg |
| *DLCV* | Syrte | Bremen |
| *DJLZ* | Tamora | Büsum |
| *DHIV* | Tanga | Hamburg |
| *DHFP* | Tanganjika | Hamburg |
| *DHLZ* | Tanger | Hamburg |
| DGGZ | Tankleichter Elbe | Hamburg |
| *DAKR* | Tannenberg | Emden |
| *DLAR* | Tannstein | Bremen |
| *DIEK* | Tarbek | Hamburg |
| *DHQG* | Tarpenbek | Hamburg |
| DHCA | Taube | Hamburg |
| DDQM | Taube | Bremen-Vegesack |

| Unterscheidungssignale | Namen der Schiffe | Heimathafen |
|---|---|---|
| DHCF | Taucherfahrzeug III | Hamburg |
| DHCC | Taucher Flint I | Hamburg |
| DHCD | Taucher Flint II | Hamburg |
| DHCE | Taucher Flint III | Hamburg |
| *DAIQ* | Taucher Ottar Harmstorf I | Hamburg |
| DHRZ | Taucher Ottar Harmstorf IV | Hamburg |
| DHCG | Taucher Harmstorf 5 | Hamburg |
| DHCH | Taucher Harmstorf 6 | Hamburg |
| DHCI | Taucher Ottar Harmstorf IX | Hamburg |
| *DFKD* | Taucher O. Wulf | Cuxhaven |
| *DFMK* | Taucher O. Wulf II | Cuxhaven |
| *DAIS* | Taucher O. Wulf III | Cuxhaven |
| DFNF | Taucher Otto Wulf 4 | Cuxhaven |
| DCQE | Taucher Picksack | Oldersum |
| DFKE | Taucher Sievers | Cuxhaven |
| *DCAX* | Tazacorte | Duisburg-Ruhrort |
| *DLDD* | Tellus | Bremen |
| *DGIQ* | Tema Palm | Hamburg |
| DCQF | Tempo | Haren/Ems |
| *DHLU* | Tenerife | Hamburg |
| *DKAL* | Tete Oldendorff | Lübeck |
| *DFAI* | Teutonia | Bremerhaven |
| *DHRB* | Teutonia | Hamburg |
| *DHIK* | Tetuan | Hamburg |
| *DANM* | Thalia | Hamburg |
| *DEFE* | Thalia | Bremen |
| *DCHU* | Thea | Warsingsfehn |
| DHCJ | Thea | Hamburg |
| DHCK | Thea | Hamburg |
| DIWE | Thea | Kollmar/Holst. |
| *DEGJ* | Thebe | Bremen |
| DKLC | Thedje | Lübeck-Travemünde |
| *DAKV* | Thees Bott | Hamburg-Finkenwerder |
| *DDJF* | Thekla | Barssel |
| DCQJ | Thekla Helene | Haren/Ems |
| *DEFF* | Themis | Bremen |
| *DJAM* | Theoja I | Cuxhaven |
| DFHQ | Theoja II | Cuxhaven |
| DETY | Theoja III | Cuxhaven |
| *DKIW* | Theo Grammerstorf | Kiel |
| DCQK | Theo-Grete | Haren/Ems |
| *DIJE* | Theresia Russ | Hamburg |
| *DCEF* | Th. Klingenberg | Emden |
| *DEFO* | Theseus | Bremen |
| *DEFN* | Thetis | Bremen |

| Unterscheidungssignale | Namen der Schiffe | Heimathafen |
|---|---|---|
| *DHGR* | Thetis | Hamburg |
| DHCL | Thomas | Hamburg |
| *DAKW* | Thor | Hamburg |
| DDAA | Thor | Norddeich |
| *DHHN* | Thor | Hamburg |
| *DIOG* | Thorstein | Hamburg |
| *DGGN* | Thorwald | Hamburg |
| *DHHX* | Thüringen | Hamburg |
| *DAKX* | Thüringen | Leer |
| DAKY | Thüringen | Bremen-Vegesack |
| *DEAY* | Thule | Bremen |
| DIXN | Thyra | Elmshorn |
| *DDQN* | Tilly | Strohausen |
| *DIMQ* | Tilly Böge | Hamburg |
| *DHGC* | Tilly Russ | Hamburg |
| *DCQL* | Tim | Haren/Ems |
| *DHMU* | Timandra | Hamburg |
| *DKFN* | Tinnum | Rendsburg |
| DHCO | Tine Schröder | Hamburg |
| DCQM | Tini | Emden |
| DHCP | Tinka | Hamburg |
| *DHNN* | Titania | Hamburg |
| DCQN | Tjeda | Emden |
| *DINN* | Togo | Hamburg |
| *DLAX* | Torstein | Bremen |
| *DGIR* | Transatlanta | Hamburg |
| *DIEY* | Transatlantic | Hamburg |
| *DHHZ* | Transerie | Hamburg |
| *DHFZ* | Transmichigan | Hamburg |
| *DHKQ* | Transontario | Hamburg |
| *DIGV* | Transozean Hugo Stinnes | Hamburg |
| *DIGC* | Transpacific | Hamburg |
| DIAO | Transportör II | Hamburg |
| *DDKQ* | Transquebec | Hamburg |
| *DLCZ* | Transsylvania | Bremen |
| *DHPP* | Transvaal | Hamburg |
| *DKMH* | Traude | Düsseldorf |
| *DEAR* | Traunstein | Bremen |
| DFKG | Traute | Neuhaus/Oste |
| *DIWH* | Traute | Glückstadt |
| *DEQT* | Traute | Lübeck-Travemünde |
| *DGEI* | Traute | Hamburg |
| DERC | Traute Schumacher | Bremerhaven |
| *DIFI* | Trave | Hamburg |
| *DJUR* | Trave | Kiel |
| *DKKA* | Travemünde | Lübeck |
| DKAX | Travemünde | Lübeck |
| *DLAJ* | Travestein | Bremen |
| DHCR | Treue | Hamburg |
| DCQP | Trientje | Iheringsfehn |
| *DDUE* | Trierstein | Bremen |
| *DGPG* | Triglav | Hamburg |
| DHCS | Triton | Hamburg |
| DHHK | Triton | Hamburg |

| Unterscheidungssignale | Namen der Schiffe | Heimathafen der Schiffe |
|---|---|---|
| DFYK | Trinchen | Freiburg |
| DKAB | Trotz | Büsum |
| *DIJN* | Trotzenburg | Hamburg |
| *DHAL* | Troyburg | Hamburg |
| DHHG | Tross | Hamburg |
| *DIDH* | Trostbrücke | Hamburg |
| DHBS | Trude | Rendsburg |
| *DETO* | Tübingen | Bremerhaven |
| *DHAX* | Tübingen | Hamburg |
| *DDTU* | Tucana | Lübeck |
| *DECW* | Turmfalke | Bremen |
| DKJM | Twee Breeder | Heiligenhafen |
| *DHCB* | Ubena | Hamburg |
| *DGTL* | Uhlenhorst | Hamburg |
| *DIKD* | Ulanga | Hamburg |
| DGAF | Ulla | Hamburg |
| *DAID* | Ulm | Cuxhaven |
| DHCT | Undine | Hamburg |
| DFTC | Undine | Gauensiek |
| DHCU | Undine | Hamburg |
| *DGJW* | Uni Porr | Hamburg |
| *DGSU* | Unkas | Hamburg |
| DKDJ | Unverzagt | Lübeck |
| DERN | Unverzagt | Bremerhaven |
| *DHDM* | Urania | Osten |
| *DINZ* | Urania | Hamburg |
| DIWI | Urania | Friedrichskoog |
| *DJXJ* | Urania | Heiligenhafen |
| *DERD* | Uranus | Lübeck-Travemünde |
| DHCV | Uranus | Hamburg |
| DFYN | Uranus | Abbenfleth |
| DEPM | Ursel | Bremerhaven |
| DGUK | Ursel | Hamburg |
| *DALA* | Ursula | Hamburg |
| DCQS | Ursula | Emden |
| DKAY | Ursula | Lübeck-Travemünde |
| DKKX | Ursula | Lübeck-Travemünde |
| *DJZR* | Ursula Heinemeier | Lübeck |
| DINR | Ursula Peters | Hamburg |
| *DEPT* | Ursula Rickmers | Bremerhaven |
| *DHJX* | Ursula Schulte | Hamburg |
| *DIIE* | Urundi | Hamburg |
| *DILG* | Usambara | Hamburg |
| *DILF* | Usaramo | Hamburg |
| DIBU | Usedom | Hamburg |
| DFMW | Uta | Cuxhaven |
| DFXY | Uta | Stade |
| *DCBC* | Ute | Düsseldorf |
| DJQV | Ute | Kiel |
| *DABG* | Utgard | Hamburg |
| DJAY | Uthlande | Wyk/Föhr |
| *DKLM* | Utsire | Niendorf |
| *DGOD* | Uwe | Hamburg |
| *DIHZ* | Uwe | Hamburg |
| DJWD | Uwe | Lübeck-Travemünde |
| DHCX | Uwe-Ursula | Hamburg |
| *DIDA* | Värmland | Hamburg |
| DGVL | Vagabund | Hamburg |
| *DHCY* | Valborg | Hamburg |
| *DIHL* | Valda Ahrenkiel | Hamburg |
| *DHMO* | Valencia | Hamburg |
| *DHPE* | Vangard | Hamburg |
| *DFAH* | van Ronzelen | Bremerhaven |
| *DFAP* | Varuna | Bremerhaven |
| DFTK | Vaterland | Stade |
| *DEFC* | Vegesack | Bremen |
| DGWK | Vegesack | Bremen |
| *DEDJ* | Veleda | Bremen |
| *DALG* | Venus | Bremerhaven |
| DFXZ | Venus | Oberndorf |
| DFYA | Venus | Gauensiek |
| DJBD | Venus | Flensburg |
| *DJCS* | Venus | Flensburg |
| *DJYG* | Venus | Lübeck-Travemünde |
| *DKBG* | Venus | Burgstaaken |
| *DKLO* | Venus | Niendorf |
| DINQ | Verano II | Hamburg |
| DJQW | Veritas | Kiel |
| DHCZ | Vertrauen | Hamburg |
| DCQY | Vertrauen | Warsingsfehn |
| DCWX | Vertrauen | Haren/Ems |
| *DDTD* | Vesta | Bremen |
| *DGHC* | Victor | Hamburg |
| DCRC | Victoria | Emden |
| *DALC* | Victoria | Lübeck |
| DCRA | Vier Gebrüder | Warsingsfehn |
| DCRB | Vier Gebrüder | Carolinensiel |
| *DALE* | Vierlande | Hamburg |
| *DJQX* | Viktoria | Kiel |
| DFYB | Vineta | Barnkrug |
| DCTX | Vineta | Norderney |
| DJZM | Vineta | Lübeck-Travemünde |
| *DECY* | Vinum | Bremen |
| *DIIG* | Vogesen | Hamburg |
| *DIJQ* | Voline | Hamburg |
| *DAEU* | Volksdorf | Hamburg |
| *DIED* | von Beckerath | Hamburg |
| *DHHQ* | Vormann Rass | Hamburg |
| DHDC | Vorsetzen | Hamburg |
| DJNH | Vorwärts | Arnis/Schlei |
| DKGU | Vorwärts | Laboe |
| *DJVL* | Vorwärts | Brunsbüttelkoog |
| DCRG | Vorwärts | Neuharlingersiel |
| *DALF* | Vorwärts | Hamburg |
| DHDD | Vorwärts | Hamburg |
| DHDE | Vorwärts | Hamburg |
| DDJI | Vorwärts | Brake |
| DCRI | Vorwärts | Rhaudermoor |

| Unterscheidungssignale | Namen der Schiffe | Heimathafen der Schiffe |
|---|---|---|
| DGSI | Vriendschap.... | Hamburg |
| DDUS | Vulcan ........ | Bremen |
| *DIBF* | Vulkan ........ | Hamburg |
| *DALH* | Wachtel ....... | Bremen-Vegesack |
| *DIEO* | Waldeck ....... | Hamburg |
| *DCAI* | Waldemar Peter | Köln |
| *DHDG* | Walküre ....... | Hamburg |
| *DKGV* | Walküre ....... | Kiel |
| DGUA | Wally ......... | Hamburg |
| DDKX | Walter......... | Bremen |
| DHDH | Walter......... | Hamburg |
| DHDI | Walter......... | Hamburg |
| DIWK | Walter........ | Hamburg |
| DFYC | Walter......... | Estebrügge |
| DFWA | Walter......... | Lübeck |
| *DCAA* | Walter Behrens. | Köln |
| *DFLP* | Waltraut....... | Cuxhaven |
| DFSN | Waltraut....... | Grünendeich |
| *DKHB* | Waltraut....... | Heikendorf |
| DKBT | Waltraut....... | Heiligenhafen |
| *DJVX* | Waltraud Behrmann ... | Rendsburg |
| DHDL | Wanda ........ | Hamburg |
| DKQC | Wangenstein ... | Strande |
| *DCPG* | Wangerooge ... | Emden |
| *DIJP* | Wappen von Hamburg | Hamburg |
| *DIFG* | Warendorp..... | Lübeck |
| DDSO | Warfleth....... | Bremen |
| *DESD* | Wartburg ...... | Bremerhaven |
| DHDN | Wega ......... | Cuxhaven |
| DETG | Wega ......... | Lübeck-Travemünde |
| DHDO | Weißer Greif ... | Eckernförde |
| *DDSU* | Weissesee ...... | Bremerhaven |
| *DGSJ* | Weißenburg .... | Hamburg |
| *DGZP* | Welheim ...... | Hamburg |
| *DHGE* | Welle.......... | Hamburg |
| *DJSK* | Wellingdorf .... | Kiel |
| DKFE | Wera ......... | Rendsburg |
| *DKEV* | Wera Böhrnsen . | Rendsburg |
| *DKCD* | Werner ........ | Burgstaaken |
| *DHDR* | Werner ........ | Hamburg |
| DKIZ | Werner Martin Krüger ...... | Heikendorf |
| *DICL* | Werner Felter .. | Hamburg |
| *DLAP* | Werner Vinnen . | Bremen |
| *DEDC* | Werrastein ..... | Bremen |
| DIBJ | Werratal....... | Hamburg |
| *DALK* | Weser ........ | Bremerhaven |
| *DEUK* | Wesel ........ | Bremerhaven |
| DDQR | Weser ........ | Bremen |
| DHDS | Weser ........ | Hamburg |
| DHIJ | Weser ........ | Hamburg |
| DDLH | Wesermarsch ... | Brake |
| *DEDA* | Weserstein ..... | Bremen |
| *DEEH* | Wesertal ...... | Bremen |

| Unterscheidungssignale | Namen der Schiffe | Heimathafen der Schiffe |
|---|---|---|
| *DLCH* | Wesertal ...... | Bremen |
| DCRN | Westerems ..... | Borkum |
| *DALO* | Westfalen...... | Bremen-Vegesack |
| *DCVN* | Westfalen...... | Emden |
| *DFMZ* | Westfalen ..... | Cuxhaven |
| *DIME* | Westfalen ..... | Hamburg |
| *DALP* | Westpreußen ... | Bremerhaven |
| *DEAP* | Westsee........ | Bremerhaven |
| *DKDW* | Wickede ....... | Lübeck |
| *DGZM* | Widar ......... | Hamburg |
| *DALR* | Widder ........ | Bremen |
| *DIWT* | Widder ........ | Bremen |
| *DIFL* | Wiedenborstel .. | Hamburg |
| DJMS | Wik .......... | Kiel |
| DCRP | Wiking ........ | Greetsiel |
| DJLU | Wiking ........ | Büsum |
| *DEPE* | Wiking ........ | Bremerhaven |
| *DHIL* | Wiking ........ | Hamburg |
| DHDU | Wilfried ....... | Hamburg |
| DHDV | Wilfriede Klünder ..... | Hamburg |
| *DKFK* | Wilhelm ....... | Breiholz |
| *DHLR* | Wilhelm Bornhofen ... | Hamburg |
| *DGWV* | Wilhelm Doerenkamp . | Hamburg |
| *DAOX* | Wilhelm Kaisen. | Bremerhaven |
| DJKO | Wilhelm Külper. | Büsum |
| DDJK | Wilhelm Lühring | Brake |
| *DCVB* | Wilhelm Nübel.. | Emden |
| *DCAJ* | Wilhelm Numssen .... | Köln |
| *DERK* | Wilhelm Peter.. | Kiel |
| *DHLC* | Wilhelm Russ .. | Hamburg |
| DHDW | Wilhelmina..... | Brake |
| DCRS | Wilhelmine..... | Warsingsfehn |
| DCRT | Wilhelmine..... | Westrhauderfehn |
| DJKQ | Wilhelmine II .. | Büsum |
| *DHFW* | Wilhelmine Essberger .... | Hamburg |
| DFSO | Wilhelmine Oltmann .... | Stade |
| DCBS | Willem Mennen . | Emden |
| DHDZ | Willida ........ | Kiel |
| DJPP | Willi .......... | Kiel |
| *DICJ* | William ....... | Hamburg |
| *DGVC* | Willi Huber .... | Hamburg |
| DHEA | Willy Charles... | Hamburg |
| DHEB | Willy Marie .... | Hamburg |
| DCRW | Wilma......... | Haren/Ems |
| *DERM* | Wilma......... | Leer |
| *DALT* | Wilma......... | Hamburg-Finkenwerder |
| *DKLK* | Wiltrud ....... | Lübeck-Travemünde |
| DIKZ | Wiltrud-Beatrice | Hamburg |

| Unterscheidungssignale | Namen der Schiffe | Heimathafen der Schiffe |
|---|---|---|
| *DEGH* | Windheim...... | Bremen |
| DFYD | Windhuk ...... | Assel |
| *DGSB* | Windhuk ...... | Hamburg |
| DHEC | Windhund ..... | Hamburg |
| DFYE | Windsbraut .... | Borstel/Jork |
| DFYF | Windsbraut .... | Wischhafen |
| DFYG | Windsbraut .... | Laboe |
| DIWO | Windsbraut .... | Dieksanderskoog |
| *DHKI* | Winnetou ...... | Hamburg |
| *DIHC* | WinnieLattmann | Hamburg |
| DCAL | Wirbellay ...... | Kaub |
| *DGOB* | Wittebank ..... | Hamburg |
| *DCAD* | Wittekind ..... | Köln |
| DFLJ | Witten ........ | Cuxhaven |
| *DHOH* | Wittorf ........ | Hamburg |
| DKAN | Wodan ........ | Lübeck |
| *DJRE* | Wogram ....... | Heikendorf |
| DHED | Wolf .......... | Hamburg |
| DKHG | Wolf .......... | Kiel |
| DEOH | Wolf I ........ | Hamburg |
| DGJL | Wolfgang ...... | Hamburg |
| *DHIT* | Wolfgang Russ . | Hamburg |
| *DJWU* | Wolfram ...... | Lübeck |
| *DHHU* | Wolfsburg...... | Hamburg |
| *DHIW* | Wotan......... | Hamburg |

| Unterscheidungssignale | Namen der Schiffe | Heimathafen der Schiffe |
|---|---|---|
| DHEF | Wotan......... | Hamburg |
| DIYX | Wotan ........ | Glückstadt |
| DHEG | Woterküken.... | Büsum |
| *DHLB* | W.Th.Stratmann | Hamburg |
| *DDSL* | Württemberg... | Bremen-Vegesack |
| *DFNA* | Württemberg... | Cuxhaven |
| *DIEF* | Württemberg... | Hamburg |
| *DICS* | Würzburg...... | Düsseldorf |
| *DGSH* | Wuppertal ..... | Hamburg |
| *DFMR* | Wuppertal ..... | Cuxhaven |
| *DALX* | Yorck ......... | Bremerhaven |
| DDQW | Zaunkönig ..... | Bremen-Vegesack |
| *DINI* | Zephyros....... | Hamburg |
| *DALY* | Zeus........... | Bremen |
| *DDTV* | Zeus II........ | Bremen |
| DIXQ | Zita........... | Elmshorn |
| *DKLQ* | Zufriedenheit .. | Lübeck-Travemünde |
| DIWP | Zukunft ....... | Uetersen |
| DJKX | Zukunft ....... | Büsum |
| *DKGS* | Zukunft ....... | Heikendorf |
| DKLB | Zukunft ....... | Neustadt/Holst. |
| DCSA | Zwei Gebrüder.. | Warsingsfehn |
| DDJM | Zwei Gebrüder.. | Fedderwardersiel |

# Nachtrag

zur

## Amtlichen Liste

(abgeschlossen am 15. Februar 1957)

### 1. Zugänge während der Drucklegung

a) In der Reihenfolge der Unterscheidungssignale

| Unterscheidungssignale | Namen der Schiffe | Heimathafen der Schiffe | Kubikmeter (Nettoraumgehalt) | Registertons (Nettoraumgehalt) | PS |
|---|---|---|---|---|---|
| *DCCE* | Anni Nübel ....... | Emden ........... | 3515,3 | 1240,18 | 1500 |
| DEGU | Heinrich Parchmann | Bremen........... | | 200 | 375 |
| DEGV | Wolf ............. | Bremen........... | 82,3 | 29,05 | 840 |
| *DERJ* | Cuxhaven + ........ | Bremerhaven ...... | 15509,5 | 5616,04 | 8000 |
| *DERT* | Saarbrücken ....... | Bremerhaven ...... | 696,9 | 646,00 | 1590 |
| DGAL | Adler............. | Hamburg ......... | 276,1 | 97,46 | 75 |
| *DIOP* | Oscar Mathies ...... | Hamburg .......... | 1866,0 | 658,70 | 1000 |
| DIOQ | Bernd-Gunda....... | Hamburg .......... | 693,3 | 244,73 | 300 |
| *DIOR* | Auguste Weitert .... | Hamburg .......... | | 2660 | 1800 |
| DIOT | Clio .............. | Hamburg .......... | 503,4 | 177,70 | 300 |
| DIOU | Cormoran .......... | Hamburg .......... | 92,4 | 32,60 | 345 |
| *DIOV* | Caroline Oetker ..... | Hamburg .......... | 37286,7 | 13162,20 | 16500 |
| DIOW | Annegret........... | Hamburg .......... | 596,9 | 210,72 | 300 |
| DJTP | Hei 25 ............ | Möltenort .......... | 17,5 | 6,19 | 105 |
| *DJXT* | Jobst Oldendorff ... | Lübeck ............ | 3484,8 | 1230,14 | 1220 |

b) In alphabetischer Reihenfolge der Namen

| Unterscheidungssignale | Namen der Schiffe | Heimathafen |
|---|---|---|
| DGAL | Adler | Hamburg |
| DIOW | Annegret | Hamburg |
| *DCCE* | Anni Nübel | Emden |
| *DIOR* | Auguste Weitert | Hamburg |
| DIOQ | Bernd-Gunda | Hamburg |
| *DIOV* | Caroline Oetker | Hamburg |
| DIOT | Clio | Hamburg |
| DIOU | Cormoran | Hamburg |
| *DERJ* | Cuxhaven | Bremerhaven |
| DJTP | Hei 25 | Möltenort |
| DEGU | Heinrich Parchmann | Bremen |
| *DJXT* | Jobst Oldendorff | Lübeck |
| *DIOP* | Oscar Mathies | Hamburg |
| *DERT* | Saarbrücken | Bremerhaven |
| DEGV | Wolf | Bremen |

## 2. Streichungen

| Seite | Unterscheidungssignale | Namen der Schiffe | Heimathafen |
|---|---|---|---|
| 3/114 | DAIF | Nordmeer | Hamburg |
| 6/91 | DCCA | Anna | Leer |
| 35/117 | DGJF | Ranghild | Hamburg |
| 35/111 | DGJM | Mabel Violet | Hamburg |
| 37/103 | DGNN | Hans | Hamburg |
| 46/107 | DHES | Ingeborg | Hamburg |
| 46/92 | DHEW | Aufbau | Hamburg |
| 56/124 | DIHC | Winnie Lattmann | Hamburg |
| 60/98 | DIOK | Emsen | Hamburg |
| 67/103 | DJSC | Hanne Scarlett | Kiel |
| 67/110 | DJSD | Lilli Scarlett | Kiel |
| 72/111 | DKEU | Louise Schupp | Hamburg |
| 76/91 | DLCC | Anny | Bremen |

## 3. Sonstige Veränderungen*)

| Seite | Unterscheidungssignale | Namen der Schiffe | | Heimathafen |
|---|---|---|---|---|
| 16/101 | DDNX | Gerda .......... | .................... | **Kiel** |
| 23 | DEQN | Fatima .......... | .................... | **Lübeck-Travemünde** |
| 23/113 | DEQZ | May Sieghold ..... | **Dorthea Hiß**....... | Bremerhaven |
| 95 | DETR | Christel .......... | **Elke-Brigitte** ...... | **Heiligenhafen** |
| 99 | DIAG | Estetal .......... | **Electra**............ | **Bremen** |
| 105 | DGPM | Henry Six ........ | **Bussard III**........ | **Büsum** |

*) Die eingetretenen Änderungen sind durch fetten Druck gekennzeichnet.

# Anzeigen

Kolibri 360 GmbH
Ferdinand-Jühlke-Straße 7
99095 Erfurt, Deutschland
produktsicherheit@kolibri360.de